基于施威特曼石的异相芬顿催化剂材料

徐君君　著

本书数字资源

北　京

冶 金 工 业 出 版 社

2024

内 容 提 要

施威特曼石（Sch）由于含有独特的硫酸根和铁物种结构在高级氧化技术应用中具有广阔前景。本书较为全面地比较了 Sch/H_2O_2 和 Sch/$Na_2S_2O_8$ 降解左氧氟沙星处理效率、生态毒性降低效果及工艺成本高低，详细阐述了新型异相 Fenton 催化剂（Sch/ZSM-5 和 Fe_3O_4/ZSM-5/Sch）的制备方法，深入探讨了催化效率提高机制。

本书可供从事 AOPs 催化剂的合成及环境有机污染物去除等科研及技术人员参考，同时可作为高等院校相关专业教学参考书。

图书在版编目（CIP）数据

基于施威特曼石的异相芬顿催化剂材料/徐君君著. —北京：冶金工业出版社，2024.7

ISBN 978-7-5024-9878-8

Ⅰ.①基…　Ⅱ.①徐…　Ⅲ.①半导体—复合材料—光催化剂
Ⅳ.①O643.36

中国国家版本馆 CIP 数据核字（2024）第 106053 号

基于施威特曼石的异相芬顿催化剂材料

出版发行	冶金工业出版社	**电　话**	(010)64027926
地　址	北京市东城区嵩祝院北巷 39 号	**邮　编**	100009
网　址	www.mip1953.com	**电子信箱**	service@ mip1953.com

责任编辑 于昕蕾　**美术编辑** 吕欣童　**版式设计** 郑小利
责任校对 郑　娟　**责任印制** 窦　唯

北京印刷集团有限责任公司印刷
2024 年 7 月第 1 版，2024 年 7 月第 1 次印刷
710mm×1000mm　1/16；11.25 印张；220 千字；167 页

定价 85.00 元

投稿电话　(010)64027932　**投稿信箱**　tougao@cnmip.com.cn
营销中心电话　(010)64044283
冶金工业出版社天猫旗舰店　yjgycbs.tmall.com
（本书如有印装质量问题，本社营销中心负责退换）

前　言

有机污染物种类繁多且毒性大，在自然环境中难以被完全降解。大量的有机污染物进入水体中使得水质污染日益加重，因此寻求有效去除水体中有机污染物的技术已成为保护水体环境的重大需求。

2013年中国的抗生素的总使用量为162000 t，其中48%为人用抗生素，其余为兽用抗生素。抗生素并不能被生物体完全吸收，约90%是以原药或代谢物形态通过尿液和粪便形式从生物体内被排出，最终进入水环境中的抗生素呈现出一种"伪持续存在"状态，且此类药物具有降解周期长的特点，对生态环境系统造成长期、持续的环境风险，由此导致的环境污染、细菌耐药性、耐药基因的扩散和转移是我国及全球都亟待解决的环境问题。抗生素种类繁多，成分复杂，难以利用生物降解，在性质上存在较大差异，对生态环境造成不可避免的伤害。在实际生活中，传统的水处理技术很难实现抗生素的完全去除，甚至对一些抗生素没有去除效果，比如林肯霉素、螺旋霉素等，这些抗生素最后都会直接进入水体环境中。研究数据显示，中国医用抗生素在2016~2020年使用率的平均值高达74%，而德国、法国等发达国家的该值仅为22%~25%。由此可见，我国更应该重视抗生素污染引起的一系列问题。因此，迫切需要寻找一种方法高效地处理抗生素废水。

此外，染料废水的色度大，组成成分较复杂，含有对人体有毒有害的物质，所以流入环境中可对人体健康造成威胁，对环境造成危害，对水体造成污染。染料废水处理起来难度极大，是目前全球公认的一类最难处理的工业废水。

另外，多环芳烃（polycyclic aromatic hydrocarbons, PAHs）是一类含有三个及三个以上苯环结构、广泛存在于环境介质中的痕量有机污染物，具有高疏水性、难降解性和三致毒性。菲（phenantherene, PHE）是多环芳烃中的典型代表物之一，由三个苯环稠和而成，具有导致多环芳烃致癌的主要结构"湾"区和"K"区，不仅对环境危害性大，而且对人体也有很强的毒害作用。

高级氧化技术（advanced oxidation process, AOPs）已广泛应用于废水处理中，其基本原理是：在电、臭氧、光催化、催化剂，有时还与氧化剂结合等反应条件下产生具有强氧化性而非选择性的自由基（如·OH 和 $SO_4^-·$），自由基产生后开始攻击有机污染物，可使有机污染物的化学结构被完全破坏，最终被氧化降解为低毒或无毒的小分子物质，甚至完全矿化成 CO_2 和 H_2O。AOPs 具有反应速度快、短时间内可完全矿化污染物、反应过程易控制和非选择性氧化等特点，是一种环保、安全和可持续的方法，可同时用于多种污染物的处理。AOPs 体系中的强氧化性活性自由基一般可以通过紫外光、加热、碱和过渡金属等方式活化氧化剂产生。过渡金属活化氧化剂是最常见、反应温和、无二次污染且成本较低的一种方式。研究表明，几种天然铁矿石，如磁铁矿、硫铁矿、菱铁矿、钛铁矿等都可以作为催化剂用于 AOPs 中。

施威特曼石（Schwertmannite, Sch）是一种自然形成的铁氧化物矿物，化学式为 $Fe_8O_8(OH)_{8-2x}(SO_4)_x · nH_2O$（$1 \leqslant x \leqslant 1.75$）。它最初是在德国的酸性矿山排水中发现的，这种矿物因独特的化学和物理性质，在环境科学和矿物学中引起了广泛关注。施威特曼石具有黄色至棕黄色的外观，以及在酸性环境中稳定的特征。施威特曼石的形成与特定的环境条件密切相关，主要在酸性、富含硫酸盐和铁的环境中生成，其结构中含有大量的水分子和硫酸根离子。Sch 的环境应用潜力主要在于作为 AOPs 中的催化剂，主要利用其铁含量来促进污染物的降解。在酸性条件下，Sch 可以催化过氧化氢、过硫酸盐或其他氧化剂的分解，产生羟基自由基（·OH）和硫酸根自由基（SO_4^-·）等自由基。施威特曼石的优势在于易从酸性矿山排水等环境中获得，且稳定性有助于在处理过程中维持催化效率。此外，相比传统的催化剂，如贵金属或其他稀有材料，Sch 具有成本效益高和环境友好的特点。本书作者以抗生素为污染物，Sch 为催化剂，探究 Sch 作为 AOPs 催化剂的性能。之后，利用化学浸渍法制备复合光催化剂 Sch/ZSM-5 和 Fe_3O_4/ZSM-5/Sch，深入分析了复合材料催化活性改善的机制，并研究抗生素降解中间产物对微生物和植物毒性的影响变化和经济成本预算，以期为基于 Sch 的异相芬顿催化剂在环境修复应用方面提供新的见解。

本书共 9 章，涵盖了 Sch 和复合催化剂 Fe_3O_4/ZSM-5/Sch 的制备、催化活性测试、催化机理研究及生态毒性研究等内容。第 1 章详细介绍了几种常见水体有机污染物（左氧氟沙星、螺旋霉素、甲基橙、菲）和 Sch 的应用；第 2 章介绍了 Sch 的表征性质、Sch/H_2O_2 和 Sch/$Na_2S_2O_8$ 去除 LVFX 的优化条件及 Sch 的重复利用性和稳定性；第 3 章详细介绍了 Sch/H_2O_2 和 Sch/$Na_2S_2O_8$ 去除 LVFX 的机理；第 4 章介绍了 Sch 活化 H_2O_2 与 $Na_2S_2O_8$ 去除 LVFX 的生物效应并对这 2 种体系进行了综合比较；第 5 章介绍了复合催化剂 Fe_3O_4/ZSM-5/Sch 的制备及其催化活性和稳定性；第 6 章详细介绍了复合催化剂 Fe_3O_4/ZSM-5/Sch 的催化活性提高机制；第 7 章介绍了 Fe_3O_4/ZSM-5/Sch 催化光芬顿反应降解螺旋霉素的生态毒性研究及经济预算分析；第 8 章介绍了 Fe_3O_4/ZSM-5/Sch 催化光芬顿反应降解甲基橙的条件优化；第 9 章介绍了扩散型改性施威特曼石活化 H_2O_2 去除水体中的菲。

本书的编写得到了渤海大学和国家自然科学基金（No. 21607012 和 No. 22205027）的资助。同时，在编写过程中参考了大量的著作和文献资料，在此，向在相关领域的前沿科研人员致以真诚的谢意！本书的编写得到了赵延玉、伊佳丽、刘家彤、郑跃的帮助，感谢他们对施威特曼石材料的研究和发展做出的贡献。

随着基于 Sch 材料制备技术的不断发展及在环境修复领域的广泛应用，本书在编写过程中可能存在不足之处，书中的研究方法和研究结论也有待更新和更正。由于作者知识面、科研水平和掌握的资料有限，书中难免有不当之处，欢迎各位读者批评指正。

徐君君

2024 年 1 月于渤海大学

目　　录

1　概述　$\cdots$　1

　1.1　水体有机污染物及处理方法　$\cdots$　1

　　1.1.1　常见水体有机污染物　$\cdots$　1

　　1.1.2　水体有机污染物的处理方法　$\cdots$　5

　1.2　芬顿及异相芬顿技术　$\cdots$　6

　　1.2.1　高级氧化技术　$\cdots$　6

　　1.2.2　均相和异相芬顿技术　$\cdots$　7

　　1.2.3　异相光芬顿技术　$\cdots$　8

　　1.2.4　异相芬顿催化剂的研究与应用　$\cdots$　8

　1.3　施威特曼石的结构性质及其在异相芬顿中的应用　$\cdots$　10

　1.4　催化剂性能提高机制　$\cdots$　11

　　1.4.1　Fe_3O_4 的结构性质及其在异相芬顿中的应用　$\cdots$　11

　　1.4.2　ZSM-5 分子筛的结构性质及其在异相芬顿中的应用　$\cdots$　12

　参考文献　$\cdots$　14

2　Sch 活化 H_2O_2 与 $Na_2S_2O_8$ 去除 LVFX 的条件优化研究　$\cdots$　21

　2.1　材料与方法　$\cdots$　21

　　2.1.1　实验材料与仪器　$\cdots$　21

　　2.1.2　Sch 的制备与表征　$\cdots$　23

　　2.1.3　Sch/H_2O_2 和 Sch/$Na_2S_2O_8$ 降解 LVFX 的条件优化实验　$\cdots$　23

　　2.1.4　测定方法　$\cdots$　25

　2.2　结果与讨论　$\cdots$　26

　　2.2.1　Sch 的结构性质表征　$\cdots$　26

　　2.2.2　Sch/H_2O_2 和 Sch/$Na_2S_2O_8$ 降解 LVFX 的条件优化　$\cdots$　28

　　2.2.3　Sch 的重复利用性能及稳定性研究　$\cdots$　35

　　2.2.4　无机离子对 Sch 活化 H_2O_2 与 $Na_2S_2O_8$ 去除 LVFX 的影响　$\cdots$　38

　2.3　本章小结　$\cdots$　45

　参考文献　$\cdots$　46

3 Sch 活化 H$_2$O$_2$ 与 Na$_2$S$_2$O$_8$ 去除 LVFX 的机理研究 ……… 49

　3.1　材料与方法 ……………………………………………… 49

　　3.1.1　实验材料与仪器 ……………………………………… 49

　　3.1.2　Sch 活化 H$_2$O$_2$ 与 Na$_2$S$_2$O$_8$ 去除 LVFX 的机理研究 … 50

　　3.1.3　测定方法 ……………………………………………… 51

　3.2　结果与讨论 ……………………………………………… 52

　　3.2.1　催化反应过程中溶出铁的浓度测定 …………………… 52

　　3.2.2　异相和均相反应过程中 LVFX 降解效果的对比 ……… 54

　　3.2.3　反应前后 Sch 表面铁的价态分布 …………………… 54

　　3.2.4　EPR 技术及淬灭剂鉴定自由基的种类 ……………… 57

　　3.2.5　Sch 催化 H$_2$O$_2$ 与 Na$_2$S$_2$O$_8$ 去除 LVFX 的机理 …… 60

　3.3　本章小结 ………………………………………………… 62

　参考文献 ……………………………………………………… 62

4 Sch 活化 H$_2$O$_2$ 与 Na$_2$S$_2$O$_8$ 去除 LVFX 的生物效应及综合比较 …… 63

　4.1　材料与方法 ……………………………………………… 63

　　4.1.1　实验材料与仪器 ……………………………………… 63

　　4.1.2　Sch 活化 H$_2$O$_2$ 与 Na$_2$S$_2$O$_8$ 去除 LVFX 的生物效应对比 … 64

　　4.1.3　测定方法 ……………………………………………… 65

　4.2　结果与讨论 ……………………………………………… 66

　　4.2.1　氧化剂和 TOC 的动态变化 …………………………… 66

　　4.2.2　大肠杆菌毒性试验 …………………………………… 67

　　4.2.3　小麦种子发芽指数的测定 …………………………… 69

　　4.2.4　Sch/H$_2$O$_2$ 和 Sch/Na$_2$S$_2$O$_8$ 工艺的成本分析 ……… 70

　4.3　本章小结 ………………………………………………… 71

　参考文献 ……………………………………………………… 71

5 Fe$_3$O$_4$/ZSM-5/Sch 催化光芬顿反应降解 SPM 的催化活性及稳定性研究 … 73

　5.1　材料与方法 ……………………………………………… 74

　　5.1.1　实验试剂与仪器 ……………………………………… 74

　　5.1.2　催化剂的制备 ………………………………………… 74

　　5.1.3　催化剂的表征 ………………………………………… 75

　　5.1.4　Fe$_3$O$_4$/ZSM-5/Sch 催化光芬顿反应降解 SPM 的条件影响实验 … 76

　　5.1.5　测定方法 ……………………………………………… 78

  5.1.6 计算方法 ··· 78

 5.2 结果与讨论 ··· 78

  5.2.1 催化剂表征 ··· 78

  5.2.2 不同催化剂体系光芬顿催化降解 SPM 的活性测试 ············· 86

  5.2.3 ZSM-5 不同负载量对 Fe_3O_4/ZSM-5/Sch 降解 SPM 的影响 ······ 88

  5.2.4 初始 pH 值对 Fe_3O_4/ZSM-5/Sch 降解 SPM 的影响 ············ 88

  5.2.5 H_2O_2 浓度对 Fe_3O_4/ZSM-5/Sch 降解 SPM 的影响 ············ 90

  5.2.6 催化剂投加量对 Fe_3O_4/ZSM-5/Sch 降解 SPM 的影响 ········· 91

  5.2.7 催化剂的稳定性研究 ·· 92

  5.2.8 无机阴离子对 Fe_3O_4/ZSM-5/Sch 降解螺旋霉素的影响 ········· 94

 5.3 本章小结 ··· 98

 参考文献 ··· 98

6 Fe_3O_4/ZSM-5/Sch 催化光芬顿反应降解 SPM 的催化机理研究 ········· 104

 6.1 材料与方法 ·· 104

  6.1.1 实验试剂与仪器 ·· 104

  6.1.2 Fe_3O_4/ZSM-5/Sch 催化光芬顿反应降解 SPM 的机理研究实验 ··· 105

  6.1.3 测定方法 ··· 106

  6.1.4 计算方法 ··· 107

 6.2 结果与讨论 ·· 108

  6.2.1 催化反应过程中 H_2O_2、TOC、TFe、Fe^{2+}、Fe^{3+} 的浓度测定 ····· 108

  6.2.2 异相和均相光芬顿反应过程中 SPM 降解效果的对比 ········· 109

  6.2.3 Fe_3O_4/ZSM-5/Sch 表面铁的再生性能 ························· 110

  6.2.4 Fe_3O_4/ZSM-5/Sch 催化剂电子-空穴的分离性能及还原性能

    提高机制 ··· 112

  6.2.5 反应自由基的测定和形成路径 ································· 117

  6.2.6 Fe_3O_4/ZSM-5/Sch 异相光芬顿降解 SPM 的催化机理 ·············· 121

  6.2.7 Fe_3O_4/ZSM-5/Sch 催化光芬顿反应降解 SPM 中间产物的监测 ··· 122

 6.3 本章小结 ··· 130

 参考文献 ··· 130

7 Fe_3O_4/ZSM-5/Sch 催化光芬顿反应降解 SPM 的生态毒性研究 ········· 133

 7.1 材料与方法 ·· 133

  7.1.1 实验试剂与仪器 ·· 133

7.1.2 Fe₃O₄/ZSM-5/Sch 催化光芬顿反应降解 SPM 的生态毒性研究实验 ⋯⋯⋯⋯⋯⋯⋯⋯⋯⋯⋯⋯ 134

7.1.3 测定方法 ⋯⋯⋯⋯⋯⋯⋯⋯⋯⋯⋯⋯⋯⋯⋯⋯ 135

7.2 结果与讨论 ⋯⋯⋯⋯⋯⋯⋯⋯⋯⋯⋯⋯⋯⋯⋯⋯ 135

7.2.1 SPM 溶液的生物降解性 ⋯⋯⋯⋯⋯⋯⋯⋯⋯⋯⋯ 135

7.2.2 SPM 转化产物对大肠杆菌的毒性研究 ⋯⋯⋯⋯⋯ 136

7.2.3 SPM 转化产物对植物的毒性研究 ⋯⋯⋯⋯⋯⋯⋯ 137

7.2.4 Fe₃O₄/ZSM-5/Sch/H₂O₂/UV 体系降解 SPM 的成本分析 ⋯⋯⋯ 140

7.3 本章小结 ⋯⋯⋯⋯⋯⋯⋯⋯⋯⋯⋯⋯⋯⋯⋯⋯⋯ 141

参考文献 ⋯⋯⋯⋯⋯⋯⋯⋯⋯⋯⋯⋯⋯⋯⋯⋯⋯⋯⋯ 141

8 Fe₃O₄/ZSM-5/Sch(3) 催化光芬顿反应降解甲基橙 ⋯⋯ 143

8.1 材料与方法 ⋯⋯⋯⋯⋯⋯⋯⋯⋯⋯⋯⋯⋯⋯⋯⋯ 143

8.1.1 实验试剂与仪器 ⋯⋯⋯⋯⋯⋯⋯⋯⋯⋯⋯⋯⋯ 143

8.1.2 Fe₃O₄/ZSM-5/Sch（3）催化剂的制备 ⋯⋯⋯⋯ 144

8.1.3 Fe₃O₄/ZSM-5/Sch（3）催化光芬顿反应降解 MO 的条件影响实验 ⋯⋯⋯⋯⋯⋯⋯⋯⋯⋯⋯⋯ 144

8.1.4 测定方法 ⋯⋯⋯⋯⋯⋯⋯⋯⋯⋯⋯⋯⋯⋯⋯⋯ 145

8.2 结果与讨论 ⋯⋯⋯⋯⋯⋯⋯⋯⋯⋯⋯⋯⋯⋯⋯⋯ 145

8.2.1 不同催化剂体系光芬顿催化降解 MO 的活性测试 ⋯ 145

8.2.2 初始 pH 值对 Fe₃O₄/ZSM-5/Sch(3) 降解 MO 的影响 ⋯ 146

8.2.3 H₂O₂ 浓度对 Fe₃O₄/ZSM-5/Sch(3) 降解 MO 的影响 ⋯ 147

8.2.4 Fe₃O₄/ZSM-5/Sch(3) 投加量对降解 MO 的影响 ⋯ 148

8.2.5 催化剂的重复利用性研究 ⋯⋯⋯⋯⋯⋯⋯⋯⋯ 149

8.3 本章小结 ⋯⋯⋯⋯⋯⋯⋯⋯⋯⋯⋯⋯⋯⋯⋯⋯⋯ 150

参考文献 ⋯⋯⋯⋯⋯⋯⋯⋯⋯⋯⋯⋯⋯⋯⋯⋯⋯⋯⋯ 150

9 扩散型改性施威特曼石活化 H₂O₂ 去除水体中的菲 ⋯⋯ 152

9.1 材料与方法 ⋯⋯⋯⋯⋯⋯⋯⋯⋯⋯⋯⋯⋯⋯⋯⋯ 152

9.1.1 实验试剂与仪器 ⋯⋯⋯⋯⋯⋯⋯⋯⋯⋯⋯⋯⋯ 152

9.1.2 Sch/ZSM-5 催化剂的制备 ⋯⋯⋯⋯⋯⋯⋯⋯⋯ 153

9.1.3 Sch/ZSM-5 催化剂的表征 ⋯⋯⋯⋯⋯⋯⋯⋯⋯ 153

9.1.4 Sch/ZSM-5 活化 H₂O₂ 降解菲的条件影响实验 ⋯ 154

9.1.5 测定方法 ⋯⋯⋯⋯⋯⋯⋯⋯⋯⋯⋯⋯⋯⋯⋯⋯ 155

9.2 结果与讨论 ⋯⋯⋯⋯⋯⋯⋯⋯⋯⋯⋯⋯⋯⋯⋯⋯ 155

9.2.1　催化剂表征 ………………………………………………… 155

9.2.2　不同催化剂体系去除 PHE 的效果对比 ……………………… 159

9.2.3　初始 pH 值对 Sch/ZSM-5 活化 H_2O_2 去除 PHE 的影响 ………… 161

9.2.4　Sch/ZSM-5 质量浓度对去除 PHE 的影响 …………………… 162

9.2.5　H_2O_2 浓度对 Sch/ZSM-5 活化 H_2O_2 去除 PHE 的影响 ………… 162

9.2.6　Sch/ZSM-5 催化剂的重复利用性研究 ……………………… 164

9.3　本章小结 …………………………………………………………… 165

参考文献 …………………………………………………………………… 165

后记 …………………………………………………………………… 168

1 概　　述

1.1　水体有机污染物及处理方法

1.1.1　常见水体有机污染物

1.1.1.1　左氧氟沙星

1928 年，Alexander Fleming 首次发现了抗生素的存在，开启了医学史上的新篇章。随后在 1942 年，Waksman 对这类物质进行命名，正式将其称为 "抗生素"[1]。抗生素是一种可以对抗微生物的天然、半合成或合成化合物，它们在临床上主要用于治疗和预防人类及动物的细菌感染。在某些情况下，抗生素也被用作动物的生长促进剂，以加快其生长过程[2]。近年来，随着抗生素在日常生活中的过度使用，人们利用先进的分析技术在废水、地表水和饮用水等多种水生环境中广泛检测到多种抗生素残留，这些残留的抗生素主要来源于医院、居民生活、畜禽养殖场以及制药厂排放的废水[3]。在中国，多数地区的水环境中都检测到了抗生素残留。例如，在北京的地表水中检测到了 22 种抗生素药物，而珠三角地区的饮用水源中也发现了较高浓度的抗生素残留[4]。

左氧氟沙星（levofloxacin，简称 LVFX）是一种广泛使用的氟喹诺酮类抗生素，属于第三代氟喹诺酮类药物。它主要用于治疗由细菌引起的各种慢性感染性疾病，如痢疾、支气管炎、肺炎等[5]，分子结构如图 1-1 所示。由于 LVFX 具有较小的副作用和良好的治疗效果，它成为了氟喹诺酮类药品中使用最频繁的抗生素之一。然而，随着 LVFX 使用量的不断增加，其在人体内的长期积累问题开始显现，残留量严重超标可能会对人类健康造成严重威胁。此外，LVFX 的化学结构十分稳定，当大量 LVFX 进入水体时，它们可能与水中的金属离子发生配合反

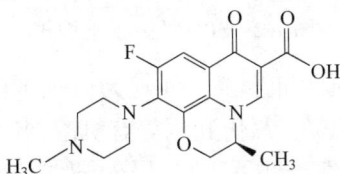

图 1-1　左氧氟沙星分子结构

应，形成具有更高毒性的螯合物，从而对环境造成更大的损害。LVFX 难以生物降解，传统的水处理工艺往往难以有效去除水中的 LVFX 残留[6]。

1.1.1.2 螺旋霉素

大环内酯类抗生素（macrolide antibiotics）属于一种覆盖广泛细菌种类的抗生素，其分子结构的特点是包含有一个含 12~16 个碳原子的大型内酯环。这类抗生素的核心结构是由 14~16 个碳原子组成的大环内酯母核，并通过糖苷键与 1~3 个糖分子相连结。它们因出色的药物动力学特性，成为治疗细菌和支原体感染的首选药物[7-8]。据了解，中国的抗生素总使用量占全球使用量的一半，年使用量高达 12000 t，其中大环内酯类抗生素占比约 20%[9]。由于抗生素具有低浓度、难以降解、持久性、生物活性和生物积累性等特性，它们是一种潜在的微量难以降解的环境污染物。

螺旋霉素（spiramycin，SPM）是一种十六元环大环内酯类抗生素，广泛分布于水体中，这种抗生素最早在 20 世纪 50 年代由法国的罗纳-普朗克实验室从生二素链霉菌的代谢产物中分离得到[10]。SPM 是一种广谱抗生素，在国际上被称为欧典螺旋霉素，在中国则被称为螺旋霉素碱。它的分子结构由一个 16 元聚酮内酯环和 3 个脱氧己糖基组成，其中包括位于大内酯环 C-9 位置的福洛氨糖和 C-5 位置的碳霉氨糖及碳霉糖构成的双糖[11]。螺旋霉素包含三种有效成分，它们根据十六元环上第三个碳原子的酰化程度而区分，分别是螺旋霉素-I（SPM-I）、螺旋霉素-Ⅱ（SPM-Ⅱ）和螺旋霉素-Ⅲ（SPM-Ⅲ）[12]，这三种成分共同构成了其混合物。螺旋霉素的分子结构如图 1-2 所示。

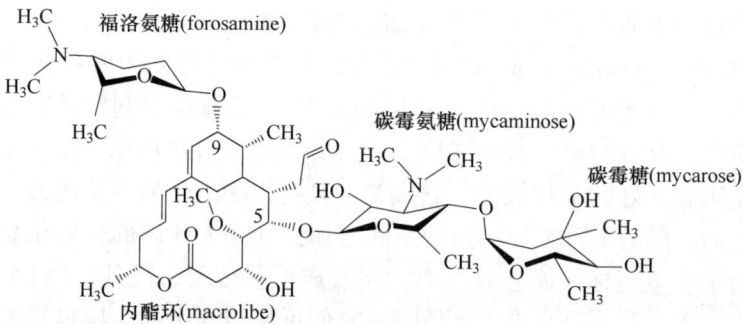

图 1-2 SPM 的分子结构式

SPM 是一种无定型的碱性抗生素，外观为白色到微黄色的粉末，略带臭味。它易溶于醇类、醋酸酯、己烷、氯仿和酮等有机溶剂，而在水中则稍微溶解，不溶于石油醚[13]。SPM 在碱性条件下，它以分子形式存在；在酸性条件下，则转变为离子形式，从而易溶解于水[14]。SPM 因卓越的抗菌活性，在临床上广泛应用，常用于治疗弓形虫病和预防其他多种疾病。

尽管 SPM 的抗菌谱与红霉素相类似，但它在抗菌后效应方面表现更为优越，持续时间较红霉素更长。此外，与红霉素相比，SPM 的不良反应显著减少。值得注意的是，SPM 不会引起耐药性的增加，其副作用较小，且与其他药物的交叉耐药性也较低[15]。然而，SPM 的生产和使用过程中产生的废水中常常检测到该药物的残留，随着使用量的增加，环境中的 SPM 残留量大幅超标，这对人类的生命健康安全构成了严重威胁。

1.1.1.3　甲基橙

近年来，随着我国经济的快速发展，纺织印染行业也迎来了显著的增长。如今，这一行业已成为工业生产的一个重要部分，这种发展带来的一个直接后果是染料废水量的急剧增加。染料废水不仅色度高，成分复杂[16]，还含有对人体有害的物质，其流入自然环境会对人类健康和环境造成严重威胁，特别是对水体的污染。染料废水的处理难度极大，被全球公认为是最难处理的工业废水类型之一[17]。

偶氮染料是最广泛使用的染料类型之一，约占有机染料总产量的 80%[18]。甲基橙（methyl orange，MO）是典型的含 N ═N 基团的偶氮染料，广泛应用于化学工业生产和纺织品的印染。MO 的化学结构式如图 1-3 所示。MO 学名为对二甲基氨基偶氮苯磺酸钠，几乎不溶于醇类，但在热水中易溶，并在水中呈阳离子状态，表现出酸性，其溶液为金黄色。甲基橙一般应在 2~8 ℃下贮存，其溶液颜色随 pH 值变化而改变，当 pH 值低于 3.1 时呈红色，pH 值在 3.1~4.4 时呈橙色，而 pH 值高于 4.4 时则呈淡黄色，相关结构变化情况如图 1-4 所示。

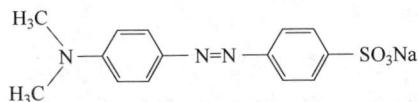

图 1-3　甲基橙的化学结构式

甲基橙作为染料工业中的关键成分，尽管在该行业中扮演着重要角色，但其不当使用所导致的环境危害也不容忽视。从生态环境的角度看，甲基橙在环境中的残留不仅破坏了环境的美观，还会减少水体的透明度，这影响到自然水域中的光合作用以及水中的溶解氧含量[19]。对于水生态系统内的生物而言，偶氮染料的芳香胺类降解产物不仅对水生生物有害，而且染料中的有害物质会通过食物链不断累积，并最终进入人体，可能对人类健康造成严重伤害，甚至增加肿瘤风险。对人类健康来说，不规范的染色工艺可能导致皮肤湿疹等问题。此外，人体皮肤接触这些染料后，染料中的有害成分可能通过皮肤渗透进入人体内部。在人体内，这些物质在相关酶的作用下可能转化为具有致癌性的芳香烃。此外，某些成分还可能穿过细胞膜进入细胞核内，引起 DNA 的变异，从而导致过敏反应，

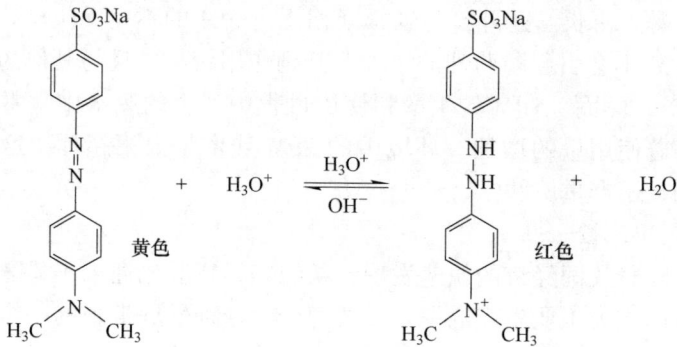

图 1-4　甲基橙颜色变化结构示意图

甚至有致癌和致畸变的风险[20]。

1.1.1.4 菲

多环芳烃（polycyclic aromatic hydrocarbons, PAHs）是一类在环境中普遍存在的非极性疏水有机化合物。它们的分子结构中包含两个或更多的苯环，其中碳和氢原子以线性、角状或簇状的方式排列连接[21]。多数 PAHs 在常温下呈现为无色或黄色晶体状，具有较高的熔沸点和较低的蒸汽压。这些化合物的辛醇-水分配系数高，难溶于水，但易溶于有机溶剂或环境中的有机相，因此被归类为持久性有机污染物[22]。鉴于大多数 PAHs 具备致癌、致畸、致突变的潜在风险，且难以生物降解，许多国家将多种 PAHs 列为优先控制的污染物，以避免对生态环境和人类健康造成损害。

菲（phenanthrene, PHE）是 PAHs 中的一个典型代表，具有较小的分子量和简单的结构，由三个苯环稠合而成[23]。PHE 不仅广泛分布于大气、土壤、水体和植物等环境中，还具有相对较高的毒性，可能对人类健康和生态环境造成不同程度的伤害[24]。PHE 包含具有致癌 PAHs 常见的区域结构特点，如"湾"区和"K"区，如图 1-5 所示。研究表明，许多具有致癌作用的 PAHs 大多是 PHE 的衍生物[25]。PHE 是呈单斜形片状、无色、具有荧光的晶体，其溶解度低，难溶于水，但易溶于丙酮、乙醇、正己烷、四氯化碳等有机溶剂[26]。由于 PHE 在化学反应中 9、10 C 位的电子云密度较大，使得其主要的化学反应发生在容易遭受氧化攻击的 9、10 C 位[27]。PHE 这种化学结构的独特性使得许多研究者将其作为 PAHs 研究的代表，研究内容涵盖了 PAHs 的毒性、降解机理等多个方面。

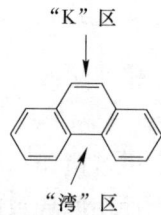

图 1-5　菲的结构图

1.1.2 水体有机污染物的处理方法

抗生素、染料和多环芳烃等有机污染物的残留会给环境带来极大的危害，能否得到有效处理目前已成为人们的关注热点。根据已有的研究可知，降解有机污染物常用的处理技术主要有生物处理技术、物理吸附技术、膜分离技术、电化学处理技术和高级氧化技术等[28-29]。

1.1.2.1 生物处理技术

生物处理法是污水处理厂中处理有机污染物的一种常见方法。这一技术包括好氧处理法、厌氧处理法以及好氧-厌氧联合处理法，主要依赖于微生物的代谢功能；在酶的催化作用下，将废水中的有机污染物分解和转化，使其变为无机物或直接矿化为 CO_2 和 H_2O，从而达到降解污染物的目的。

好氧处理技术在充足的氧气条件下，通过好氧微生物将污染物氧化成小分子的无毒无机物[30]；但由于高浓度有机污染物可能抑制微生物生长，这一技术往往需要废水的预处理或与其他方法联用。不过，好氧处理技术的能源消耗高，成本较大，并且对环境条件敏感，实际应用有限。

厌氧处理法则是利用兼性厌氧菌和专性厌氧菌的代谢作用，将大分子有机污染物降解为小分子物质，最终转化为甲烷、水和二氧化碳等[31]。该方法的常用工艺包括厌氧膨胀颗粒污泥床（EGSB）、内循环式厌氧反应器（IC）、厌氧上流污泥床-过滤器（UBF）、厌氧序批式间歇反应器（ASBR）等[32]。例如，杨友强等[33]利用 EGSB-CASS 组合工艺处理头孢类抗生素生产废水，取得了较好的处理效果；运行结果表明：在 10～30 ℃时，进水 COD 为 3500～5400 mg/m^3，EGSB 的有机容积负荷可达 1.6 kg/（m^3·d）时，COD 的去除率约为 90%。尽管厌氧处理技术在处理高浓度抗生素废水方面表现良好，但其出水的 COD 浓度仍然较高[34]，不能达到国家污水排放标准。

好氧-厌氧联合处理技术可以在一定程度上弥补单独好氧或厌氧处理的不足，但该技术也存在缺陷。例如，废水中大量的 SO_4^{2-} 会抑制甲烷产生，导致厌氧系统失效[35]。此外，处理抗生素废水的生物法可能会产生大量耐药性细菌，甚至可能产生超级细菌。Wang 等[36]研究了高浓度四环素废水处理过程中微生物群落的演化和耐药性变化，结果表明当以四环素作为唯一碳源的微生物群落时，随着四环素降解菌的富集，微生物群落结构完全改变，表现为少数群体成为优势群体。大多数抗药性水平的增加，可能存在一些致病菌，导致传播风险的增加。因此，生物处理法在实际应用中存在一定的局限性。

1.1.2.2 物理吸附技术

吸附技术通过利用吸附剂（如活性炭、树脂或自然矿石等）的表面特性来净化水质，这种方法涉及使用吸附剂通过交换和吸附过程捕获废水中的有机污染物。吸附剂的效率受到多种因素的影响，包括其结构、反应的温度和 pH 值等[37]。例如，刘国成等[38]利用共沉淀和水热法制备了一种高效的磁性吸附剂，当 $CuFeO_2$ 与 BC450 质量比为 2∶1，在中性 pH 值、298 K 下，对四环素的 Langmuir 最大吸附量为 82.8 mg/g，远大于 BC450 的 13.7 mg/g 和 $CuFeO_2$ 的 14.8 mg/g。王嘉琪等[39]以杨木屑为原料，氯化锌作为活化剂，在改变碳化温度的条件下制备 CWZ400、CWZ600、CWZ800 杨木屑多孔碳，结果发现经氯化锌活化后的多孔碳对水/土中磺胺甲恶唑均有较好的吸附效果；其中，CWZ800 对水体中磺胺甲恶唑的饱和吸附量达 245.49 mg/g，对土体中磺胺甲恶唑的去除率达 98.59%。梁存峰[40]分别以果壳活性炭、煤质活性炭、椰壳活性炭为吸附剂，对比研究了对磺胺甲基嘧啶、磺胺二甲嘧啶和红霉素的处理效果；结果表明，果壳活性炭对 3 种抗生素的去除效果最优，当活性炭添加质量从 0.025 g 增至 0.05 g 时，对 3 种抗生素的去除率可提升 10%左右，尤其对红霉素去除效果的影响更为明显。吸附法相较于其他物理方法，具有高效率、操作简便的优点，并且在应用前不需要预处理，且不会产生有害物质。然而，吸附法本质上仅是将污染物从一个相转移到另一个相，并不能完全去除这些污染物[41]。

1.1.2.3　膜分离技术

膜分离技术是一种通过使用半透膜来分离污染物和水的方法，其中膜作为一种物理屏障，阻止了污染物分子的通过。根据膜材料孔径的大小，膜分离法可以分为微滤（MF）、超滤（UF）、纳滤（NF）和反渗透（RO）四种类型[42]。例如，Acero 等[43]的研究比较了超滤和纳滤在去除水中磺胺甲噁唑、双氯芬酸和异丙隆等污染物方面的效果，发现纳滤在去除 PPCPs 类污染物方面比超滤更为有效。Cao 等[44]使用超高效液相色谱-串联质谱法分析了四种微量药物（环丙沙星、磺胺甲噁唑、对乙酰氨基酚、卡马西平）及其二元组合在正渗透过程中的分离行为。他们发现，带负电的药物由于与同样带负电的正渗透膜相互排斥，其保留率有所提高；当存在带正电药物时，这些药物会中和正渗透膜的负电荷，导致带负电药物的保留率降低。膜处理技术作为一种有效的选择性分离方法，具有低能耗、无环境污染、操作简单、占用空间小、处理效果稳定等优点[45]。然而，长期使用过程中，膜可能会受到污染，需要频繁更换，这不仅增加了成本，也缩短了其使用寿命，限制了其在工业生产中的广泛应用。

1.2　芬顿及异相芬顿技术

1.2.1　高级氧化技术

高级氧化技术（advanced oxidation processes，AOPs）是一种在废水处理领域

得到广泛应用的技术，其核心原理是在特定的反应条件下（如电解、臭氧、光催化、催化剂的作用，有时还结合使用氧化剂），生成具有强氧化性且非选择性的自由基（如·OH 和 SO_4^-·）。这些自由基一旦产生，就会开始攻击有机污染物，导致这些污染物的化学结构被完全破坏。通过这种方式，有机污染物可以被氧化分解成低毒或无毒的小分子物质，甚至可以完全矿化为 CO_2 和 H_2O[43]。AOPs 的主要优点包括反应速度快，能在短时间内完全矿化污染物，反应过程易于控制，以及具有非选择性氧化特性。这些特点使得 AOPs 成为一种环保、安全且可持续的废水处理方法，它能够同时处理多种污染物，因此在处理复杂或难降解的污染物方面显示出了显著优势[46]。

1.2.2　均相和异相芬顿技术

芬顿（Fenton）反应是一种广泛应用于降解有机污染物的常见技术。该反应以 Fe^{2+} 和 H_2O_2 组成的芬顿试剂为基础，在酸性条件下产生具有高活性的羟基自由基（·OH，$E^\ominus = 2.7$ V），这些自由基能够攻击有机污染物并将其完全矿化为 CO_2 和 H_2O，反应过程可以通过式（1-1）~式（1-11）等式描述[47-48]。芬顿反应因操作简单、反应速度快、催化效率高以及污染物能有效矿化等优点而被广泛应用。然而，传统的均相芬顿反应在中性或碱性条件下会产生大量的铁污泥，因此需要将 pH 值控制在 2.8~3.5 之间[49]，以保证足够高浓度的 Fe^{2+} 参与反应，产生自由基。异相芬顿反应主要依赖于固相催化剂中 Fe^{2+} 催化 H_2O_2 分解产生的·OH，因而能够克服均相芬顿反应的缺点[50]。与均相芬顿反应不同，异相芬顿反应重点在于研究高效、稳定的异相固体催化剂。目前，国内外学者对于铁氧化物、铁硫化物和铁负载型等铁基催化剂的异相芬顿催化过程进行了深入讨论[51]。

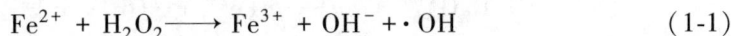

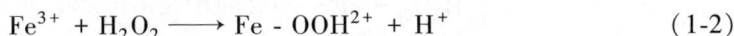

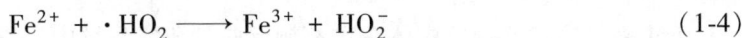

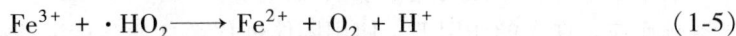

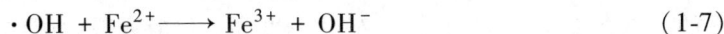

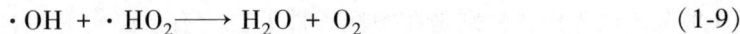

$$Fe^{2+} + H_2O_2 \longrightarrow Fe^{3+} + OH^- + \cdot OH \tag{1-1}$$

$$Fe^{3+} + H_2O_2 \longrightarrow Fe\text{-}OOH^{2+} + H^+ \tag{1-2}$$

$$Fe\text{-}OOH^{2+} \longrightarrow Fe^{2+} + \cdot HO_2 \tag{1-3}$$

$$Fe^{2+} + \cdot HO_2 \longrightarrow Fe^{3+} + HO_2^- \tag{1-4}$$

$$Fe^{3+} + \cdot HO_2 \longrightarrow Fe^{2+} + O_2 + H^+ \tag{1-5}$$

$$H_2O_2 + \cdot OH \longrightarrow H_2O + \cdot HO_2 \tag{1-6}$$

$$\cdot OH + Fe^{2+} \longrightarrow Fe^{3+} + OH^- \tag{1-7}$$

$$\cdot OH + \cdot OH \longrightarrow H_2O_2 \tag{1-8}$$

$$\cdot OH + \cdot HO_2 \longrightarrow H_2O + O_2 \tag{1-9}$$

$$H_2O_2 + \cdot OH \longrightarrow H_2O + \cdot HO_2 \tag{1-10}$$

$$有机污染物 + \cdot OH \longrightarrow CO_2 + H_2O \tag{1-11}$$

将光、电、超声等方法与芬顿技术结合使用，可以大大提高·OH 的产率，从而进一步提升芬顿反应的催化效率。例如，曹勇[52]利用部分热分解法制备的FeOCl 材料结合芬顿反应降解水中的盐酸四环素，实验结果显示，在特定条件下，反应 60 min 后盐酸四环素的去除率为 92.9%。谢谨裕等[53]为了提升电芬顿体系处理抗生素废水的效能，制备了一种钴氧化物掺杂的碳氮气体扩散电极（Co-CN-GDE），实验表明，引入钴氧化物后，Co-CN-GDE 界面的电荷阻力降低，氧强度提高，促进了·OH 等活性物质的生成，并将其应用于磺胺噻唑钠废水处理，发现在 30 min 内，随着钴掺杂比例的增加，磺胺噻唑钠的降解效果显著提升，其中钴掺杂比为 1/5 的电极在 30 min 后磺胺噻唑钠的降解率高达 99.97%。

1.2.3 异相光芬顿技术

相比于传统的均相芬顿反应，异相光芬顿体系在降解有机污染物方面展现出了一些显著的优势，如成本低廉、应用 pH 值范围更广以及更好的环境兼容性。异相光芬顿反应的工作原理是利用可见光或紫外光照射固体芬顿催化剂来增强芬顿反应的活性[54]。在这种体系中，除了传统芬顿反应生成的·OH 之外，还有其他几种机制产生·OH[55-57]，包括：（1）在紫外光的作用下，Fe^{3+} 在反应过程中被还原为 Fe^{2+}，这一过程促进了 Fe^{2+} 的再生，相关反应可表示为式（1-12）和式（1-13）；（2）H_2O_2 在紫外光激发下分解，产生·OH，其反应可表示为式（1-14）。开发有效的异相光芬顿体系的关键在于找到能够产生 H_2O_2 并进一步将其活化成自由基（如·OH，$\cdot O_2^-$ 等）的光催化剂，这种光催化剂的选择和优化是实现高效异相光芬顿反应的重要因素。通过这种方式，可以实现更高效、环境友好的有机污染物降解，适应更广泛的应用条件，特别是在废水处理领域。

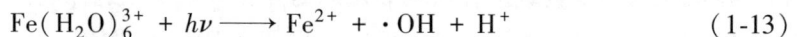

$$Fe(OH)^{2+} + h\nu \longrightarrow Fe^{2+} + \cdot OH \tag{1-12}$$

$$Fe(H_2O)_6^{3+} + h\nu \longrightarrow Fe^{2+} + \cdot OH + H^+ \tag{1-13}$$

$$H_2O_2 + h\nu \longrightarrow 2 \cdot OH \tag{1-14}$$

1.2.4 异相芬顿催化剂的研究与应用

近年来，异相芬顿反应体系在芬顿反应的研究领域中一直是一个热点。异相光芬顿反应是在光的作用下，使用固体催化剂（而非传统芬顿反应中的溶解铁离子）来活化分解 H_2O_2 产生·OH，进而实现有机污染物的高效矿化。这种反应体系的优点在于应用范围广泛，矿化程度高，反应完成后催化剂可以从体系中分离出来，从而减少二次污染的可能性。此外，异相光芬顿体系还能够在更广泛的pH 值范围内工作，特别是在中性条件下也能有效降解有机物。常用于异相芬顿反应的催化剂主要包括含铁的矿物和铁化合物，以及负载型铁氧化物等。

1.2.4.1 铁基异相芬顿催化剂

铁矿石作为一种在自然界中广泛存在的矿物，其主要成分是铁氧化物，包括羟基氧化铁和氧化铁等，在自然界中已发现的铁氧化物主要有施威特曼石、磁铁矿（Fe_3O_4）、赤铁矿（$\alpha\text{-}Fe_2O_3$）和针铁矿（FeOOH）等。作为异相芬顿催化剂，铁矿石具有以下几个主要优点：首先，铁矿石是自然界中丰富的资源，这使得它们相对于其他合成材料具有成本低廉的优势。其次，由于铁矿石是天然存在的材料，使用它们作为催化剂对环境的影响相对较小。最后，铁矿石的热稳定性使其在各种反应条件下都能保持良好的性能，特别是在高温下的污水处理应用中。由于这些特点，铁矿石在污水处理等领域得到了广泛的应用。

刘慧等[58]通过生物法合成施氏矿物，经紫外光催化后活化过硫酸盐降解罗丹明 B，采用响应曲面法确定紫外光下施氏矿物和过硫酸盐的最佳投加量；结果表明，当罗丹明 B 浓度为 0.01 mmol/L、过硫酸盐浓度为 0.5 mmol/L、施氏矿物质量浓度为 0.5 g/L 时，在紫外光照射 45 min 后罗丹明 B 的降解率可达到 93.7%。周腾等[59]采用共沉淀法合成 Fe_3O_4，并用控制变量法验证不同条件（Fe_3O_4 用量、H_2O_2 用量、pH 值、不同类别 Fe_3O_4）对亚甲基蓝的降解效果，当 Fe_3O_4 浓度为 25 g/L、H_2O_2 浓度为 1.28 mol/L、pH 值为 1 时，2 h 时甲基蓝的脱色率达 95% 以上，此外 Fe_3O_4 经 4 次回收后，脱色率仍保持在 90% 左右。田浩然等[60]利用水热法在不同制备条件下合成了 $BiPO_4$/赤铁矿复合催化剂，探讨了对气态苯乙烯降解的影响及其光催化机制，结果表明：天然赤铁矿的负载可有效提高 $BiPO_4$ 光生电子-空穴对的分离效率，提升了其光催化活性；当 $BiPO_4$/赤铁矿的质量比为 1:1、溶液 pH 值为 1、焙烧温度为 300 ℃ 时，对 50 mg/m³ 气态苯乙烯的最高降解率可达 87.9%，且同等条件下经 4 次循环实验后降解率仅下降 5.9%。田聪奇[61]采用水热法制备了 $\alpha\text{-}FeOOH$ 纳米棒，并以其修饰阴极构建生物-电-芬顿体系降解亚甲基蓝和盐酸四环素；当 $\alpha\text{-}FeOOH$ 用量为 0.035 g、污染物初始浓度 10 mg/L、pH 值为 6 以及光照条件下，亚甲基蓝和盐酸四环素的去除率分别为 89.31% 和 76.28%。

1.2.4.2 负载型铁基催化剂

将铁氧化物负载在载体上是一种提高铁基催化剂效率和稳定性的有效策略。通过这种方法，铁物种与载体之间的强烈相互作用可以显著提高铁物种的分散性，其主要优势是可将反应组分和反应溶液进行分离，在一定程度上拓宽反应 pH 值的响应范围，还可防止其发生团聚，避免铁离子的流失，从而同时提高催化剂的活性和稳定性，更大程度上发挥协同助催化的作用[62]。铁矿物负载型催化剂在避免均相芬顿体系中铁流失的二次污染问题方面表现出色，而且其制备过程简单、成本低廉。由于尺寸效应，这类催化剂在异相芬顿研究中有着广阔的应用前景[63-64]。目前，用于负载铁基催化剂的载体选择相当多样，包括分子筛、黏土、氧化铝、活性炭等。

分子筛因具有比表面积大、活性高、孔结构均匀、水热稳定性好、阳离子交换能力强等优点[65-66]，被广泛应用于构建高效催化剂的载体。Yan 等[67]通过构建铁钴双金属改性 ZSM-5 分子筛催化剂（FeCo-ZSM-5）降解盐酸四环素，实验表明，在碱性条件下，催化剂投加量为 0.5 g/L、PMS 剂量为 1 mmol/L 时，FeCo-ZSM-5-2∶3 的催化活性远高于 Fe-ZSM-5 和 Co-ZSM-5，60 min 内盐酸四环素去除率达 98.6%。赵诚等[68]采用碱改性 ZSM-5 负载 Zn-Co 制备的双金属催化剂催化性能较好，不仅具有良好的孔道结构，且活性组分分布较为均匀。当催化剂中双金属组分负载量为 5% 时，其协同臭氧对废水 COD 的降解效果最好，在 100 min 时废水 COD 的降解率可达 99.1%。

黏土是在地球表面风化后形成的硅酸盐矿物等，主要成分包括 SiO_2、Al_2O_3 等[69]。袁峰平等[70]将具有光催化性能的黏土，用酸、碱、剥片的方法分别对黏土进行改性，结果表明：原黏土经 850 ℃ 焙烧 2 h 后，与 4 mol/L 的 HCl 按照 8 mL/g 的比例制成酸改性黏土，当对硝基苯酚浓度为 10 mg/L、投放量为 500 mg/L、pH 值为 5 时，光催化 60 min 后，对硝基苯酚的光催化降解率可达 86%。

氧化铝具有稳定性高、成本低、环境友好等优点，是化工上常用的多相催化剂载体。卫建军等[71]将纳米镍-铁双金属粒子负载于介孔氧化铝，使其分散性、悬浮稳定性、脱氯能力及活性持久性都得到极大提高，可更高效地用于脱氯降解地下水中平均浓度为 1000 倍的三氯乙烯，经反应 48 h 后，纳米镍-铁/介孔氧化铝对三氯乙烯的转化率为 12.03%，比纳米镍-铁提高了约 9 倍。同时，三氯乙烯仅剩余 0.41%，说明纳米镍-铁/介孔氧化铝亦具有优异的吸附性能。

活性炭是一种高度多孔的碳材料，通常通过将木质、煤质等有机物质经过炭化和活化工艺处理来制备。这种材料的主要成分是碳元素，内部有不同孔隙结构，比表面积大且表面化学基团丰富，具有较高的吸附能力。Alhashimi 等[72]在等效功能单元下评估了活性炭与生物炭的吸附能力，结果表明活性炭对铬和锌金属离子的吸附能力高于生物炭，而对于其他重金属（包括铅和铜）吸附能力不相上下。邰旭敏等[73]通过共沉淀法以活性炭作载体、Fe_3O_4 为活性组分制得了 Fe_3O_4/活性炭催化剂，可以很好地保留活性炭的多孔结构，当 pH 值为 5~7、四环素浓度为 50 mg/L、H_2O_2 为 10 mmol/L、催化剂为 0.5 g/L 时，反应 60 min 后，Fe_3O_4/活性炭催化光助类 Fenton 反应降解水溶液中四环素的降解率大于 99%。

1.3　施威特曼石的结构性质及其在异相芬顿中的应用

施威特曼石（schwertmannite，Sch）也叫施氏矿物，是一种特殊的铁系含氧硫酸盐矿物，最初于 1990 年由德国学者 Schwertmann 和 Bigham 在酸性矿井水中发现[74]。这种矿物主要由低结晶或无定形的赭黄色物质组成，其化学式为 $Fe_8O_8(OH)_{8-2x}(SO_4)_x \cdot nH_2O$（$1 \leqslant x \leqslant 1.75$）。Sch 在酸性矿山废水环境中含量丰富，可以通过化学或生物方法合成。Sch 具有纳米级粒度和不规则孔道结构，内部晶体结构与 β-FeOOH 相似，共享 $FeO_3(OH)_3$ 八面体的双角链[75]，形成平行于 c 轴的管状隧道结构。Sch 的铁硫比在 4.6~8.0 之间，其中 Fe 主要以三价形式存在，结构内含有大量的—OH、—SO_4^{2-} 等基团[76]。Sch 中的—OH 活性较强，结构内的 SO_4^{2-} 以二齿双核形式与 Fe 配位壳层配合，矿物表面还吸附有大量的 SO_4^{2-}[77]，对其结构起到稳定作用。在 Sch 的双八面体链式结构中，SO_4^{2-} 能形成特殊的占据隧道的结构，Fe—SO_4 键有助于 SO_4^{2-} 的聚合，导致矿物结构扭曲和晶体生长受限。由于 S—O 键尺寸较大（$r=0.23$ nm）[78]，Sch 的结晶度非常低，甚至表现为无定形结构，其结晶性比黄钾铁矾、针铁矿差，与水铁矿相似。Sch 的结构示意图如图 1-6 所示。

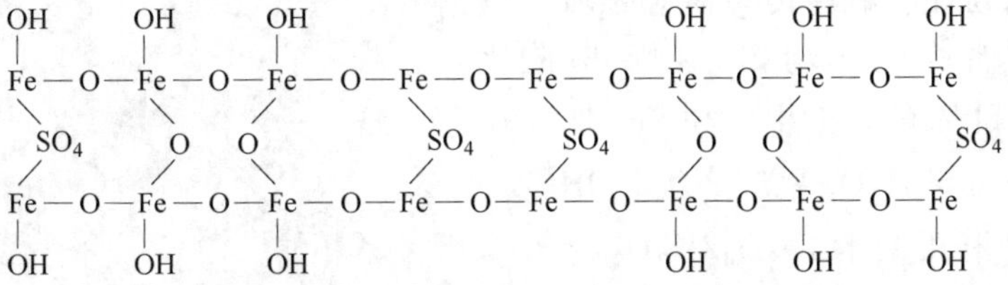

图 1-6　施氏矿物（Sch）的结构示意图

自 2013 年开始 Sch 被作为异相芬顿催化剂应用在降解苯酚的研究中[79]。通过相关研究发现，Sch 具有较宽的 pH 值反应范围、良好的重复利用性和较低的铁离子溶出率等优点。此外，Sch 还具有易获取和成本低廉等特性，因此 Sch 在 AOPs 的应用中显示出广阔的前景。例如，马庆朋等[80]通过化学氧化法制备具有典型海胆状结构、有序形貌特征的多相类芬顿型催化剂 Sch，并应用于催化降解液相及污染土壤中的苯酚，当 pH 值为酸性时，苯酚的去除率可达 98%；当降解污染土壤中的苯酚时，苯酚含量由 6.052 mg/kg 下降至 0.2 mg/kg 以下。然而，Sch 在使用过程中也存在一些局限性，如反应中的延滞期、容易团聚、回收困难等[81]。为了克服这些缺点，可以采取一些改性策略，例如掺杂金属氧化物或利用固体载体。这些方法可以提高 Sch 的催化活性，缩短反应时间，并提高其在水处理和土壤修复中的应用效率。

1.4　催化剂性能提高机制

1.4.1　Fe_3O_4 的结构性质及其在异相芬顿中的应用

四氧化三铁（Fe_3O_4），也被称为磁铁矿，是一种在自然界中广泛存在的亚铁磁性材料。它属于 AB_2O_4 型的铁氧体化合物，是由 Fe^{2+}、Fe^{3+} 和 O^{2-} 通过离子键形成的复杂离子晶体，Fe^{2+} 和 Fe^{3+} 的比例为 $1:2$，其晶体结构是一种特殊的反尖晶石结构。在这种结构中，一半的 Fe^{3+} 处于八面体配位，另一半处于四面体配位；所有的 Fe^{2+} 则处于八面体配位。Fe_3O_4 的结构如图 1-7 所示。Fe_3O_4 又称为磁铁矿，广泛存在于自然界中，由于电子在八面体中心的 Fe^{2+} 和 Fe^{3+} 间快速转移，使 Fe_3O_4 具有良好的磁性和导电性[82]。纳米 Fe_3O_4 是一种具有高表面活性和超顺磁性等性质的磁性负载材料。Fe_3O_4 纳米微粒尺寸小、比表面积大，且纳米颗粒表面粗糙，形成了凹凸不平的原子台阶，增加了化学反应的接触面，纳米尺寸效应和表面效应可使 Fe_3O_4 具有良好的吸附性能[83-85]。通过表面修饰可使其拥有特定的功能，被广泛应用于医药、光催化、污水处理、磁性传感器等领域。纳米 Fe_3O_4 是典型的非均相芬顿反应催化剂，Fe_3O_4 自身有 Fe(Ⅱ) 和 Fe(Ⅲ) 存在，两者均可与 H_2O_2 反应产生 ·OH[59]。Zhang 等[86]利用纳米 Fe_3O_4/H_2O_2 降解苯酚，研究发现体系中的苯酚可有效被降解，使用 ESR 技术证实体系中产生了 ·OH，并指出 pH 值在2.0~4.0 范围内，纳米 Fe_3O_4 经多次循环使用后仍表现出较

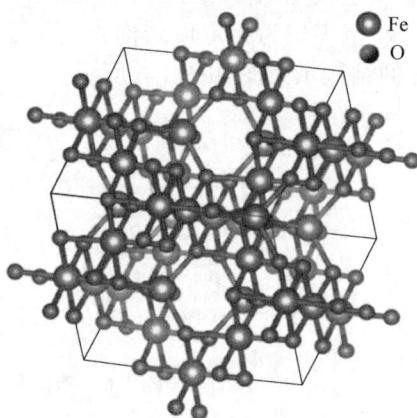

图 1-7　Fe_3O_4 的结构示意图

高的催化活性。此外，Fe_3O_4 中的 Fe^{2+} 先与 H_2O_2 反应生成 Fe^{3+}，Fe_3O_4 具有稳定的八面体结构，生成的 Fe^{3+} 会固定在 Fe_3O_4 纳米颗粒上，从而避免了含铁污泥的产生。同时，反应生成的 Fe^{3+} 与 H_2O_2 反应可生成 Fe^{2+}，因此提高了 Fe^{2+} 与 Fe^{3+} 之间的转换率[87]。Hu 等[88]研究表明，在 Fe_3O_4 活化 PS 的过程中，催化剂内部的 Fe(Ⅱ) 与 Fe(Ⅲ) 可在活化 PS 过程中实现自循环过程，从而完成催化剂的再生。

1.4.2　ZSM-5 分子筛的结构性质及其在异相芬顿中的应用

ZSM-5 分子筛（zeolite socony mobil-5），是一种高硅三维孔道结构的微孔分子筛（孔径<2 nm），首次由 Argauer 和 Landolt 在 1972 年通过使用四烷基胺作为结构导向剂合成[89]。作为 ZSM 家族中应用最广泛的成员，ZSM-5 分子筛属于 MFI 型，基本骨架元素主要包括硅（Si）、铝（Al）和配位氧（O）。其结构单元是由 8 个 Si—O 四面体和 Al—O 四面体组成，通过氧原子作为桥梁形成五元环结构。这些单元通过共边联结形成链状结构，再通过氧桥联结成三维的 ZSM-5 分子筛骨架[90]。ZSM-5 分子筛被归类为第二代沸石，属于正交晶系。其单位晶胞组

成为 $Na_nAl_nSi_{96-n}O_{192} \cdot 16H_2O$（$n \leqslant 27$），硅铝比在一定范围内可变，其结构如图 1-8 所示。ZSM-5 分子筛被称为第二代沸石，属于正交晶系。其单位晶胞组成为 $Na_nAl_nSi_{96-n}O_{192} \cdot 16H_2O$（$n \leqslant 27$），其中 n 是晶胞内铝原子数，单位晶胞中 Si、Al 的原子总量始终保持为 96，且硅铝比在一定范围内可改变。ZSM-5 分子筛具有两种不同分布和大小的十元环孔道，分别为平行 a 轴的截面近似为圆形的 Z 字形十元环孔道（孔道尺寸为 0.51 nm×0.55 nm），与平行 b 轴的椭圆形十元环直孔道（孔道尺寸为 0.53 nm×0.56 nm），两种孔道交叉处的直径为 0.9 nm，拐角为 150°，这可能是 ZSM-5 催化活性和强酸位的集中区域[91]。ZSM-5 的比表面积可达 330~400 m^2/g，有利于反应在外表面上进行，使催化活性增强，催化剂寿命延长，更有利于在催化剂外表面或孔口发生的强酸催化反应[92]。与 A 型、X 型和 Y 型分子筛不同，ZSM-5 骨架结构中没有笼结构，其直筒型孔道结构在催化过程中不易结碳，还具有较强的吸附能力，能吸附水和大气中的有毒有害物质[93]。ZSM-5 可透过大部分可见光及紫外光，这使其成为提高光催化剂性能的理想材料；并且 ZSM-5 的表面具有丰富的羟基，且结构十分稳定[94]。Fajerwerg 等[95]首次制备了类 Fenton 催化剂 Fe-ZSM-5，并以 Fe-ZSM-5 催化剂和 H_2O_2 结合建立了非均相类 Fenton 体系，实现了对苯酚废水的高效降解。

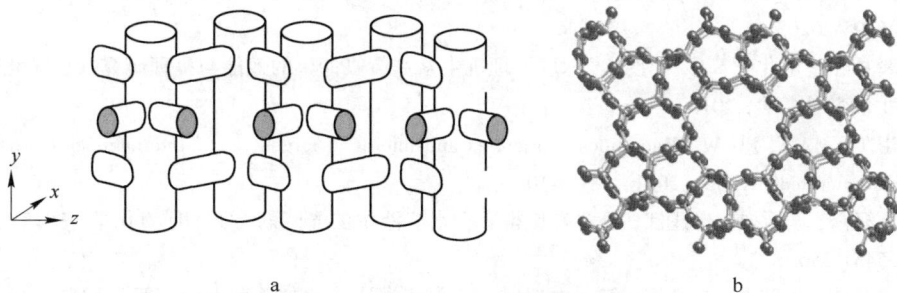

图 1-8　ZSM-5 分子筛的孔道结构及立体结构示意图
a—孔道结构；b—立体结构

ZSM-5 分子筛中的中介孔（介于微孔和大孔之间的孔道）在催化反应中起着关键作用。中介孔的存在促进了反应物分子在孔道中的扩散，使其能够更有效地与催化剂的活性位点接触并发生反应。中介孔还有助于减少反应过程中铁离子的流失，对反应所需 pH 值范围要求更宽[96]，进而与 H_2O_2 发生氧化还原反应产生活性氧物种，大大提高了催化活性。Jiang 等[97]制备了一种性能稳定、可实现循环利用的 Fe-ZSM-5 分子筛催化剂处理高浓度苯胺废水；研究表明以 Fe-ZSM-5 分子筛为催化剂的类芬顿反应具有较宽的 pH 值反应范围，打破了传统 Fenton 反应控制 pH 值保持酸性的限制，此外还可破坏和降解苯胺的结构，进一步将其矿化

成 CO_2 和 H_2O。Kong 等[98]采用浸渍法合成了 Cu_2O-CuO/ZSM-5 纳米复合材料降解水溶液中酸性橙-7，在没有氧化剂（如 H_2O_2）的情况下，Cu_2O-CuO/ZSM-5 仍表现出令人满意的催化活性，在 25 ℃时，反应 140 min 可降解91%的酸性橙-7，且不受初始 pH 值限制。

参 考 文 献

[1] WAKSMAN S A. What is an antibiotic or an antibiotic substance？［J］. Mycologia, 1947, 39 (5)：565-569.

[2] 王萌, 李佳乐, 董一慧, 等. 水体中抗生素前处理及检测方法研究进展［J］. 现代化工, 2023, 43 (3)：240-244.

[3] 陈政. 固体酸强化水解抗生素生产废水中螺旋霉素的研究［D］. 北京：北京林业大学, 2019.

[4] ZHANG R, ZHANG G, TANG J H, et al. Levels, spatial distribution and sources of selected antibiotics in the East River (Dong jiang), South China ［J］. Aquatic Ecosystem Health & Management, 2012, 15 (2)：210-218.

[5] ABUKHADRA M R, MOHAMED A S, EL-SHERBEENY A M, et al. Enhanced adsorption of toxic and biologically active levofloxacin residuals from wastewater using clay nanotubes as a movel fixed bed：Column performance and optimization ［ J ］. ACS Omega, 2020, 5 (40)：26195-26205.

[6] 龚月湘. 电化学高级氧化技术深度处理抗生素左氧氟沙星的效能与机理研究［D］. 北京：北京交通大学, 2016.

[7] RETSEMA J, FU W. Macrolides：structures and microbial targets ［J］. International Journal of Antimicrobial Agents, 2001, 18：3-10.

[8] 常海莎, 闫豫君, 鲁建江, 等. 螺旋霉素在水溶液中的光降解［J］. 环境化学, 2018, 37：1343-1350.

[9] 宋桂芳, 张世文, 庄红娟, 等. 农用地大环内酯类抗生素与杀菌剂残留污染评价［J］. 环境化学, 2022, 41 (7)：2309-2319.

[10] 朱峰, 王尔健. 螺旋霉素的再评价［J］. 中国抗生素杂志, 1991, 3：231-236.

[11] RICHARDSON M A, KUHSTOSS S, HUBER M L, et al. Cloning of spiramycin biosynthetic genes and their use in constructing Streptomyces ambofaciens mutants defective in spiramycin biosynthesis ［J］. Journal of Bacteriology, 1990, 172 (7)：3790-3798.

[12] 冯闻铮, 亓平言, 周偶, 等. 螺旋霉素在酸碱溶液中的降解动力学［J］. 药学学报, 1997, 32 (12)：934-937.

[13] 郑育青. 螺旋霉素生物合成中的分子、基因及发酵调控技术［J］. 生物技术通报, 2016, 32 (8)：62-68.

[14] 周梦飞. 乙醇-盐双水相体系的构建及萃取分离螺旋霉素的研究［D］. 上海：华东理工大学, 2018.

[15] 司良. 大环内酯类抗生素的作用机制与应用进展［J］. 现代预防医学, 2010, 37 (22)：

4397-4398.

[16] 李琦, 余敏, 姜珊, 等. 炭基钛酸钙的制备及其降解甲基橙的试验研究 [J]. 工业用水与废水, 2021, 52 (4): 50-54.

[17] 任南琪, 周显娇, 郭婉茜, 等. 染料废水处理技术研究进展 [J]. 化工学报, 2013, 64 (4): 84-94.

[18] 王帅军, 赵朝成, 刘其友, 等. Fe-Ce/ZSM-5 类 Fenton 催化剂降解甲基橙废水的影响因素研究 [J]. 石油炼制与化工, 2016, 47 (1): 17-21.

[19] 廖伟, 徐海明, 左诗语. Cu_2O-g-C_3N_4 异质结催化剂光催化降解甲基橙 [J]. 化工环报, 2018, 38 (5): 552-558.

[20] 陆丽丽, 单锐, 何明阳, 等. 新型 TiO_2/生物炭复合催化剂光催化降解甲基橙 [J]. 太阳能学报, 2021, 98 (23): 2-8.

[21] SUN K, SONG Y, HE F, et al. A review of human and animals exposure to polycyclic aromatic hydrocarbons: Health risk and adverse effects, photo-induced toxicity and regulating effect of microplastics [J]. Science of The Total Environment, 2021, 773: 145403.

[22] 杨勇, 张蒋维, 陈恺, 等. 化学氧化法治理焦化厂 PAHs 污染土壤 [J]. 环境工程学报, 2016, 10 (1): 427-431.

[23] 郭琳, 席宏波, 杨琦, 等. 菲的挥发特性及挥发模型研究 [J]. 环境科学与技术, 2013, 36 (S2): 15-21.

[24] FÁBIO P S, GERMANO H, GIOVANNI F C. Investigating the solvent effects on binding affinity of PAHs-ExBox[4+] complexes: An alchemical approach [J]. The Journal of Physical Chemistry B, 2023, 127 (1): 249-260.

[25] 孟晓青. 生物成因施氏矿物催化类芬顿反应降解菲的研究 [D]. 南京: 南京农业大学, 2017.

[26] ANANTHUL R, YAMADA T, TAYLOR P H. Kinetics of OH radical reaction with phenanthrene: New absolute rate measurements and comparison with other PAHs [J]. International Journal of Chemical Kinetics, 2007, 39 (11): 629-637.

[27] WANG C, KLAMERTH N, MESSELE S A, et al. Comparison of UV/hydrogen peroxide, potassium ferrate (Ⅵ), and ozone in oxidizing the organic fraction of oil sands process-affected water (OSPW) [J]. Water Research, 2016, 100 (sep. 1): 476-485.

[28] 王建龙. 废水中药品及个人护理用品 (PPCPs) 的去除技术研究进展 [J]. 四川师范大学学报 (自然科学版), 2020, 43 (2): 143-172, 140.

[29] 王小平, 龚诚, 赖玲燕, 等. 去除水体中 PPCPs 的 4 种改性新型吸附材料研究进展 [J]. 工业水处理, 2022, 42 (9): 23-37.

[30] 马允. 抗生素废水处理技术研究进展 [J]. 山东化工, 2022, 51 (15): 60-62.

[31] 贾璇, 王路光, 王靖飞, 等. 厌氧生物处理技术在抗生素废水处理中的应用 [J]. 中国环境管理干部学院学报, 2007, 49 (3): 63-66.

[32] 陈晓轩, 李方旭, 杨敬坡, 等. 抗生素废水处理技术的研究进展 [J]. 绿色科技, 2020, 4: 23-24, 26.

［33］ 杨友强，方勇. EGSB-CASS 工艺处理头孢类抗生素生产废水 ［J］. 水处理技术，2010, 36
（4）：122-124.

［34］ 张昱，唐妹，田哲，等. 制药废水中抗生素的去除技术研究进展 ［J］. 环境工程学报，
2018, 12 （1）：1-14.

［35］ YI Q, GAO Y, ZHANG H, et al. Establishment of a pretreatment method for tetracycline
production wastewater using enhanced hydrolysis ［J］. Chemical Engineering Journal, 2016,
300：139-145.

［36］ WANG Q, LI X, YANG Q, et al. Evolution of microbial community and drug resistance during
enrichment of tetracycline-degrading bacteria ［J］. Ecotoxicology and Environmental Safety,
2019, 171：746-752.

［37］ 徐瑞霞. 污泥活性炭对不同结构抗生素的吸附脱除性能及机理研究 ［D］. 呼和浩特：内
蒙古大学，2022.

［38］ 刘国成，张新旺，信帅帅，等. $CuFeO_2$ 改性生物炭对四环素的吸附特性 ［J/OL］. 环境科
学. https：//doi. org/10. 13227/j. hjkx. 202209299.

［39］ 王嘉琪，张璐璐. 杨木屑多孔碳的制备及其对磺胺甲恶唑吸附性能研究 ［J］. 广东化工，
2022, 49 （22）：39-41.

［40］ 梁存峰. 活性炭对水中典型 PPCPs 吸附去除效果的研究 ［J］. 北京石油化工学院学报，
2019, 27 （3）：8-11, 43.

［41］ YI Q, GAO Y, ZHANG H, et al. Establishment of a pretreatment method for tetracycline
production wastewater using enhanced hydrolysis ［J］. Chemical Engineering Journal, 2016,
300：139-145.

［42］ 刘昱迪，张旭. PPCPs 在污水处理系统中去除方法的研究进展 ［J］. 科技创新与应用，
2016, 11：58-59.

［43］ ACERO J L, BENITEZ F J, TEVA F, et al. Retention of emerging micropollutants from UP
water and a municipal secondary effluent by ultrafiltration and nanofiltration ［J］. Chemical
Engineering Journal, 2010, 163 （3）：264-272.

［44］ CAO D Q, YANG X X, YANG W Y, et al. Separation of trace pharmaceuticals individually
and in combination via forward osmosis ［J］. Science of The Total Environmen, 2020,
718：137366.

［45］ 张艳. 城市污水处理厂中药品及个人护理品的去除研究 ［J］. 中国资源综合利用，2021,
39 （7）：193-195.

［46］ LU Z Y, MA Y L, ZHANG J T, et al. A critical review of antibiotic removal strategies：
Performance and mechanisms ［J］. Journal of Water Process Engineering, 2020, 38：101681.

［47］ NIVEDITHA S V, GANDHIMATHI R. Flyash augmented Fe_3O_4 as a heterogeneous catalyst for
degradation of stabilized landfill leachate in Fenton process ［J］. Chemosphere, 2020,
242：125189.

［48］ DE LAAT J, GALLARD H É. Catalytic decomposition of hydrogen peroxide by Fe（Ⅲ）in
homogeneous aqueous solution：Mechanism and kinetic modeling ［J］. Environmental Science

and Technology, 1999, 33 (16): 2726-2732.

[49] CHATURVEDI P, GIRI B S, SHUKLA P, et al. Recent advancement in remediation of synthetic organic antibiotics from environmental matrices: Challenges and perspective [J]. Bioresource Technology, 2021, 319: 124161.

[50] BOCZKAJ G, FERNANDES A. Wastewater treatment by means of advanced oxidation processes at basic pH conditions: A review [J]. Chemical Engineering Journal, 2017, 320: 608-633.

[51] 张艺伟, 卫培垚, 陈建新, 等. 可见光下苯醌类化合物诱导磷酸铁芬顿反应的铁离子源汇机制 [J]. 环境化学, 2023, 42 (2): 635-645.

[52] 曹勇. FeOCl 及其改性材料非均相催化降解盐酸四环素和诺氟沙星的研究 [D]. 合肥: 合肥工业大学, 2021.

[53] 谢谨裕, 王卓雯, 高伟杰, 等. 钴基气体扩散电极强化电芬顿处理磺胺噻唑钠 [J]. 中国环境科学, 2023, 43 (1): 122-131.

[54] 潘继生, 邓家云, 张棋翔, 等. 羟基自由基高级氧化技术应用进展综述 [J]. 广东工业大学学报, 2019, 36 (2): 70-77, 85.

[55] FENG W, NANSHENG D. Photochemistry of hydrolytic iron (Ⅲ) species and photoinduced degradation of organic compounds: A minireview [J]. Chemosphere, 2000, 41 (8): 1137-1147.

[56] RAHIM POURAN S, ABDUL AZIZ A R, WAN DAUD W M A. Review on the main advances in photo-Fenton oxidation system for recalcitrant wastewaters [J]. Journal of Industrial and Engineering Chemistry, 2015, 21: 53-69.

[57] ZHU Y, ZHU R, XI Y, et al. Strategies for enhancing the heterogeneous Fenton catalytic reactivity: A review [J]. Applied Catalysis B: Environmental, 2019, 255: 117739.

[58] 刘慧, 周佳兴, 任鹏飞, 等. 紫外光下施氏矿物活化过硫酸盐降解罗丹明 B [J]. 工业水处理, 2022, 42 (5): 110-116.

[59] 周腾, 赵玲君, 叶纪盛, 等. Fe_3O_4 类芬顿试剂的制备与催化性能研究 [J]. 山东化工, 2021, 50 (24): 18-21.

[60] 田浩然, 姚洁玉, 彭书传, 等. $BiPO_4$/赤铁矿光催化降解气态苯乙烯 [J]. 环境科学学报, 2022, 42 (6): 369-376.

[61] 田聪奇. 基于 α-FeOOH 纳米复合材料构建生物-电-芬顿体系处理环境废水 [D]. 呼和浩特: 内蒙古大学, 2022.

[62] NIDHEESH P V. Heterogeneous Fenton catalysts for the abatement of organic pollutants from aqueous solution: a review [J]. RSC Advances, 2015, 5 (51): 40552-40577.

[63] YANG Y, GUO J L, HU Z Q. Impact of nano zero valent iron (NZVI) on methanogenic activity and population dynamics in anaerobic digestion [J]. Water Research, 2013, 47 (17): 6790-6800.

[64] ZHOU J, YOU X, NIU B, et al. Enhancement of methanogenic activity in anaerobic digestion of high solids sludge by nano zero-valent iron [J]. The Science of the Total Environment, 2020, 703: 135532.

[65] WU Y, ZHANG H, YAN Y. High efficiency of phenol oxidation in a structured fixed bed over Cu-ZSM-5/PSSF prepared by ion-exchanged method [J]. Chemical Engineering Journal, 2020, 380: 122466.

[66] SUBHAN F, ASLAM S, YAN Z, et al. Palladium nanoparticles decorated on ZSM-5 derived micro-/mesostructures (MMZ) for nitrophenol reduction and MB degradation in water [J]. Journal of Environmental Chemical Engineering, 2021, 9 (1): 105002.

[67] YAN Y Q, ZHANG X Y, WEI J H, et al. Understanding the iron-cobalt synergies in ZSM-5: Enhanced peroxymonosulfate activation and organic pollutant degradation [J]. ACS omega, 2022, 7 (21): 17811-17821.

[68] 赵诚, 徐增益, 余金鹏. ZSM-5 负载双金属组分协同臭氧降解化工废水 [J]. 上海塑料, 2022, 50 (4): 1-7.

[69] 张超颖. 黏土基复合光催化剂的构筑及去除水中有机污染物的性能研究 [D]. 西安: 西北大学, 2018.

[70] 袁峰平, 成岳, 曹婷, 等. 黏土改性及光催化降解有机废水的试验研究 [J]. 中国陶瓷, 2022, 58 (4): 35-41.

[71] 卫建军, 葛毅捷. 用于三氯乙烯还原脱氯的纳米镍-铁/介孔氧化铝的制备 [J/OL]. 环境工程, http://kns.cnki.net/kcms/detail/11.2097.X.20221205.1838.007.html.

[72] ALHASHIMI H A, AKTAS C B. Life cycle environmental and economic performance of biochar compared with activated carbon: A meta-analysis [J]. Resources, Conservation and Recycling, 2017, 118: 13-26.

[73] 郜旭敏, 冯威, 王显胜, 等. 活性炭负载 Fe_3O_4 催化降解盐酸四环素 [J]. 化工环保, 2022, 42 (5): 616-621.

[74] BIGHAM J M, SCHWERTMANN U, CARLSON L, et al. A poorly crystallized oxyhydroxysulfate of iron formed by bacterial oxidation of Fe (Ⅱ) in acid mine waters [J]. Geochimica et Cosmochimica Acta, 1990, 54 (10): 2743-2758.

[75] CARABALLO M A, RIMSTIDT J D, MACÍAS F, et al. Metastability, nanocrystallinity and pseudo-solid solution effects on the understanding of schwertmannite solubility [J]. Chemical Geology, 2013, 360: 22-31.

[76] 罗灿钰, 张琢, 赵华甫. 施氏矿物的矿物学特征及其除砷研究进展 [J]. 环境化学, 2021, 40 (11): 3530-3543.

[77] BIGHAM J M, SCHWERTMANN U, TRAINA S J, et al. Schwertmannite and the chemical modeling of iron in acid sulfate waters [J]. Geochimica et Cosmochimica Acta, 1996, 60: 2111-2121.

[78] 范聪. 施氏矿物还原-重结晶过程中重金属的再分配机制研究 [D]. 广州: 华南理工大学, 2019.

[79] WANG W M, SONG J, HAN X. Schwertmannite as a new Fenton-like catalyst in the oxidation of phenol by H_2O_2 [J]. Journal of Hazardous Materials, 2013, 262 (15): 412-419.

[80] 马庆朋, 杨凯, 曾泳钦, 等. 施氏矿物对液相和土壤中苯酚的芬顿催化氧化效果研究

[J/OL]. 环境工程, 2023 (6): 117-123.

[81] LI T, WANG X, CHEN Y, et al. Producing ·OH, SO$_4^-$· and ·O$_2^-$ in heterogeneous Fenton reaction induced by Fe$_3$O$_4$-modified schwertmannite [J]. Chemical Engineering Journal, 2020, 393: 124735.

[82] 徐慧珠. 氮掺杂石墨烯-四氧化三铁的制备及催化性能研究 [D]. 哈尔滨: 哈尔滨理工大学, 2016.

[83] 蒋恺迪, 杨艳婷. Cu-Fe$_3$O$_4$ 磁性纳米复合材料的制备与催化性能研究 [J]. 中国计量大学学报, 2019, 30 (2): 235-242.

[84] 张恒, 郑娇, 许宁侠, 等. 磁性四氧化三铁纳米微粒的研究进展 [J]. 河南科技, 2020, 39 (35): 134-136.

[85] 马生华. Fe$_3$O$_4$ 纳米颗粒的表面修饰及其复合膜的制备与应用研究 [D]. 哈尔滨: 哈尔滨工业大学, 2016.

[86] ZHANG J, ZHUANG J, GAO L, et al. Decomposing phenol by the hidden talent of ferromagnetic nanoparticles [J]. Chemosphere, 2008, 73 (9): 1524-1528.

[87] 牛建瑞, 贾秀秀, 李宗泽, 等. Fe$_3$O$_4$@NiSiO$_3$ 催化剂制备及其催化芬顿氧化降解染料性能 [J]. 科学技术与工程, 2018, 18 (14): 298-304.

[88] HU P D, LONG M C. Cobalt-catalyzed sulfate radical-based advanced oxidation: A review on heterogeneous catalysts and applications [J]. Applied Catalysis B: Environmental, 2016, 181: 103-117.

[89] 王东镇, 梁生荣, 申志兵, 等. ZSM-5 的合成及应用进展 [J]. 无机盐工业, 2016, 48 (5): 1-5.

[90] 徐如人, 庞文琴, 屠昆岗, 等. 沸石分子筛的结构与合成 [M]. 长春: 吉林大学出版社, 1987: 38-41.

[91] 李永杰, 李永文, 延敬祥, 等. 纳米分子筛在炼油及石油化工中的应用 [J]. 中国新技术新产品, 2020, 5: 46-47.

[92] 李超. 多级孔分子筛的设计制备、传质扩散及催化性能研究 [D]. 广州: 华南理工大学, 2016.

[93] 袁亚伟, 李勇. ZSM-5 分子筛吸附剂应用于污染治理的研究进展 [J]. 无机盐工业, 2019, 51 (10): 18-21.

[94] 马森林. 高硅 ZSM-5 分子筛协同臭氧强化水中磺胺甲噁唑降解的效能与机制 [D]. 武汉: 华中农业大学, 2020.

[95] FAJERWERG K, FOUSSARD J N, PERRARD A, et al. Wet oxidation of phenol by hydrogen peroxide: the key role of pH on the catalytic behaviour of Fe-ZSM-5 [J]. Water Science & Technology, 1997, 35 (4): 103-110.

[96] WANG J, LIU L, DONG X, et al. Converting hierarchical to bulk tructure: A strategy for encapsulating metal oxides and noble metals in zeolites [J]. Chemistry of Materials, 2018, 30 (18): 6361-6369.

[97] JIANG S T, ZHU J Z, BAI S L, et al. Research on Fe-loaded ZSM-5 molecular sieve catalyst

in high-concentration aniline wastewater treatment [J]. Desalination & Water Treatment, 2016, 57 (2): 791-798.

[98] KONG W S, QU H, CHEN P, et al. Property of Cu_2O-CuO/ZSM-5 nanocomposite and degradation process of azo dye AO7 without sacrificial agent (H_2O_2) [J]. Water Science & Technology, 2016, 73 (11): 2747-2753.

2 Sch 活化 H_2O_2 与 $Na_2S_2O_8$ 去除 LVFX 的条件优化研究

自 1950 年起，抗生素污染物对植物造成严重伤害，影响其生长速度和营养价值，并促使微生物产生耐药性和抗性基因，对生态系统和人类健康构成了潜在威胁[1]。目前，喹诺酮类抗生素仍然广泛应用[2]，尤其在发展中国家的使用尤为普遍[3]。在消除抗生素的多种方法中，AOPs 以高效、迅速、成本效益高等特点脱颖而出，被认为是降解水中抗生素污染物的有效途径。AOPs 的核心机制是利用活性自由基（如 $\cdot OH$、$SO_4^- \cdot$、$\cdot HO_2$、$\cdot O_2^-$ 等）攻击抗生素分子，逐步将其分解为小分子物质，最终将其矿化成 CO_2、H_2O 和无机盐。这些活性自由基通常可以通过加热、紫外光照、辐射、碱处理和过渡金属激活氧化剂等手段产生。在这些方法中，使用过渡金属激活氧化剂是一种常见、反应条件温和、成本较低的方式，目前常用的过渡金属包括 Fe^{2+} 和合成催化剂。但 Fe^{2+} 难以回收再利用，且在反应过程中易产生铁泥，增加处理难度[4]；而合成催化剂通常含有贵金属，成本高，且合成过程需要高温高压等极端条件，因此应用并不广泛[5]。因此，寻找既高效又环保、成本低廉的激活剂成了 AOPs 领域的研究热点。Sch 是一种具有较大比表面积、晶型较差的次生含铁矿物。近年来，由于其在酸性矿山废水处理和生物湿法冶金中的广泛应用，产生了大量富含 Sch 的矿石废渣。Sch 不仅在自然界和工业中储备丰富，而且能有效激活氧化剂产生自由基分解有机污染物，并可多次循环利用，在 AOPs 中展现出巨大的应用潜力。本章采用 XRD、FTIR、Roman、SEM 等技术对合成的 Sch 进行表征，并探讨了 pH 值、Sch 添加量、氧化剂浓度对 Sch 激活 H_2O_2 与 $Na_2S_2O_8$ 去除 LVFX 的影响；探究 Sch 在循环利用中对 LVFX 降解效果的影响及循环过程中铁离子溶出情况，并对循环使用后的 Sch 表面结构进行分析，最后探究 Cl^-、SO_4^{2-}、NO_3^-、$H_2PO_4^-$ 和 NH_4^+ 对降解 LVFX 催化活性的影响。

2.1 材料与方法

2.1.1 实验材料与仪器

2.1.1.1 实验材料

实验所需原料与试剂见表 2-1。实验过程中药品试剂均未进行纯化处理，且溶液试剂均采用去离子水配置。

表 2-1 实 验 试 剂

试剂名称	分子式	纯度	生产厂家
七水合硫酸亚铁	$FeSO_4 \cdot 7H_2O$	分析纯	麦克林
过氧化氢	H_2O_2	30%	上海沪试
过硫酸钠	$Na_2S_2O_8$	分析纯	麦克林
左氧氟沙星	$C_{18}H_{22}FN_3O_5$	分析纯	阿拉丁
硫酸	H_2SO_4	分析纯	阿拉丁
氢氧化钠	$NaOH$	分析纯	阿拉丁
甲醇	CH_3OH	分析纯	阿拉丁
邻菲罗啉	$C_{12}H_8N_2 \cdot H_2O$	分析纯	阿拉丁
盐酸羟胺	$NH_2OH\text{-}HCl$	分析纯	国药集团
乙酸钠	CH_3COONa	分析纯	阿拉丁
氯化钠	$NaCl$	分析纯	国药集团
磷酸二氢钠	NaH_2PO_4	分析纯	国药集团
硝酸钠	$NaNO_3$	分析纯	国药集团
硫酸钠	Na_2SO_4	分析纯	国药集团
氯化铵	NH_4Cl	分析纯	国药集团

2.1.1.2 实验仪器

实验所用主要仪器设备见表 2-2。

表 2-2 实验仪器设备

名　　称	型　号	厂　家
电子分析天平	BS224	北京赛多利斯仪器系统有限公司
超声波清洗器	KQ-400KED	昆山市超声仪器有限公司
pH 计	pHS-3C	济南欧莱博生物科技
气浴恒温振荡箱	THZ-92A	青岛明博环保科技有限公司
紫外可见分光光度计	752N	上海精科实业有限公司
磁力加热搅拌器	CJJ78-1	郑州凯瑞仪器设备有限公司
离心机	TDZ4-WS	上海卢湘仪离心机仪器有限公司
FTIR	NEXUS870	美国赛默飞世尔公司
XRD	Rigaku Rotaflex D/max	Kratos 公司
SEM	S-4800	日本日立公司

名　称	型　号	厂　家
Roman	LabRAM HR Evolution	HORIBA Jobin Yvon
容量瓶、烧杯、三角瓶、玻璃棒等玻璃仪器	不等	垒固玻璃

2.1.2 Sch 的制备与表征

2.1.2.1 Sch 的制备

施威特曼石（Sch）的化学合成方法如下[6]：

（1）准备一只 1 L 容量的三角瓶，在其中加入 11.12 g 的 $FeSO_4 \cdot 7H_2O$。随后向瓶中加入 494 mL 去离子水，以使 $FeSO_4 \cdot 7H_2O$ 完全溶解。

（2）将三角瓶放置在磁力搅拌器上进行均匀搅拌。在搅拌的同时，以每 10s 滴入一滴的速率缓慢加入 6 mL 的 H_2O_2，确保混合液的总体积维持在 500 mL。

（3）将混合液密封并放入设定温度为 28 ℃、转速为 180 r/min 的气浴恒温振荡箱中振荡培养 24 h。培养完成后，使用 0.45 μm 的滤膜收集沉淀物，然后用 pH 值为 2.0 的酸性水洗涤 3 次，随后再用去离子水洗涤 3 次。

（4）将收集到的深棕色产物放入设定温度为 50 ℃ 的烘箱中烘干至恒重，将其保存在干燥的环境中备用，并将其标记为 Sch。

2.1.2.2 Sch 的表征

X 射线衍射分析（XRD）测试条件为：管电压为 40 kV，电流为 40 mA，扫描速度为 5(°)/min，步长为 0.02°。扫描电镜（SEM）测试条件为：加速电压 10 kV，Sch 表面需镀金处理。红外（FTIR）测试条件：分辨率为 2.000 cm^{-1}，扫描次数为 32，波长为 400~4000 cm^{-1}，采用 KBr 压片法。拉曼（Roman）测试条件为：激发拉曼散射波长为 532 nm，激光成像功率为 20 μW，激光光斑直径 1 μm。

2.1.3 Sch/H_2O_2 和 Sch/$Na_2S_2O_8$ 降解 LVFX 的条件优化实验

2.1.3.1 pH 值对两种体系降解 LVFX 的影响

（1）配置 20 mg/L 的 LVFX 溶液。使用 1 mol/L 的 H_2SO_4 和 NaOH 溶液调节 LVFX 溶液的 pH 值，分别制备 pH 值为 3、5、7、9、11 的五种不同 pH 值条件下的溶液。

（2）称取 0.150 g Sch 放入一个 250 mL 三角瓶中，然后向瓶中加入 125 mL 预先调整好 pH 值的 LVFX 溶液。将这个混合溶液放入超声波清洗器中进行 2 min 超声处理，以促进 Sch 与 LVFX 的充分接触和反应。

（3）将混合溶液转移到气浴恒温振荡箱中，并在溶液中分别加入一定量 H_2O_2 和 $Na_2S_2O_8$ 保持浓度为 4 mmol/L，以启动反应。整个反应在 28 ℃ 的恒温条件下进行。对于 Sch/H_2O_2 和 $Sch/Na_2S_2O_8$ 体系，分别在 0 h、0.25 h、0.5 h、1 h、1.5 h、2 h、3 h、4 h、6 h 和 8 h 取样，每次取样 5 mL，并向其中加入一定量的甲醇以淬灭反应。取样后，使用 0.45 μm 的水相滤膜过滤样品，以去除催化剂。

（4）收集滤液，并使用分光光度计测定其中的 LVFX 浓度。

2.1.3.2 氧化剂对降解 LVFX 的影响

H_2O_2 体系调节 pH 值为 3，$Na_2S_2O_8$ 体系调节 pH 值为 7，使反应体系中 H_2O_2 和 $Na_2S_2O_8$ 浓度依次为 0 mmol/L、0.5 mmol/L、1 mmol/L、4 mmol/L、8 mmol/L 和 16 mmol/L。其余步骤同 2.1.3.1 节。

2.1.3.3 Sch 投加量对降解 LVFX 的影响

H_2O_2 体系调节 pH 值为 3，$Na_2S_2O_8$ 体系调节 pH 值为 7。使体系中 H_2O_2 和 $Na_2S_2O_8$ 浓度为 4 mmol/L，称取不同投加量的 Sch，使其浓度依次为 0 g/L、0.15 g/L、0.3 g/L、0.6 g/L、1.2 g/L 和 1.5 g/L。其余步骤同 2.1.3.1 节。

2.1.3.4 Sch 的重复利用性能及溶出铁情况

在 Sch/H_2O_2 体系的实验中，使用 20 mg/L 的 LVFX 溶液作为反应溶液，调节溶液的 pH 值为 3，加入一定量的 Sch（1.2 g/L）和 H_2O_2（4 mmol/L）。在 $Sch/Na_2S_2O_8$ 体系的实验中，使用 20 mg/L 的 LVFX 溶液作为反应溶液，调节溶液的 pH 值为 7，加入一定量的 Sch（0.6 g/L）和 $Na_2S_2O_8$（4 mmol/L）。接下来，在 28 ℃、180 r/min 恒温摇床上进行 8 h 的振荡反应。在反应完成后，取出 10 mL 溶液以测定 LVFX 的浓度。然后等待矿物自然沉淀，移除上层清液，再补充 LVFX 溶液，使其浓度维持在 20 mg/L，同时确保两种体系中的 Sch 浓度和氧化剂浓度保持在初始浓度，此过程将重复 6 次，每次都要监测两种体系中溶出二价铁离子、三价铁离子和总铁的情况。在完成 6 次循环反应后，收集参与反应的 Sch，并在恒温条件下干燥至恒重。实验设置 3 组平行重复。

2.1.3.5 无机离子对 Sch 活化 H_2O_2 与 $Na_2S_2O_8$ 去除 LVFX 的影响

（1）配制一系列无机盐标准溶液，包括 0.5 mol/L 的 NaCl、Na_2SO_4、$NaNO_3$ 和 NaH_2PO_4 溶液，并将它们保存备用。

（2）在 Sch/H_2O_2 体系的实验中，使用 20 mg/L 的 LVFX 溶液作为反应溶液，调节溶液的 pH 值为 3，加入 0.150 g Sch。在 $Sch/Na_2S_2O_8$ 体系的实验中，使用 20 mg/L 的 LVFX 溶液作为反应溶液，调节溶液的 pH 值为 7，加入 0.075 g Sch。

（3）分别向这两个体系的三角瓶中加入不同体积的 NaCl 标准溶液，以达到体系中 NaCl 的浓度分别为 0 mmol/L、20 mmol/L、50 mmol/L、200 mmol/L，确保每个反应体系的总体积为 125 mL,并摇匀。

(4) 向 Sch/H$_2$O$_2$ 体系中加入一定量的 H$_2$O$_2$,使其浓度为 4 mmol/L。向 Sch/Na$_2$S$_2$O$_8$ 体系中加入一定量的 Na$_2$S$_2$O$_8$,使其浓度为 4 mmol/L。

(5) 将三角瓶放入气浴恒温振荡箱中,以启动反应。控制反应温度为 28 ℃,转速为 180 r/min。在 0 h、0.5 h、1 h、2 h、4 h、6 h、8 h 取样之后,通过 0.45 μm 的水相滤膜过滤样品以去除催化剂,并收集滤液,以便上机测定 LVFX 的浓度。

(6) 对于 Na$_2$SO$_4$、NaNO$_3$ 和 NaH$_2$PO$_4$ 的影响实验,采取与 NaCl 相同的步骤。对于 NH$_4$Cl 的影响实验,步骤也相同,但需调整 NH$_4$Cl 的添加量,以使体系中 NH$_4$Cl 浓度分别达到 0 mmol/L、5 mmol/L、20 mmol/L、50 mmol/L、100 mmol/L。

2.1.4 测定方法

2.1.4.1 LVFX 测定方法

为了测定 LVFX 的浓度,首先需要制备一系列标准溶液,其浓度分别为 0 mg/L、5.0 mg/L、10 mg/L、15 mg/L、17.5 mg/L 和 20 mg/L,使用去离子水作为参比溶液,然后在波长 293 nm 下测定这些标准溶液的吸光度。实验结果表明,在 0~20 mg/L 的浓度范围内,吸光度与 LVFX 浓度成正比,所得到的标准曲线方程为:$Y = 0.0922X + 0.0654$,根据标准曲线计算出 LVFX 的浓度值。之后根据实验结果计算 LVFX 的降解率。LVFX 降解率的计算公式为:

$$\eta_{LVFX} = \left[(C_0 - C_t)/C_0 \right] \times 100\% \tag{2-1}$$

式中,η_{LVFX} 为 LVFX 的降解率;C_t 为反应 t h 后 LVFX 的浓度,mg/L;C_0 为 LVFX 初始浓度,mg/L。

2.1.4.2 Fe^{2+} 与总铁浓度的测定方法

Fe^{2+} 标准曲线的绘制:

(1) 配制 10 mg/L 浓度的 Fe^{2+} 标准溶液。

(2) 取 6 个 10 mL 的容量瓶,分别向其中加入 0 mL、1 mL、2 mL、3 mL、4 mL、5 mL 的标准铁溶液,每个容量瓶中再分别加入 0.8 mL 浓度为 200 g/L 的乙酸钠缓冲液和 1 mL 浓度为 100 g/L 的邻菲罗啉溶液。

(3) 用水稀释并混匀这些溶液,静置 10 min,在波长 510 nm 处测定各溶液的吸光度,从而得到吸光度与 Fe^{2+} 浓度之间的线性关系方程。

总铁浓度的测定方法:与 Fe^{2+} 的测定方法类似,但在操作前需加入 0.2 mL 10% 的盐酸羟胺溶液,并混匀静置 2 min,后续操作与 Fe^{2+} 的测定方法一致。

2.2　结果与讨论

2.2.1　Sch 的结构性质表征

2.2.1.1　施威特曼石的 SEM 图

扫描电镜（SEM）主要用于观察样品的形态、颗粒团聚以及颗粒大小等现象。图 2-1 展示了 Sch 的 SEM 图，经过 10000 倍和 20000 倍放大后，通过化学法合成的 Sch 呈现出表面团聚的球形颗粒，颗粒直径为 600~700 nm。这些颗粒呈不规则球状，容易聚集在一起，并且表面具有毛刺。这与 French 在研究中描述的 Sch 外貌形态是一致的[7]。

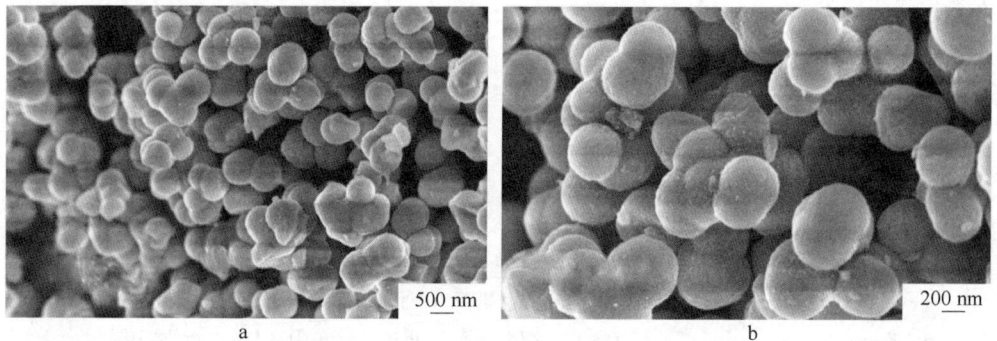

图 2-1　不同放大倍数施威特曼石的 SEM 图

a—10000 倍；b—20000 倍

2.2.1.2　施威特曼石的 XRD 谱图

X 射线衍射（XRD）是用于鉴定矿物晶型、非晶型以及确定矿物种类的重要分析方法，只有晶型矿物才会呈现 X 射线衍射的现象[8]。图 2-2 展示了 Sch 的 XRD 谱图，从图中可以看出，XRD 谱线相对较为杂乱，表明该矿物的结晶度较差[9]。合成 Sch 的衍射峰与 Sch 标准谱图（JCPDS，No. 47-1775）中的峰位置基本一致，在 18.2°、26.3°、35.2°、39.5°、46.5°、55.3°、61.3° 和 63.6° 处的峰分别对应于 （210）、（310）、（212）、（302）、（113）、（522）、（004）和 （204）衍射晶面。这与 Xie 对 Sch 的 XRD 表征研究结果是一致的[10]，表明合成的矿石为 Sch。

2.2.1.3　施威特曼石的红外谱图

红外光谱是一种常用于鉴别化学物种和分析分子基团的手段。图 2-3 展示了 Sch 的红外谱图，从图中可以看出，红外谱图中出现了 6 组较强的吸收峰。在约 3283 cm^{-1} 处，存在宽波段特征峰，由—OH 伸缩振动引起；约 1629 cm^{-1} 处，有

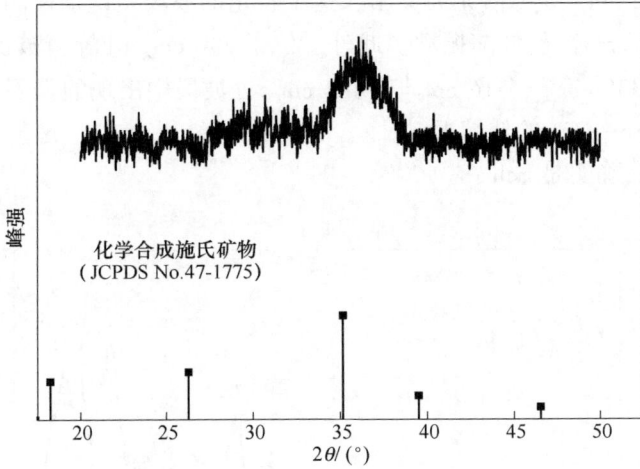

图 2-2 施威特曼石的 XRD 谱图

水分子形变引起的—OH 拉伸峰和弯曲振动峰；约 1121 cm^{-1} 处和 979 cm^{-1} 处分别是 SO_4^{2-} 的 γ_3 和 γ_1 伸缩振动峰；在约 704 cm^{-1} 处，观察到 Sch 的 Fe—O 伸缩振动特征峰；约 611 cm^{-1} 处的峰是由 Sch 隧道结构内 SO_4^{2-} 引起的[11-12]。这与孟晓青对生物合成 Sch 进行的红外表征中分子基团组成的报道是一致的[13]。

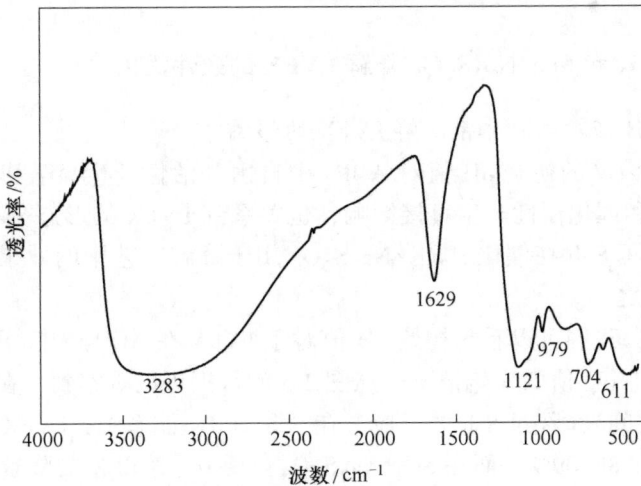

图 2-3 施威特曼石的红外谱图

2.2.1.4 施威特曼石的拉曼谱图

拉曼光谱技术是一种用于分析和鉴别分子结构的重要方法。图 2-4 展示了 Sch 的拉曼光谱图，通过对该图的分析，观察到 Sch 展现了 5 个显著的特征峰值。

其中，位于 712 cm^{-1} 处峰值尤为突出，这个特定的波段是识别样品为 Sch 的关键特征，它代表了 SO_4^{2-} 的伸缩振动。此外，位于 550 cm^{-1} 处峰值被识别为 $\gamma(OH)$ 的特征，而在 335 cm^{-1}、316 cm^{-1} 和 424 cm^{-1} 处波段中出现的强烈拉曼信号则被归因于铁氧（Fe—O）的伸缩振动[14]。这些观察结果合在一起，强有力地表明合成得到的样品确实是 Sch。

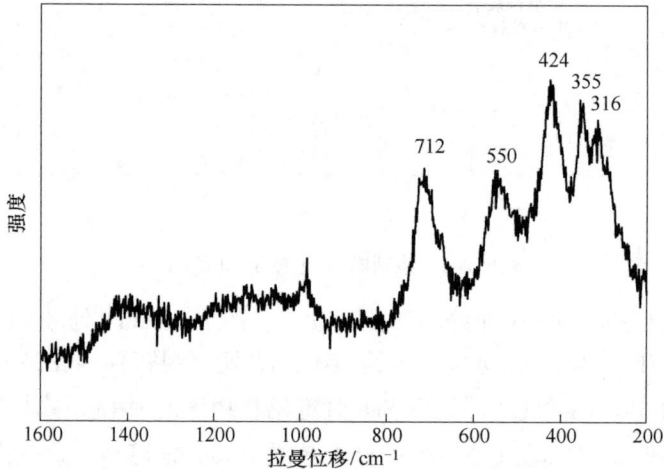

图 2-4　Sch 的拉曼谱图

2.2.2　Sch/H_2O_2 和 Sch/$Na_2S_2O_8$ 降解 LVFX 的条件优化

2.2.2.1　pH 值对两种体系降解 LVFX 的影响

研究表明，溶液的初始 pH 值对 AOPs 中自由基活性产生显著影响，同时对 Sch 的表面电荷和催化活性产生直接影响，也关系到 LVFX 的形态分布[15-16]。这些因素共同决定了 Sch 在催化 H_2O_2/$Na_2S_2O_8$ 用于降解工艺中的效果，是该过程的关键影响因素之一。

在图 2-5 中，我们可以看到初始 pH 值对于 LVFX 在 AOPs 中降解的影响，以及在 AOPs 体系中 pH 值的变化情况。从图 2-5 的数据可以观察到，在酸性环境下（pH 值在 3~5 之间），经过 8 h 的反应，在 Sch/H_2O_2 体系中，LVFX 的降解率分别高达 98.18% 和 88.09%。而在 Sch/$Na_2S_2O_8$ 体系中，LVFX 的降解率也分别达到了 87.74% 和 87.04%。值得注意的是，在 Sch/H_2O_2 体系中 LVFX 的降解速率明显快于 Sch/$Na_2S_2O_8$ 体系。然而，在中性或碱性条件下（pH 值在 7~11 之间），随着 pH 值的升高，Sch/H_2O_2 体系中 LVFX 的降解率显著下降。而在 Sch/$Na_2S_2O_8$ 体系中，尽管 LVFX 的降解率也有所降低，但这种变化不是特别显著。在这种条件下，Sch/$Na_2S_2O_8$ 体系中催化 LVFX 的降解速率快于 Sch/H_2O_2 体系。

具体来说，Sch/H$_2$O$_2$ 体系中 LVFX 的最高降解率出现在 pH 值为 3 的环境中，而在 Sch/Na$_2$S$_2$O$_8$ 体系中，pH 值在 3~9 的范围内，LVFX 的降解率均较高。

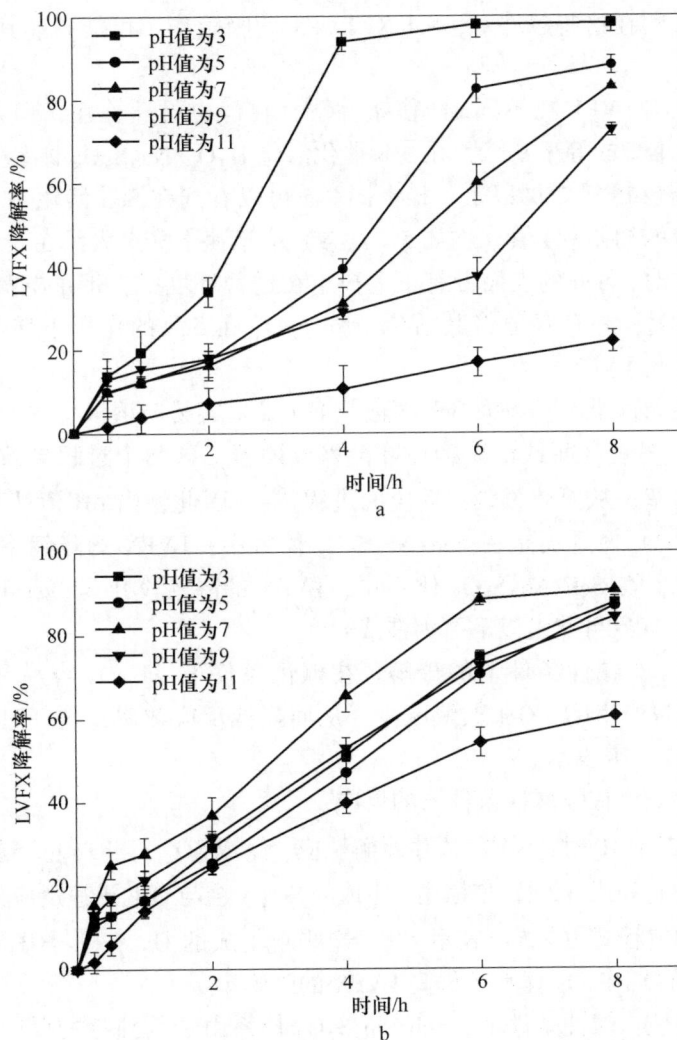

图 2-5　初始 pH 值对 Sch/H$_2$O$_2$ 和 Sch/Na$_2$S$_2$O$_8$ 体系降解 LVFX 的影响

a—Sch/H$_2$O$_2$ 体系；b—Sch/Na$_2$S$_2$O$_8$ 体系

在之前的研究中，Sch 的零点电荷 pH$_{zpc}$ 为 5.3[17]，LVFX 的两个酸解离常数 pK_{a_1} 与 pK_{a_2} 分别为 5.35 和 6.72[18]。当 pH 值从 5 下降到 3 时，pH 值低于其零电荷点（pH 值<pH$_{zpc}$），Sch 的表面电荷会增加，呈现出正电荷形式，与阳离子形态的 LVFX（pH 值<pK_{a_1}）之间会发生静电排斥作用。当 pH 值从 5 上升到 7、9

或 11 时，Sch 的表面电荷变为负电（pH 值 > pH_{zpc}），此时 LVFX 主要以阴离子形式存在（pH 值 > pK_{a_2}），在这些条件下，Sch 与 LVFX 仍然存在静电排斥作用。因此，由于这种静电排斥作用，在不同的 pH 值条件下，Sch 对 LVFX 的吸附能力相对较弱；表明在这些条件下，Sch 对 LVFX 的吸附作用可能并非其降解机制的主要部分。

尽管 Sch 与 LVFX 在不同 pH 值条件下存在静电排斥作用，但本研究发现，当初始 pH 值小于或等于 9 时，在 Sch 催化活化 $H_2O_2/Na_2S_2O_8$ 体系中，LVFX 的降解率依然能够达到 75% 以上。根据图 2-5 可以看到在 Sch 活化 $H_2O_2/Na_2S_2O_8$ 体系中，溶液的初始 pH 值（例如 5、7、9）会迅速下降至大约 3.5。在 pH 值下降至酸性条件时，Sch 的表面带有正电荷。在这种环境中，带正电荷的 Sch 更容易吸附 $Na_2S_2O_8$，并有效地将其活化。$Na_2S_2O_8$ 在 Sch 的作用下转化为 $SO_4^- \cdot$，进而高效地氧化 LVFX。

而在碱性条件下，一方面 Sch 表面的 Fe(Ⅲ) 容易与溶液中的 OH^- 反应，形成 $Fe(OH)_3$，另一方面铁基矿物往往会发生团聚，这两个过程导致矿物的反应活性位点被阻塞，从而减缓氧化反应的进程[19]。因此，当 pH 值达到 11 时，无论是在 Sch/H_2O_2 体系还是在 $Sch/Na_2S_2O_8$ 体系中，LVFX 的降解率都会降至最低。尽管如此，在 $Sch/Na_2S_2O_8$ 体系中，LVFX 的降解率仍是 Sch/H_2O_2 体系的 2.76 倍。这一现象可能由以下原因造成：

（1）H_2O_2 在碱性条件下的分解。在碱性条件下，H_2O_2 容易分解成 O_2 和 H_2O，这会导致产生的 ·OH 数量减少，从而降低反应效率，这一过程可以用化学方程式（2-2）来表示。

（2）$Na_2S_2O_8$ 在强碱性条件下的反应。

当 pH 值大于 10 时，$S_2O_8^{2-}$ 发生水解反应，生成 $SO_4^- \cdot$ 和 $O_2^- \cdot$，这一反应可以用方程式（2-3）和式（2-4）来描述。生成的 $SO_4^- \cdot$ 会与 OH^- 迅速反应，产生 ·OH，此过程可以用方程式（2-5）表示[20]。这些新生成的 $O_2^- \cdot$ 和 ·OH 有助于氧化 LVFX，从而在 $Na_2S_2O_8$ 体系中提高 LVFX 的降解率。

因此，即使在碱性条件下，$Sch/Na_2S_2O_8$ 体系由于其独特的反应机制仍然能够维持较高的 LVFX 降解效率。

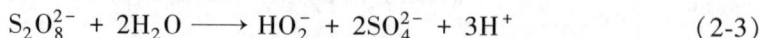

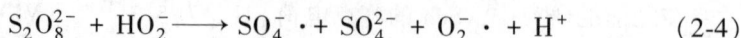

$$H_2O_2 \longrightarrow H_2O + O_2 \tag{2-2}$$

$$S_2O_8^{2-} + 2H_2O \longrightarrow HO_2^- + 2SO_4^{2-} + 3H^+ \tag{2-3}$$

$$S_2O_8^{2-} + HO_2^- \longrightarrow SO_4^- \cdot + SO_4^{2-} + O_2^- \cdot + H^+ \tag{2-4}$$

$$SO_4^- \cdot + OH^- \longrightarrow SO_4^{2-} + \cdot OH \tag{2-5}$$

在考虑不同 pH 值对 LVFX 降解的影响时，活性物种的行为变化是另一个重要因素，这在 Sch/H_2O_2 和 $Sch/Na_2S_2O_8$ 两种体系中表现出显著差异。在 Sch/

H_2O_2 体系中，生成的主要活性物种是·OH。在较低的 pH 值环境中，·OH 的氧化电位相对较高。根据 Burbano 的研究[21]，当溶液的初始 pH 值从 3.0 增加到 9.0 时，·OH 的氧化电位会从 2.8 eV 减小到 1.9 eV。这意味着随着 pH 值的升高，·OH 的氧化能力减弱，这可能导致 LVFX 的降解效率下降。相较于 Sch/H_2O_2 体系，在 Sch/$Na_2S_2O_8$ 体系中，LVFX 的降解率在 pH 值 3~9 的范围内变化不明显。原因可能是：首先，$S_2O_8^{2-}$ 在中性条件下产生的 SO_4^-· 相对稳定且具有较强的活性；其次，矿物表面的 Fe（Ⅲ）即使在中性和偏碱性条件下，也能较为有效地活化 $S_2O_8^{2-}$[22]。因此，Sch/$Na_2S_2O_8$ 体系 pH 值在 3~11 范围内维持了较高的 LVFX 降解效率。

图 2-6 展示了在 pH 值为 5、7、9 时，反应溶液的 pH 值迅速下降至 4 以下的现象，这一变化与 Sch 在 pH 值大于其 pH$_{zpc}$ 时的反应机制有关。当 pH 值大于 Sch 的 pH$_{zpc}$ 时，Sch 可能会消耗溶液中的 OH^-，或者其表面发生去质子化反应。这两种机制都会导致释放出 H^+，从而使体系的 pH 值迅速降低。这个过程可以通过式（2-6）来解释[23]。但初始 pH 值为 11 时存在特殊情况，当初始 pH 值为 11 时，SO_4^-· 会快速消耗水中的 OH^-，加之 $S_2O_8^{2-}$ 发生的水解反应（见式（2-5）和式（2-3））[24]，导致在 Sch/$Na_2S_2O_8$ 体系中，最终 pH 值为 5 左右，这比 Sch/H_2O_2 体系中的最终 pH 值（为 6~7）降低得更多。

无论是在 Sch/$Na_2S_2O_8$ 体系还是 Sch/H_2O_2 体系中，都会导致处理后的 LVFX 溶液呈现酸性。这意味着，尽管 LVFX 已被降解，但处理后的溶液不能直接排放，仍需要进行进一步的 pH 值调节或其他处理，以确保符合环境排放标准。

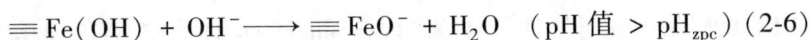

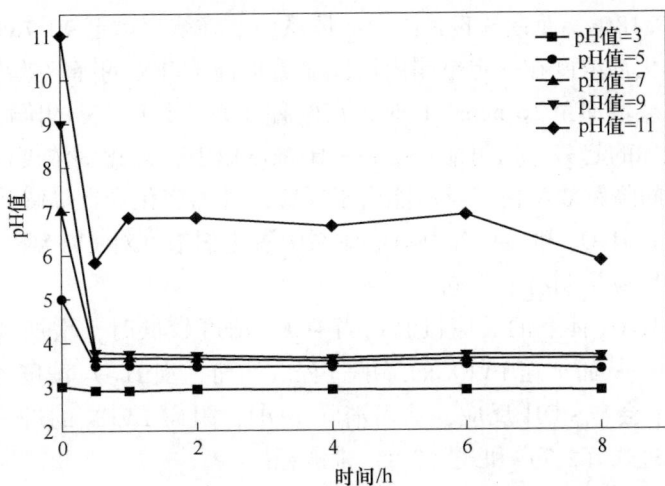

$$\equiv Fe(OH) + OH^- \longrightarrow \equiv FeO^- + H_2O \quad (pH\ 值 > pH_{zpc}) \quad (2\text{-}6)$$

a

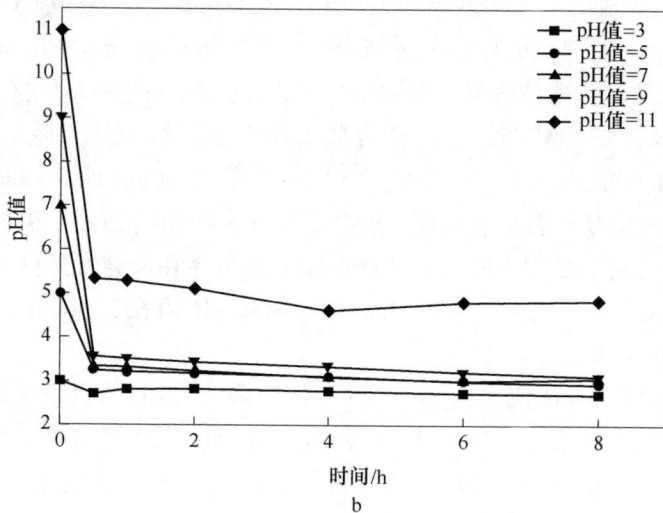

图 2-6　pH 值在 Sch/H₂O₂ 和 Sch/Na₂S₂O₈ 体系中的变化情况

a—Sch/H₂O₂ 体系；b—Sch/Na₂S₂O₈ 体系

2.2.2.2　氧化剂对降解 LVFX 的影响

在 AOPs 研究中，氧化剂的浓度被确定为影响污染物降解速度的关键因素。图 2-7 详细展示了初始 H_2O_2、$Na_2S_2O_8$ 浓度对 LVFX 在 AOPs 体系中降解效果的影响。根据图 2-7 的数据：当氧化剂浓度为 0 mmol/L 时，LVFX 的去除率非常低（仅为 2%），这表明 Sch 对 LVFX 的吸附能力有限。在 Sch/H_2O_2 和 Sch/$Na_2S_2O_8$ 体系中，随着 H_2O_2 或 $Na_2S_2O_8$ 浓度的增加（从 0 mmol/L 增至 4 mmol/L），LVFX 的降解率显著增加。具体来说，Sch/H_2O_2 体系中 LVFX 的降解率从 1.53% 迅速上升至 98.18%，而在 Sch/$Na_2S_2O_8$ 体系中，降解率增至 90.78%。这一现象说明，增加氧化剂浓度在一定范围内可以显著提高 LVFX 的降解效率。然而，当氧化剂浓度继续增加至 16 mmol/L 时，在两种体系中，LVFX 的降解率出现了降低或者不再增加的趋势。这可能表明在一定浓度以上，氧化剂浓度的增加不再有效提升 LVFX 的降解效率，甚至可能由于反应条件的变化导致降解效率下降。

在分析 Sch/H_2O_2 和 Sch/$Na_2S_2O_8$ 体系中氧化剂浓度对 LVFX 降解的影响时，两种体系中的反应机制有所不同。

（1）Sch/H_2O_2 体系的反应机制：当 H_2O_2 浓度较低时，增加其浓度可以有效地产生·OH，从而加速 LVFX 的降解过程。然而，当 H_2O_2 浓度过高时，过量的 H_2O_2 实际上会与·OH 反应，从而消除·OH，阻碍 LVFX 的进一步降解。这一现象可以通过式（2-7）和式（2-8）来解释。

（2）Sch/$Na_2S_2O_8$ 体系的反应机制：低浓度的 $Na_2S_2O_8$ 主要通过产生 SO_4^-·

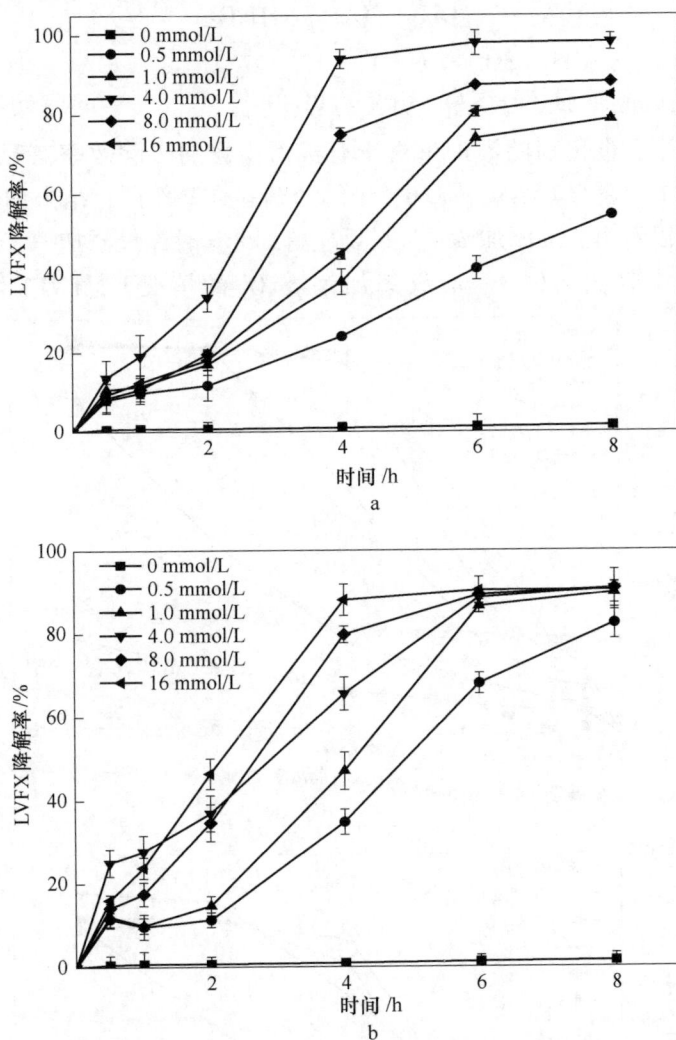

图 2-7　初始 H_2O_2 和 $Na_2S_2O_8$ 浓度对 Sch/H_2O_2 和 $Sch/Na_2S_2O_8$ 体系 LVFX 降解率的影响

a—Sch/H_2O_2 体系；b—$Sch/Na_2S_2O_8$ 体系

来加速 LVFX 的降解，高浓度的 $Na_2S_2O_8$ 会产生过量的 $SO_4^- \cdot$。这些 $SO_4^- \cdot$ 不仅可能相互反应，还可能生成 $\cdot OH$，进而产生 H_2O_2（见式（2-5）和式（2-9）），而生成的 H_2O_2 又会清除体系中的 $\cdot OH$。此外，$SO_4^- \cdot$ 的相互反应还会生成弱氧化性的 $S_2O_8^{2-}$（见式（2-10）），这可能减缓 LVFX 的降解。Meng 等和 Huie 等[25-26]在研究中也观察到了这些体系中类似的现象。

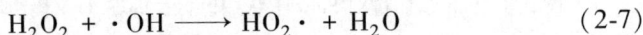

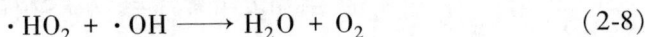

$$H_2O_2 + \cdot OH \longrightarrow HO_2 \cdot + H_2O \tag{2-7}$$

$$\cdot HO_2 + \cdot OH \longrightarrow H_2O + O_2 \tag{2-8}$$

$$\cdot OH + \cdot OH \longrightarrow H_2O_2 \tag{2-9}$$

$$SO_4^- \cdot + SO_4^- \cdot \longrightarrow S_2O_8^{2-} \tag{2-10}$$

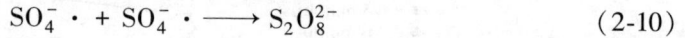

2.2.2.3 Sch 投加量对降解 LVFX 的影响

在 AOPs 中，催化剂的添加量对于有机污染物的去除效率有显著影响[27]。Sch 催化剂的添加量对 LVFX 在 AOPs 中的降解有重要作用，结果如图 2-8 所示。从图 2-8 中可以看出，不添加 Sch 且在反应持续 8 h 时，仅添加 H$_2$O$_2$ 的情况下，LVFX 的降解率仅为 2.01%；而仅添加 Na$_2$S$_2$O$_8$ 的情况下，LVFX 降解率达到

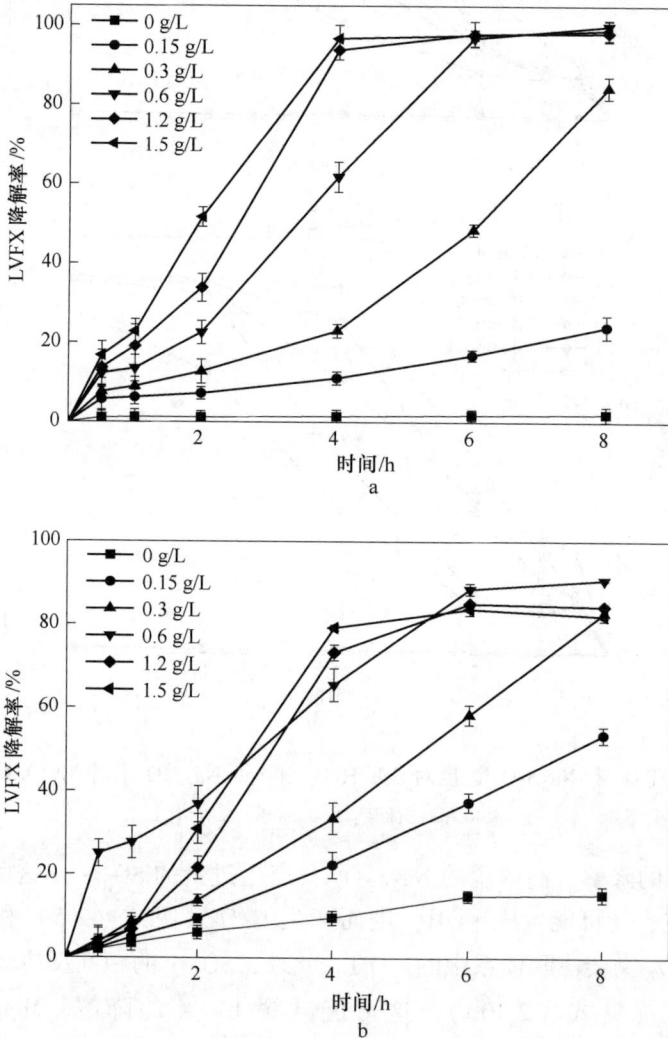

图 2-8 Sch 添加量对 Sch/H$_2$O$_2$ 和 Sch/Na$_2$S$_2$O$_8$ 体系降解 LVFX 降解率的影响

a—Sch/H$_2$O$_2$ 体系；b—Sch/Na$_2$S$_2$O$_8$ 体系

15.28%，是仅添加 H_2O_2 情况下的 7.60 倍。这种差异是因为 $S_2O_8^{2-}$ 的氧化还原电势高达 2.01 eV，超过了 H_2O_2 的 1.7 eV[28]，说明 LVFX 的降解率与氧化剂的氧化能力有直接关系。

当在 Sch/H_2O_2 体系中将 Sch 催化剂的添加量从 0 g/L 增至 1.2 g/L 时，8 h内 LVFX 的降解率显著提高，从 2.01% 跃升至 98.18%。同样，在 $Sch/Na_2S_2O_8$ 体系中，将 Sch 添加量从 0 g/L 增至 0.6 g/L，降解率从 15.28% 提高到 90.78%。这说明，增加催化剂 Sch 的添加量能有效激活 $H_2O_2/Na_2S_2O_8$ 生成的 ·OH/SO_4^-·，从而显著提升 LVFX 的降解效率，见式（2-11）和式（2-12）[29-30]。

$$\equiv Fe^{2+} + H_2O_2 \longrightarrow \equiv Fe^{3+} + ·OH + OH^- \qquad (2-11)$$
$$\equiv Fe^{2+} + S_2O_8^{2-} \longrightarrow \equiv Fe^{3+} + SO_4^- · + SO_4^{2-} \qquad (2-12)$$

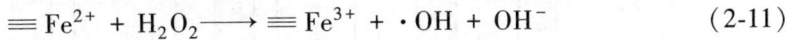

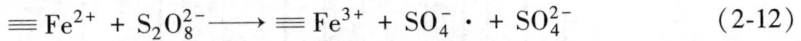

然而，在 Sch/H_2O_2 体系中，当催化剂的投加量增至 1.5 g/L 时，LVFX 的降解率仅增加了 0.74%，与 1.2 g/L 时相比，经过显著性分析，这一增加并不显著（$0.01<p<0.05$），这一现象与孟晓青的研究结果相似[13]。在孟晓青探究 Sch 催化 Fenton 类反应降解菲的研究中，Sch 与 H_2O_2 的最优摩尔比为 0.214。而在本研究中，探究 Sch 催化 Fenton 类反应降解 LVFX 时，发现 Sch 与 H_2O_2 的最优摩尔比为 0.378，这与先前研究中提到的 $\equiv Fe^{2+}/H_2O_2$ 最佳摩尔比为 1:1 至 1:10 的结果是一致的[31]。

在 $Sch/Na_2S_2O_8$ 体系中，当催化剂的投加量从 0.6 g/L 增至 1.5 g/L 时，LVFX 的降解率实际上从 90.78% 降低到了 82.13%。这是由于在 $H_2O_2/Na_2S_2O_8$ 的特定条件下，过量的催化剂会对 ·OH/SO_4^-· 产生清除作用，导致 LVFX 的降解效率不是提高而是下降，相关反应见式（2-13）和式（2-14）[32]。

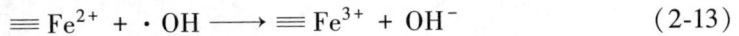

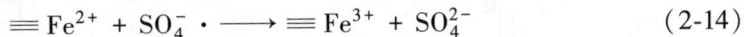

$$\equiv Fe^{2+} + ·OH \longrightarrow \equiv Fe^{3+} + OH^- \qquad (2-13)$$
$$\equiv Fe^{2+} + SO_4^- · \longrightarrow \equiv Fe^{3+} + SO_4^{2-} \qquad (2-14)$$

2.2.3 Sch 的重复利用性能及稳定性研究

铁基催化剂在 AOPs 中的可重复利用性可降低连续多次反应的成本，因而在实际应用中发挥重要作用。在这方面，研究了 Sch 催化剂在循环使用中对 LVFX 降解率的影响。图 2-9 展示了 Sch 催化剂在 AOPs 中对 LVFX 降解的重复使用情况。在连续进行 6 次使用 Sch 作为催化剂来降解 LVFX 的实验中，发现随着循环次数的增加，Sch/H_2O_2 和 $Sch/Na_2S_2O_8$ 体系中 LVFX 的降解率确实有所下降。然而，这种降低幅度并不明显，LVFX 降解率仍然维持在 80% 左右。这表明即使在多次重复使用后，Sch 催化剂在 AOPs 中仍然能够保持较高的降解率，对于实际应用具有积极意义。

在重复使用 Sch 时，Sch/H_2O_2 和 $Sch/Na_2S_2O_8$ 体系中铁的溶出情况如

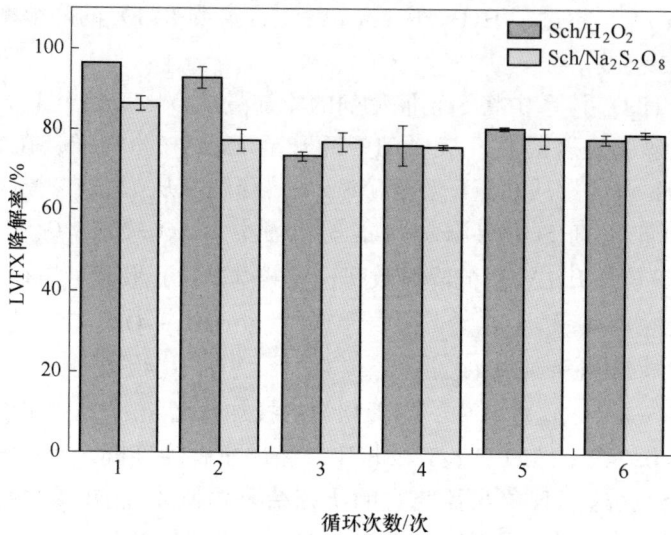

图 2-9   Sch 催化 AOPs 降解 LVFX 的降解率变化

图 2-10 所示。该图表明，两种体系中的总铁溶出量减少并逐渐稳定。由于溶液中游离铁的浓度较低，可以推断催化剂中关键的活性位点 Fe 的损耗较少。因此，即使经过多次循环使用，Sch 催化剂仍保持着稳定且有效的催化性能。

对循环使用后 Sch 进行 X 射线衍射（XRD）、傅里叶红外光谱（FTIR）、拉曼光谱（Raman）进行分析，下面分析其结果如图 2-11~图 2-13 所示。

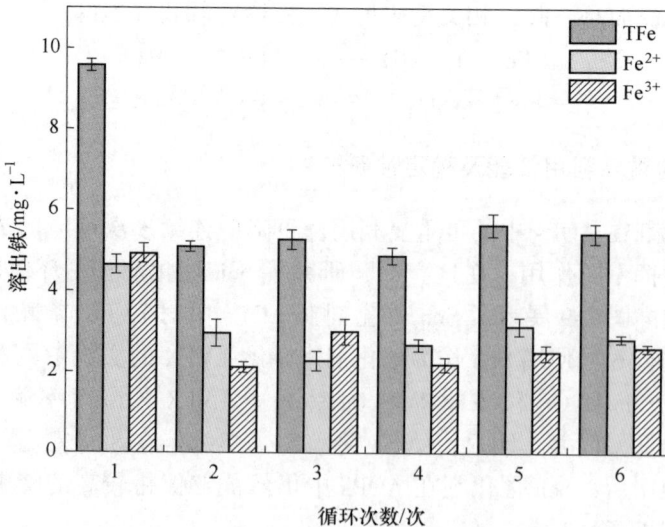

a

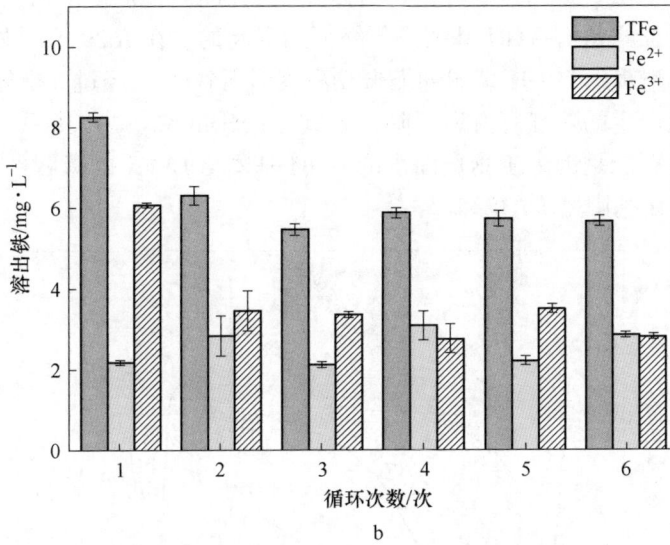

图 2-10 Sch/H_2O_2 和 Sch/$Na_2S_2O_8$ 体系中 Sch 重复利用下溶出铁浓度的变化

a—Sch/H_2O_2 体系；b—Sch/$Na_2S_2O_8$ 体系

图 2-11 中的 XRD 谱图显示出相对杂乱的谱线，这表明所研究矿物的结晶度较低。新合成的 Sch 与使用 6 次之后的样品，在 XRD 衍射峰的位置上与 Sch 的标准谱图非常接近，这表明即使经过 6 次重复使用，Sch 的矿物相并没有明显变化，仍然保持为 Sch 本身的特性。

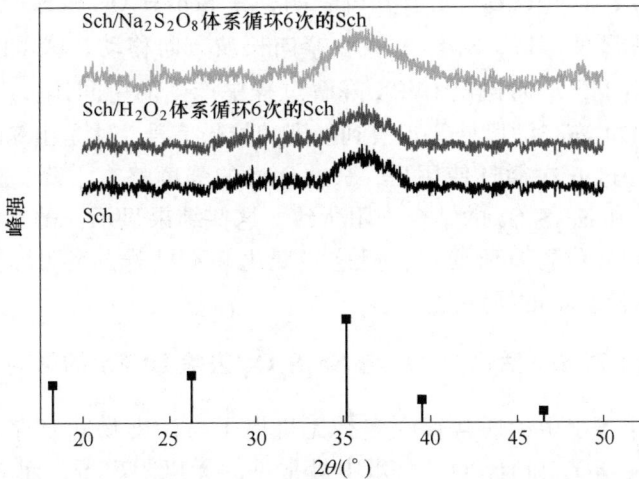

图 2-11 Sch 在循环使用前后 XRD 谱图

根据图 2-12 的 FTIR 分析，新合成的 Sch 和经过 6 次循环使用后的矿物在所有峰值上几乎完全一致，这些峰值均可以归属于 Sch。特别地，在大约 3283 cm⁻¹ 处的宽波段特征峰是由—OH 基团的伸缩振动引起的。在 1629 cm⁻¹ 处出现的峰则是由 Sch 中吸附水的 O—H 基团伸缩振动和变形所致[8]。经过 6 次循环之后，这些水分子变形产生的峰强度有所下降，尤其是在 Sch/Na₂S₂O₈ 体系中变化更为明显。这种现象可能是因为矿物表面水的—OH 基团与 LVFX 的降解产物相互作用，从而导致 O—H 基团密度的降低。

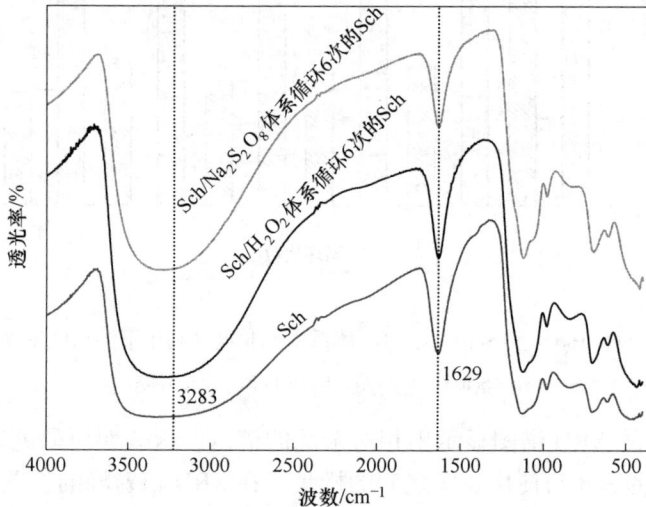

图 2-12　Sch 在循环使用前后的红外光谱图

图 2-13 所展示的 Raman 光谱分析表明，在 Sch/H₂O₂ 和 Sch/Na₂S₂O₈ 体系中，经过 6 次循环使用后，SO₄²⁻ 的吸收峰向长波方向移动。这可能是因为 SO₄²⁻ 基团能够吸引电子，从而捕获 LVFX 降解过程中产生的中间体，影响了 SO₄²⁻ 的伸缩振动。在 424 cm⁻¹ 波段处，观察到强烈的拉曼信号，这是由 Fe—O 的伸缩振动引起的。在经过 6 次循环使用后，Fe—O 峰的强度略有下降，这可能是由于 Fe—O 与 H₂O₂ 和 Na₂S₂O₈ 的结合作用所致。这些结果显示，虽然矿物在降解过程后的峰强度和峰位置有所变化，但这些变化并不显著，表明即使在循环使用后，Sch 依然保持一定的稳定性。

2.2.4　无机离子对 Sch 活化 H₂O₂ 与 Na₂S₂O₈ 去除 LVFX 的影响

在真实水体环境中，通常存在多种无机离子与污染物同时存在的情况。其中，Cl^-、SO_4^{2-}、NO_3^- 和 $H_2PO_4^{2-}$ 是水中最常见的无机阴离子，而 NH_4^+ 则是环境中含量最丰富且广泛存在的无机氮源，这些离子存在可能会影响到 AOPs 降解有机污染物的效果[33]。因此，评估这些无机离子对 Sch/H₂O₂ 和 Sch/Na₂S₂O₈ 体系降解 LVFX 的影响是非常必要的，这种评估有助于了解 AOPs 在处理真实水体

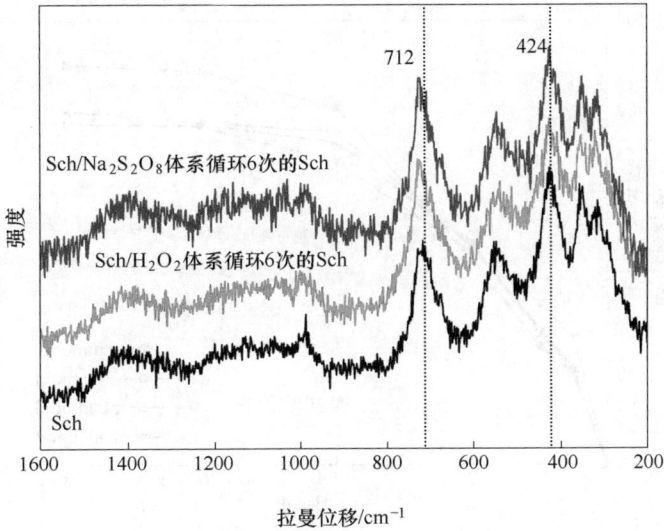

图 2-13 Sch 在循环使用前后拉曼谱图

污染时的效能和局限性。

图 2-14 展示了 Cl^- 对 Sch/H_2O_2 和 $Sch/Na_2S_2O_8$ 体系中 LVFX 降解率的影响。实验中，在反应体系中分别添加了 0 mmol/L、20 mmol/L、50 mmol/L 和 200 mmol/L 的 Cl^-。结果显示，随着 Cl^- 浓度的增加，在反应持续 8 h 时，Sch/H_2O_2 体系中 LVFX 的降解率从 94.2% 降低到 89.1%、80.9%、78.9%；而在 $Sch/Na_2S_2O_8$ 体系中，LVFX 降解率从 90.1% 下降到 79.4%、76.84%、76.83%。

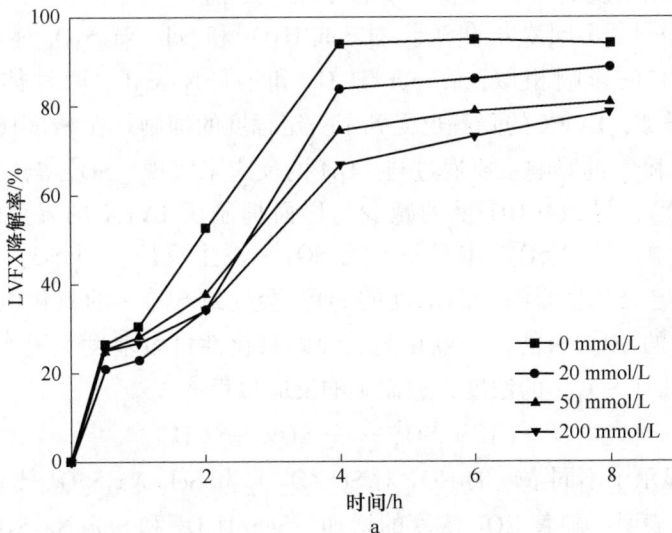

a

图 2-14　Cl^- 浓度对 Sch/H_2O_2 和 $Sch/Na_2S_2O_8$ 体系中 LVFX 降解率的影响

a—Sch/H_2O_2 体系；b—$Sch/Na_2S_2O_8$ 体系

　　这些结果表明，随着 Cl^- 浓度的增加，Sch/H_2O_2 和 $Sch/Na_2S_2O_8$ 体系对 LVFX 降解的抑制效果逐渐增强。这种抑制作用的原因是 Cl^- 可以与 $\cdot OH$ 和 $SO_4^-\cdot$ 反应，生成活性较低的 $Cl\cdot$ 和 $Cl_2^-\cdot$，这导致强氧化性的 $\cdot OH$ 和 $SO_4^-\cdot$ 的数量减少。由于 $Cl\cdot$ 和 $Cl_2^-\cdot$ 的氧化能力（电位 $E^\ominus = 1.36\ V$）较 $\cdot OH$ 和 $SO_4^-\cdot$ 弱[34]，因此在存在较高浓度的 Cl^- 时，LVFX 的降解率会下降。

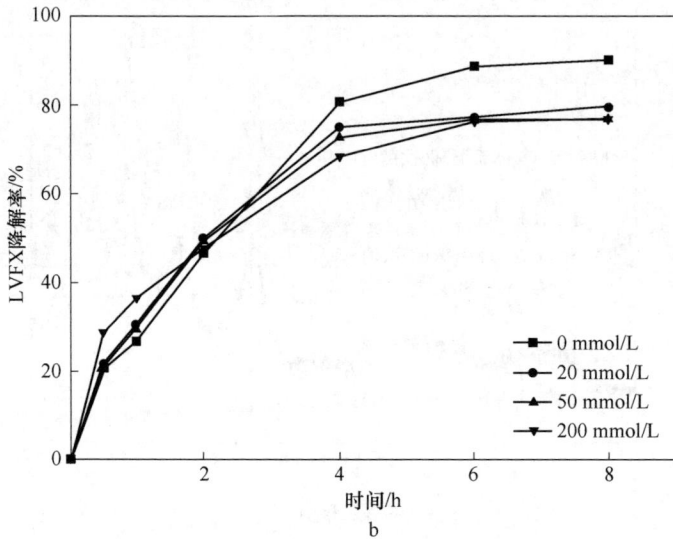

　　图 2-15 展示了不同浓度的 SO_4^{2-} 对 Sch/H_2O_2 和 $Sch/Na_2S_2O_8$ 体系降解 LVFX 的影响。与 Cl^- 的影响相似，在 Sch/H_2O_2 和 $Sch/Na_2S_2O_8$ 两种体系中，随着 SO_4^{2-} 浓度的增加，LVFX 的降解也受到了一定程度的抑制。在 Sch/H_2O_2 体系中，SO_4^{2-} 对 LVFX 降解的影响主要通过与 $\cdot OH$ 的反应来实现。SO_4^{2-} 与 $\cdot OH$ 反应[35]（见式（2-15）），导致 $\cdot OH$ 量的减少，进而抑制了 LVFX 的降解。而在 $Sch/Na_2S_2O_8$ 体系中，虽然 SO_4^{2-} 本身不会与 $SO_4^-\cdot$ 发生反应，但 SO_4^{2-} 的存在会对 $SO_4^-\cdot$ 的氧化电位产生影响，高浓度的 SO_4^{2-} 会导致 $SO_4^-\cdot$ 的氧化电位降低[36]。此外，溶液中的 SO_4^{2-} 可能会与催化剂表面的氧化性自由基发生置换作用，从而降低表面 $\cdot OH$ 或 $SO_4^-\cdot$ 的浓度，进而影响反应过程[37]。

$$\cdot OH + SO_4^{2-} \longrightarrow SO_4^-\cdot + OH^- \tag{2-15}$$

　　图 2-16 显示了不同浓度的 NO_3^- 对 Sch/H_2O_2 和 $Sch/Na_2S_2O_8$ 体系降解 LVFX 的影响。结果表明，随着 NO_3^- 浓度的增加，Sch/H_2O_2 和 $Sch/Na_2S_2O_8$ 两种体系中 LVFX 的降解率显著下降。特别地，$Sch/Na_2S_2O_8$ 体系受到的抑制作用更为明

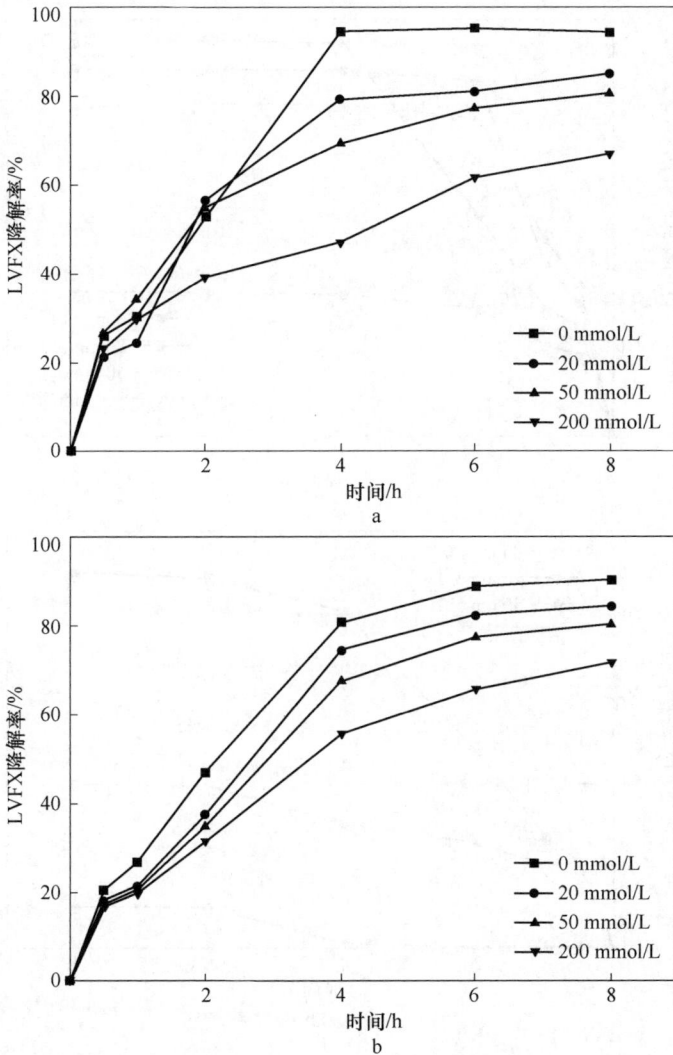

图 2-15 SO_4^{2-} 浓度对 Sch/H_2O_2 和 Sch/$Na_2S_2O_8$ 体系中 LVFX 降解率的影响

a—Sch/H_2O_2 体系；b—Sch/$Na_2S_2O_8$ 体系

显，这可能是因为体系中存在的 NO_3^- 能够捕获·OH 或 SO_4^-·生成 NO_3·，但 NO_3·氧化性较·OH、SO_4^-·弱，这一过程可以通过反应式（2-16）和式（2-17）来解释[38]。然而，也有文献报道指出，在高浓度的 NO_3^- 存在下，有机污染物的降解速率可能会提高，但降解率不受影响[39]。因此，Sch/H_2O_2 和 Sch/$Na_2S_2O_8$ 体系中 LVFX 降解率下降的主要原因可能是 NO_3^- 与 LVFX 在 Sch 表面上产生竞争吸附，因而导致体系中 LVFX 降解率降低。

$$\cdot OH + NO_3^- \longrightarrow NO_3 \cdot + OH^- \tag{2-16}$$

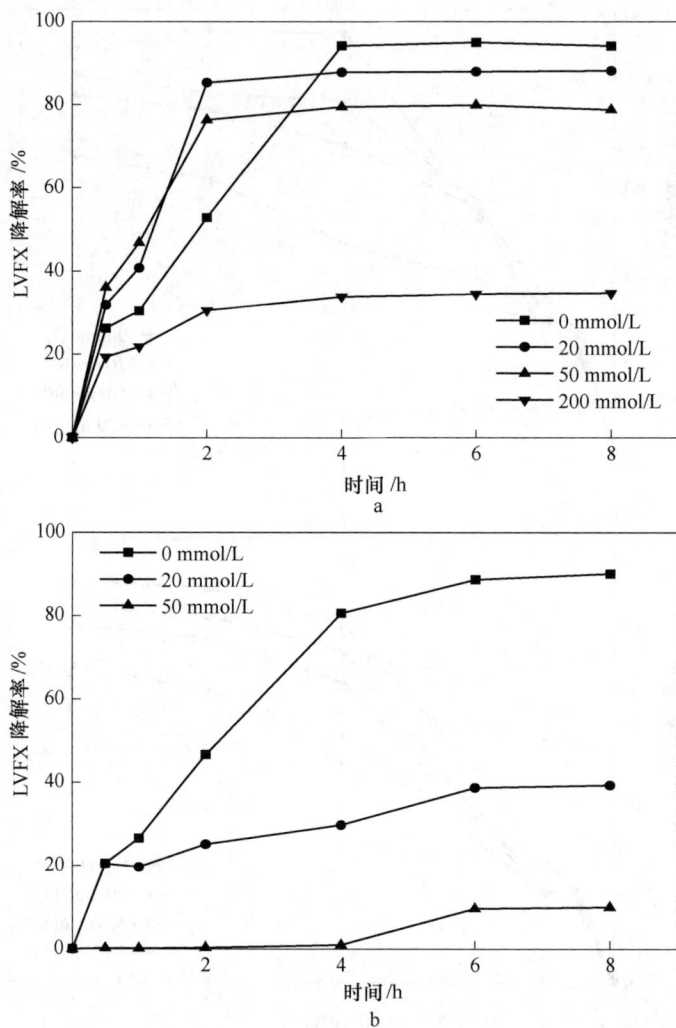

图 2-16　NO_3^- 浓度对 Sch/H_2O_2 和 $Sch/Na_2S_2O_8$ 体系中 LVFX 降解率的影响

a—Sch/H_2O_2 体系；b—$Sch/Na_2S_2O_8$ 体系

$$SO_4^- \cdot + NO_3^- \longrightarrow NO_3 \cdot + SO_4^{2-} \tag{2-17}$$

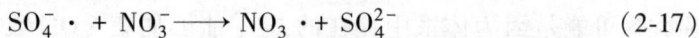

　　图 2-17 展示了不同浓度的 $H_2PO_4^-$ 对 LVFX 降解的影响。从图中可以看出，$H_2PO_4^-$ 对 Sch/H_2O_2 和 $Sch/Na_2S_2O_8$ 体系的影响有显著差异。在 Sch/H_2O_2 体系中，即使 $H_2PO_4^-$ 浓度仅为 20 mmol/L，LVFX 的降解就已经受到了完全抑制。而在 $Sch/Na_2S_2O_8$ 体系中，尽管 LVFX 的降解受到了抑制，但随着 $H_2PO_4^-$ 浓度的增加，LVFX 降解率实际上略有增加。根据文献报告，$H_2PO_4^-$ 会吸附在催化剂表面，与催化剂中的铁离子配合，形成较为复杂的化合物，这导致氧化自由基的产

生量减少。此外，$H_2PO_4^-$ 还可以与 $\cdot OH$ 和 $SO_4^- \cdot$ 发生反应，通过反应式（2-18）和式（2-19）可以解释[39]，从而降低体系中的自由基含量，进而影响 LVFX 的降解。而在 $Sch/Na_2S_2O_8$ 体系中，尽管 LVFX 的降解受到了抑制，但仍有一定程度的降解发生，这可能是由于 $S_2O_8^{2-}$ 对 LVFX 具有一定的氧化作用。

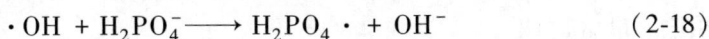

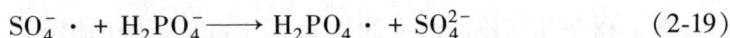

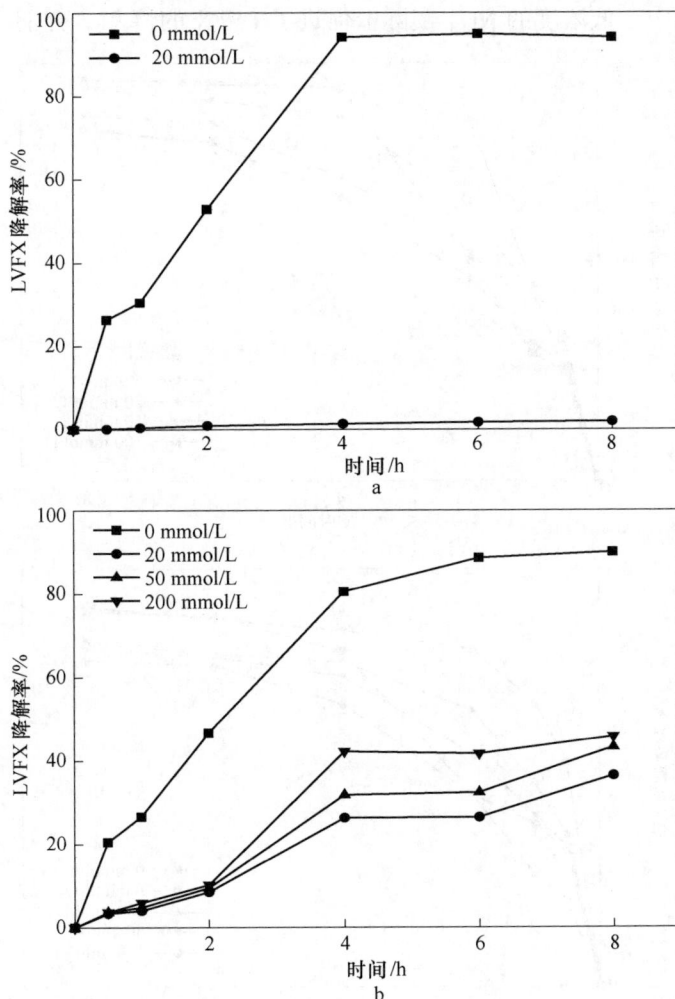

$$\cdot OH + H_2PO_4^- \longrightarrow H_2PO_4 \cdot + OH^- \tag{2-18}$$

$$SO_4^- \cdot + H_2PO_4^- \longrightarrow H_2PO_4 \cdot + SO_4^{2-} \tag{2-19}$$

图 2-17　$H_2PO_4^-$ 浓度对 Sch/H_2O_2 和 $Sch/Na_2S_2O_8$ 体系中 LVFX 降解率的影响

a—Sch/H_2O_2 体系；b—$Sch/Na_2S_2O_8$ 体系

综合上述分析，可以得出结论：Cl^-、SO_4^{2-}、NO_3^- 和 $H_2PO_4^{2-}$ 等无机阴离子对 LVFX 的降解均产生了不同程度的抑制效果。该抑制作用的主要原因是这些无机阴离子与污染物竞争·OH 及 SO_4^-·，从而生成氧化性较弱的自由基，影响了体系中的氧化能力。在 Sch/H_2O_2 体系中，无机阴离子 $H_2PO_4^-$ 对 LVFX 降解的抑制作用最强，其次是 NO_3^-，然后是 SO_4^{2-}，最后是 Cl^-。而在 Sch/$Na_2S_2O_8$ 体系中，无机阴离子 NO_3^- 对 LVFX 降解的抑制作用最为显著，其次是 $H_2PO_4^-$，然后是 SO_4^{2-}，最后是 Cl^-。

图 2-18 展示了不同浓度的 NH_4^+ 对 LVFX 降解的影响。在 Sch/H_2O_2 和 Sch/$Na_2S_2O_8$ 体系中，低浓度的 NH_4^+ 实际上促进了 LVFX 的降解，并且显著加快了

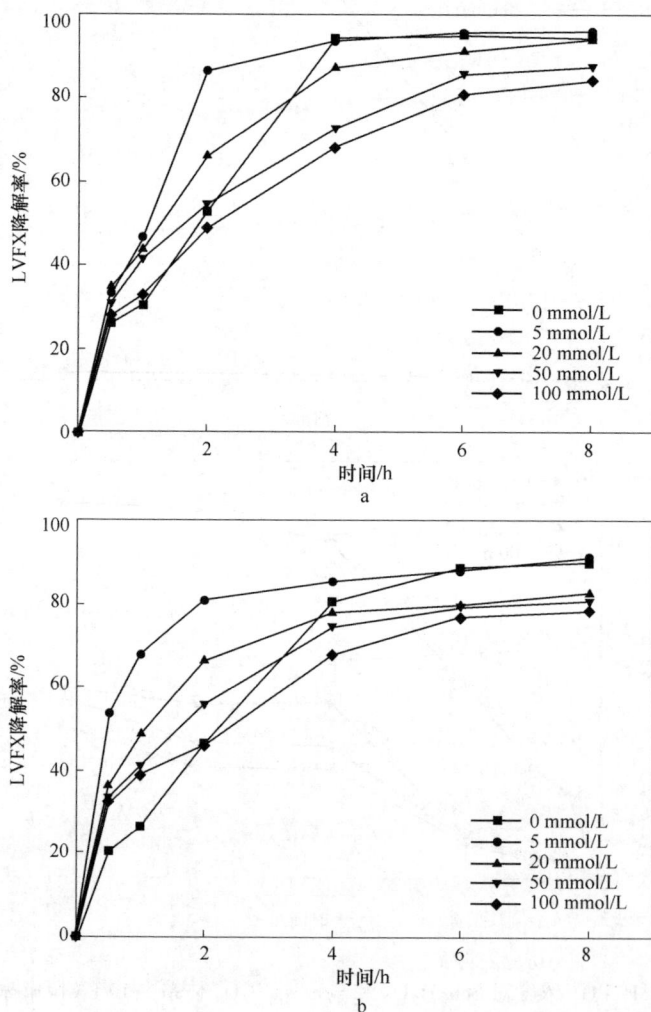

图 2-18 NH_4^+ 浓度对 Sch/H_2O_2 和 Sch/$Na_2S_2O_8$ 体系中 LVFX 降解率的影响

a—Sch/H_2O_2 体系；b—Sch/$Na_2S_2O_8$ 体系

LVFX 的降解速率。这一现象可以通过以下几个方面来解释：

（1）加速氧化还原循环。有研究表明，少量的 NH_4^+ 可以与体系中的 $\cdot OH$ 及 $SO_4^- \cdot$ 反应生成 $\cdot NH_2$（见式(2-20)和式(2-21)）。接着，$\cdot NH_2$ 与 $\cdot OH$ 快速反应生成氨基羟基化合物 NH_2OH（见式(2-22)），其反应速率约为 $9.6 \times 10^9 \ M^{-1} \cdot S^{-1}$ [40]。生成的 NH_2OH 能够加速催化剂表面 Fe 的氧化还原反应，使 Fe(Ⅱ) 与 Fe(Ⅲ) 的动态循环速率加快 [41]，从而提高了氧化还原反应的活性。

（2）促进 H_2O_2 及 $Na_2S_2O_8$ 的分解。有研究显示，NH_2OH 加速了 H_2O_2 及 $Na_2S_2O_8$ 的分解，进而促进了自由基的生成 [42]，导致反应速率明显高于对照组。然而，在高浓度的 NH_4^+ 条件下，会出现抑制 LVFX 降解的现象。据杨培增的研究 [40]，大量的 NH_4^+ 会与 $\cdot OH$、$SO_4^- \cdot$ 反应生成 $NO_2 \cdot$，最终转化为 NO_3^-。NO_3^- 的存在，正如前文所述，会抑制反应的进行，这与 NO_3^- 抑制 LVFX 降解的现象是一致的。

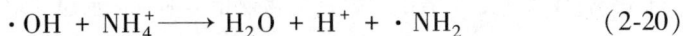

$$\cdot OH + NH_4^+ \longrightarrow H_2O + H^+ + \cdot NH_2 \qquad (2\text{-}20)$$

$$SO_4^- \cdot + NH_4^+ \longrightarrow SO_4^{2-} + 2H^+ + \cdot NH_2 \qquad (2\text{-}21)$$

$$\cdot OH + \cdot NH_2 \longrightarrow NH_2OH \qquad (2\text{-}22)$$

2.3 本 章 小 结

本章以硫酸亚铁为原料，采用化学法合成 Sch，合成的 Sch 具有良好的催化效果，用于催化活化 $H_2O_2/Na_2S_2O_8$ 降解废水中的 LVFX，具有以下结果：

（1）通过 SEM、XRD、FTIR、Roman 等一系列表征手段，成功表明了合成的矿物结晶度较差，形貌为易于团聚的圆形颗粒，含有—OH、Fe—O、SO_4^{2-} 官能团，符合 Sch 的特征。

（2）在 Sch/H_2O_2 体系中，当 LVFX 初始浓度为 20 mg/L、H_2O_2 浓度为 4 mmol/L、Sch 投加量 1.2 g/L、pH 值为 3 时，LVFX 的降解率达到 98.18%。在 $Sch/Na_2S_2O_8$ 体系中，当 LVFX 初始浓度为 20 mg/L、$Na_2S_2O_8$ 浓度为 4 mmol/L、Sch 投加量 0.6 g/L、pH 值为 7 时，LVFX 的降解率达到 90.78%。

（3）与 $Sch/Na_2S_2O_8$ 体系相比，Sch/H_2O_2 体系在 LVFX 降解率和速率上更为优异。然而，Sch/H_2O_2 体系需要较高的 Sch 浓度（是 $Sch/Na_2S_2O_8$ 体系的 2 倍）和较严格的 pH 值控制。

（4）在最佳反应条件下，即使经过 6 次循环使用，Sch 催化剂中 Fe 的溶出量较小，显示出良好的催化活性和稳定性。

（5）无机阴离子对 LVFX 降解有一定程度的抑制作用，且抑制效果随浓度增加而增强。在 Sch/H_2O_2 体系中，抑制作用由强到弱的顺序为 $H_2PO_4^- > NO_3^- >$

$SO_4^{2-}>Cl^-$；在 $Sch/Na_2S_2O_8$ 体系中，抑制作用顺序为 $NO_3^->H_2PO_4^->SO_4^{2-}>Cl^-$。低浓度的 NH_4^+ 能促进 LVFX 的降解，而高浓度的 NH_4^+ 则会抑制其降解。

参 考 文 献

［1］ZHONG X, ZHANG K X, WU D, et al. Enhanced photocatalytic degradation of levofloxacin by Fe-doped BiOCl nanosheets under LED light irradiation- ScienceDirect ［J］. Chemical Engineering Journal, 2020, 383: 32554-32589.

［2］杨硕. 畜禽养殖废水的抗生素污染现状及检测方法 ［J］. 农业与技术, 2020, 40, 362 (21): 113-114.

［3］剧泽佳, 赵鑫宇, 陈慧, 等. 石家庄市水环境中喹诺酮类抗生素的空间分布特征与环境风险评估 ［J］. 环境科学学报, 2021, 41 (12): 4919-4931.

［4］林海龙, 宋鸽, 司亮, 等. 抗生素废水生物处理法的研究进展 ［J］. 中国农学通报, 2012, 28 (11): 258-261.

［5］冯勇, 吴德礼, 马鲁铭. 铁氧化物催化类 Fenton 反应 ［J］. 化学进展, 2013, 25 (7): 1219-1228.

［6］李浙英, 梁剑茹, 柏双友, 等. 生物成因与化学成因施氏矿物的合成、表征及其对 As (Ⅲ) 的吸附 ［J］. 环境科学学报, 2011, 31 (3): 460-467.

［7］FRENCH R A, MONSEGUE N, MURAYAMA M, et al. The structure and transformation of the nanomineral schwertmannite: a synthetic analog representative of field samples ［J］. Physics & Chemistry of Minerals, 2013, 41 (4): 237-246.

［8］周顺桂, 周立祥, 陈福星. 施氏矿物 Schwertmannite 的微生物法合成、鉴定及其对重金属的吸附性能 ［J］. 光谱学与光谱分析, 2007, 27 (2): 367-370.

［9］廖岳华. 施氏矿物的生物合成及去除水中砷的效果与机理研究 ［D］. 南京: 南京农业大学, 2008.

［10］XIE Y Y, LU G N, YE H, et al. Fulvic acid induced the liberation of chromium from CrO_4^{2-} substituted schwertmannite ［J］. Chemical Geology, 2017, 475: 52-61.

［11］GAN M, ZHENG Z, SUN S, et al. The influence of aluminum chloride on biosyntheticschwertmannite and Cu(Ⅱ)/Cr(Ⅵ) adsorption ［J］. RSC Advances, 2015, 5 (114): 94500-94512.

［12］XIN W, YAN L, LU A, et al. Features of ferric sulfate precipitates formed by different cultivations of Acidithiobacillus ferrooxidans ［J］. Frontiers of Earth Science in China, 2010, 4 (2): 152-159.

［13］孟晓青. 生物成因施氏矿物催化类芬顿反应降解菲的研究 ［D］. 南京: 南京农业大学, 2017.

［14］CIOBOTA V, LU S, TARCEA N, et al. Quantification of the inorganic phase of the pelagic aggregates from an iron contaminated lake by means of Raman spectroscopy ［J］. Vibrational Spectroscopy, 2013, 68 (5): 212-219.

［15］FRENCH R A, MONSEGUE N, MURAYAMA M, et al. The structure and transformation of the nanomineral schwertmannite: a synthetic analog representative of field samples ［J］. Physics &

Chemistry of Minerals, 2013, 41（4）：237-246.

［16］李轶涵，姜恬，周旭，等．热活化过硫酸盐氧化降解水溶液中的抗生素卡巴多司和奥喹多司［J］．环境科学学报，2019，39（11）：3821-3831.

［17］YAN S, ZHAN L, MENG X, et al. Role of schwertmannite or jarosite in photocatalytic degradation of sulfamethoxazole in ultraviolet/peroxydisulfate system［J］. Separation and Purification Technology, 2021, 274：118991-119005.

［18］GAO H, WANG Y, AFOLABI M A, et al. Incorporation of cellulose nanocrystals into graphene oxide membranes for efficient antibiotic removal at high nutrient recovery［J］. ACS Applied Materials & Interfaces, 2021, 13（12）：14102-14111.

［19］CHEN Y, MILLER C J, WAITE T D. pH dependence of hydroxyl radical, ferryl, and/or ferric peroxo species generation in the heterogeneous Fenton process［J］. Environmental Science & Technology, 2022, 56（2）：1278-1288.

［20］魏明瑜．锰氧八面体分子筛活化过一硫酸氢盐降解酸性橙 7 的研究［D］．武汉：武汉纺织大学，2017.

［21］BURBANO A A, DIONYSIOU D D, SUIDAN M T, et al. Richardson, Oxidation kinetics and effect of pH on the degradation of MTBE with Fenton reagent［J］. Water Researh, 2005, 39（1）：107-118.

［22］林影，梁好，刘传胜，等．零价铁与过硫酸盐异相芬顿降解活性艳橙 X-GN［J］．环境保护科学，2016，4（23）：110-114.

［23］TAO Z, LI C, MA J, et al. Surface hydroxyl groups of synthetic alpha-FeOOH in promoting（OH）-O-center dot generation from aqueous ozone：Property and activity relationship［J］. Applied Catalysis B Environmental, 2008, 82（2）：131-137.

［24］徐西蒙，宗绍燕，刘丹．钢渣碱活化过硫酸盐降解双酚 A［J］．中国环境科学，2019，39（7）：2889-2895.

［25］MENG F, SONG M, SONG B, et al. Enhanced degradation of Rhodamine B via α-Fe$_2$O$_3$ microspheres induced persulfate to generate reactive oxidizing species［J］. Chemosphere, 2020, 243：125322-125322.

［26］HUIE R E, CLIFTON C L. Temperature dependence of the rate constants for reactions of the sulfate radical, SO sub 4 sup minus, with anions［J］. Journal of Physical Chemistry, 1990, 94（23）：8561-8567.

［27］林爱秋，程和发．芬顿及光芬顿法降解氟喹诺酮类抗生素研究进展［J］．环境化学，2021，40（5）：1305-1318.

［28］杨世迎，陈友媛，胥慧真，等．过硫酸盐活化高级氧化新技术［J］．化学进展，2008，9：1433-1438.

［29］LIN S S, MD GUROL. Catalytic decomposition of hydrogen peroxide on iron oxide：Kinetics, mechanism, and implications［J］. Environmental Science and Technology, 1998, 32（10）：1417-1423.

［30］高焕方，龙飞，曹园城，等．新型过硫酸盐活化技术降解有机污染物的研究进展［J］．环

境工程学报, 2015, 9（12）: 5659-5664.

[31] GUPTA, ANIRUDH, GARG, et al. Degradation of ciprofloxacin using Fenton's oxidation: Effect of operating parameters, identification of oxidized by-products and toxicity assessment [J]. Chemosphere: Environmental Toxicology and Risk Assessment, 2018, 193（Feb.）: 1181-1188.

[32] 周爱娟, 赵玉珏, 刘芝宏, 等. Fe(Ⅱ) 活化过硫酸盐处理喹啉工艺参数优化及生物毒性 [J]. 中国环境科学, 2020, 40（11）: 4795-4803.

[33] LIU Y, HE X, FU Y, et al. Kinetics and mechanism investigation on the destruction of oxytetracycline by UV-254 nm activation of persulfate [J]. Journal of Hazardous Materials, 2016, 305（15）: 229-239.

[34] GHANBARI F, MORADI M, GOHARI F. Degradation of 2, 4, 6-trichlorophenol in aqueous solutions using peroxymonosulfate/activated carbon/UV process viasulfate and hydroxyl radicals [J]. Journal of Water Process Engineering, 2016, 9: 22-28.

[35] WU X, GU X, LU S, et al. Strong enhancement of trichloroethylene degradation in ferrous ion activated persulfate system by promoting ferric and ferrous ion cycles with hydroxylamine [J]. Separation and Purification Technollogy, 2015, 147: 186-193.

[36] 黄燕. 两种磁性纳米复合材料催化降解水中典型氟喹诺酮类抗生素研究 [D]. 兰州: 兰州大学, 2020.

[37] NETA P, HUIE R E, ROSS A B. Rate constants for reactions of inorganic radicals in aqueous solution [J]. Journal of Physical and Chemical Reference Date, 1988, 17（3）: 1027-1284.

[38] SBARDELLA L, GALA I V, COMAS J, et al. The impact of wastewater matrix on the degradation of pharmaceutically active compounds by oxidation processes including ultraviolet radiation and sulfate radicals [J]. Journal of Hazardous Materials, 2019, 380: 120869.

[39] LAAT J D, LE G T, LEGUBE B. A comparative study of the effects of chloride, sulfate and nitrate ions on the rates of decomposition of H_2O_2 and organic compounds by Fe(Ⅱ)/H_2O_2 and Fe(Ⅲ)/H_2O_2 [J]. Chemosphere, 2004, 55（5）: 715-723.

[40] 杨培增, 岳泓伸, 季跃飞, 等. 土壤铵氮在热活化过硫酸盐氧化过程中的转化 [J]. 中国环境科学, 2022, 42（1）: 267-275.

[41] CHEN L, MA J, LI X, et al. Strong enhancement on fenton oxidation by addition of hydroxylamine to accelerate the ferric and ferrous Iron Cycles [J]. Environmental Science and Technology, 2011, 45（9）: 3925.

[42] WANG J, WANG S. Effect of inorganic anions on the performance of advanced oxidation processes for degradation of organic contaminants [J]. Chemical Engineering Journal, 2021, 411（20）: 128392.

3 Sch 活化 H_2O_2 与 $Na_2S_2O_8$ 去除 LVFX 的机理研究

第 2 章的研究结果表明，Sch 活化 H_2O_2 与 $Na_2S_2O_8$ 去除 LVFX 具有很好的降解效率，并确定了 Sch 活化 H_2O_2 与 $Na_2S_2O_8$ 去除 LVFX 的最优条件。本章继续探究 Sch/H_2O_2 与 $Sch/Na_2S_2O_8$ 体系的机理反应。AOPs 在水处理中表现出色，但其作用机理尚存在争议，目前主流的解释包括高价铁氧化机理、表面催化机理和溶出铁离子机理。在这些机理中，表面催化机理得到了更广泛的认可。这一机理主要依赖于催化剂表面产生的活性物种，如 $\cdot OH$ 和 $SO_4^- \cdot$，它们在降解污染物方面起着关键作用。然而，对于 $\cdot OH$ 和 $SO_4^- \cdot$ 在降解有机污染物（如 LVFX）时的具体作用和贡献尚不完全明了。鉴于此，本章旨在深入探索 Sch/H_2O_2 与 $Sch/Na_2S_2O_8$ 体系中 $\cdot OH$ 和 $SO_4^- \cdot$ 的生成及其在 LVFX 降解中的具体作用，采用了一系列分析技术，包括电子自旋共振（EPR）和淬灭剂等，以监测和定量这些自由基在反应过程中的产生和消耗。此外，还动态监测 TFe、Fe^{2+}、Fe^{3+} 浓度的变化，均相反应与异相反应对 LVFX 降解的效果对比，催化剂表面铁含量变化，以进一步揭示反应机理。通过这些研究，我们希望能够提供更深入理解关于 Sch 活化体系在去除抗生素污染物方面的作用机理，从而为设计更高效的水处理技术提供理论依据。此外，本研究也可能为其他高级氧化过程的机理研究提供有价值的参考。

3.1 材料与方法

3.1.1 实验材料与仪器

3.1.1.1 实验材料

实验所需原料与试剂详见 2.1.1 节，新增试剂见表 3-1。

表 3-1 实 验 试 剂

试剂名称	分子式	纯度	生产厂家
叔丁醇	$C_4H_{10}O$	分析纯	阿拉丁
乙醇	C_2H_6O	分析纯	阿拉丁
六水合氯化铁	$FeCl_3 \cdot 6H_2O$	分析纯	阿拉丁

3.1.1.2　实验仪器

实验所用主要仪器见 2.1.1 节，新增实验仪器设备见表 3-2。

表 3-2　实验仪器设备

名　　称	型　　号	厂　　家
电子顺磁共振波谱仪（EPR）	A300	德国布鲁克公司
X 射线光电子能谱（XPS）	ESCALAB 25	美国赛默飞世尔公司

3.1.2　Sch 活化 H_2O_2 与 $Na_2S_2O_8$ 去除 LVFX 的机理研究

3.1.2.1　两种体系中淬灭自由基实验

（1）配置含有不同浓度甲醇（0%、0.01%、0.02%、0.1%）的 LVFX（20 mg/L）溶液。在一个 250 mL 三角瓶中加入 0.150 g 的 Sch 催化剂，向瓶中分别加入含有不同浓度甲醇的 LVFX 溶液，使总反应溶液量达到 125 mL，调节溶液 pH 值为 3。向这个溶液中加入一定量的 30% H_2O_2，使其浓度为 4 mmol/L。

（2）同时，配制含有不同浓度的叔丁醇和乙醇（0%、0.1%、10%）的 LVFX（20 mg/L）溶液。在另一个 250 mL 三角瓶中加入 0.075 g 的 Sch 催化剂，向瓶中分别加入含有不同浓度的叔丁醇和乙醇的 LVFX 溶液，使总反应溶液量同样为 125 mL，调节溶液 pH 值为 7。向这个溶液中加入一定量的 $Na_2S_2O_8$，使其浓度为 4 mmol/L。

（3）将三角瓶置于气浴恒温振荡箱中，以启动反应。将反应温度控制在 28 ℃，转速控制在 180 r/min，分别在 0 h、0.5 h、1 h、2 h、4 h、6 h、8 h 时取样，经 0.45 μm 水相滤膜过滤以去除催化剂，收集滤液并上机测定 LVFX 浓度。

3.1.2.2　体系中铁离子溶出量及溶出铁对活化 H_2O_2 与 $Na_2S_2O_8$ 去除 LVFX 的影响

（1）配置 20 mg/L 的 LVFX 溶液。在一个 250 mL 三角瓶中加入 0.150 g 的 Sch 催化剂，向瓶中加入 125 mL 的 LVFX 溶液，调节溶液 pH 值为 3。加入一定量的 30% H_2O_2，使其浓度为 4 mmol/L，启动反应。

（2）同时，在另一个 250 mL 三角瓶中加入 0.075 g 的 Sch 催化剂，再加入 125 mL 的 LVFX 溶液，调节溶液 pH 值为 7。加入一定量的 $Na_2S_2O_8$，使其浓度为 4 mmol/L，启动反应。

（3）将两种反应体系置于 28 ℃、180 r/min 恒温摇床上振荡，分别在 $T=0$ h、0.5 h、1 h、2 h、4 h、6 h、8 h 时取样监测 TFe、Fe^{2+}、Fe^{3+} 浓度的动态变化。

（4）称取一定量 $FeSO_4 \cdot 7H_2O$ 和 $FeCl_3 \cdot 6H_2O$，配制溶液，使得 Sch/H_2O_2 体系中 Fe^{2+} 浓度为 2.73 mg/L、Fe^{3+} 浓度为 2.96 mg/L，调节 pH 值至 3.0。Sch/

$Na_2S_2O_8$ 反应体系中 Fe^{2+} 浓度为 5.46 mg/L、Fe^{3+} 浓度为 1.92 mg/L，调节 pH 值至 7.0；加一定量 LVFX 使体系中 LVFX 浓度为 20 mg/L，然后分别向其中加入一定量的 H_2O_2（4 mmol/L）和 $Na_2S_2O_8$（4 mmol/L）启动反应，将整个反应体系置于28 ℃、180 r/min 恒温摇床上振荡，分别在 T = 0 h、0.5 h、1 h、2 h、4 h、6 h 时取样，上机测定 LVFX 浓度。

3.1.2.3　反应前后 Sch 表面铁的价态分布

（1）配置 20 mg/L 的 LVFX 溶液。在一个 250 mL 三角瓶中加入 0.150 g 的 Sch 催化剂，向瓶中加入 125 mL 的 LVFX 溶液，调节溶液 pH 值为 3。加入一定量的 30% H_2O_2，使其浓度为 4 mmol/L，启动反应。

（2）同时，在另一个 250 mL 三角瓶中加入 0.075 g 的 Sch 催化剂，再加入 125 mL 的 LVFX 溶液，调节溶液 pH 值为 7。加入一定量的 $Na_2S_2O_8$，使其浓度为 4 mmol/L，启动反应。

（3）将两种反应体系置于 28 ℃、180 r/min 恒温摇床上振荡，反应 30 h 后，过滤溶液并收集 Sch，烘干至恒重，将反应前后的 Sch 做 XPS 测试来探究反应前后 Sch 表面铁的价态分布。

3.1.3　测定方法

3.1.3.1　LVFX 的测定
LVFX 的测定方法见 2.1.4 节。

3.1.3.2　Fe^{2+} 与总铁的测定方法
Fe^{2+} 与总铁的测定方法见 2.1.4 节。

3.1.3.3　XPS 测试条件
采用美国赛默飞世尔公司的型号为 ESCALAB 25 的 X 射线光电子能谱仪分析 Sch 表面铁的化合价态。用清洗干净的药匙将 Sch 粉末均匀地铺满整个胶带，越薄越好，另取一片铝箔用丙酮擦拭干净后盖在样品上。将铝箔+样品放置于两块平整的模块中间，压片处理。将铝箔去掉，轻轻磕一下黏有样品的铝箔，磕掉表面残余的粉末。沿压制好的样品四周剪去铝箔，制成 1 cm×1 cm 的压片样品，放入样品台测试。测试条件：（单色 Al Kα $h\nu$ = 1486.6 eV），功率 150 W，400 μm 束斑，测试结果取 C1s 为 284.8 eV 进行校正。

3.1.3.4　电子顺磁共振波谱测试条件
采用电子顺磁共振技术（EPR），以 DMPO（二甲基吡啶 N-氧化物）为捕获剂来鉴定两种体系降解 LVFX 过程中产生的活性自由基[1]。测试步骤为：向体系中加入 DMPO，反应 5 min 后直接取样上机检测。测试条件为：磁场中心位置（CF）为 3510 G，扫描宽度（SW）为 100 G，微波频率（MF）为 9.854 GHz，功率（MP）为 19.82 mW。

3.2 结果与讨论

3.2.1 催化反应过程中溶出铁的浓度测定

在进行 AOPs 实验时，我们使用了固态铁基材料 Sch 作为催化剂。目前对于此类催化反应的机理，普遍认为主要分为两种：一种是基于溶出铁的离子反应机制，另一种是表面催化反应机制。为了深入理解 Sch 在 AOPs 反应中对 LVFX 的降解机理，特别关注了最佳反应条件下 TFe、Fe^{2+}、Fe^{3+} 的浓度变化情况，结果如图 3-1 所示。

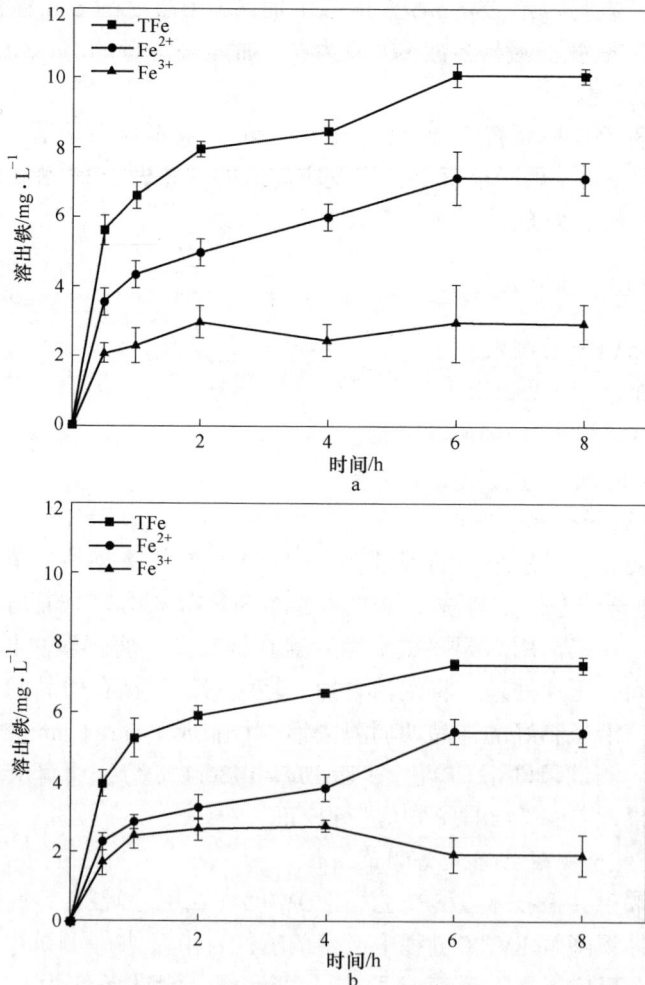

图 3-1 Sch/H_2O_2 和 Sch/$Na_2S_2O_8$ 体系中 TFe、Fe^{2+}、Fe^{3+} 的浓度变化

a—Sch/H_2O_2 体系；b—Sch/$Na_2S_2O_8$ 体系

随着反应的进行，由 Sch 催化的 H_2O_2/$Na_2S_2O_8$ 体系中 TFe、Fe^{2+} 溶出逐渐增加，而 Fe^{3+} 的溶出则有先增大后略微下降的趋势。由第 2 章可知，LVFX 在 4 h 内基本被降解。Sch/H_2O_2 体系在反应 4 h 后，TFe、Fe^{2+} 和 Fe^{3+} 浓度分别增加至 8.46 mg/L、6.01 mg/L 和 2.45 mg/L，随后 TFe、Fe^{2+} 浓度增大，而 Fe^{3+} 的浓度逐渐减少；8 h 时，TFe、Fe^{2+}、Fe^{3+} 浓度增加至 10.06 mg/L、7.12 mg/L、2.94 mg/L。Sch/$Na_2S_2O_8$ 体系在反应 4 h 后，TFe、Fe^{2+}、Fe^{3+} 浓度分别为 6.57 mg/L、3.83 mg/L 和 2.73 mg/L，随后 TFe、Fe^{2+} 浓度缓慢增大，而 Fe^{3+} 的浓度逐渐减少；8 h 时，TFe、Fe^{2+}、Fe^{3+} 浓度依次为 7.35 mg/L、5.44 mg/L 和 1.91 mg/L。这些观察结果表明，Sch/H_2O_2 体系中铁的总溶出量比 Sch/$Na_2S_2O_8$ 体系要大。但总体来讲，在 Sch/H_2O_2 和 Sch/$Na_2S_2O_8$ 体系中催化剂 Sch 在反应过程中溶出的铁量均较少。

但两种体系中，使用的 Sch 含量不同，为了进一步比较两个体系对 Sch 溶出铁的影响，测定了 Sch/H_2O_2 和 Sch/$Na_2S_2O_8$ 两种体系中每克 Sch 的溶出铁，结果如图 3-2

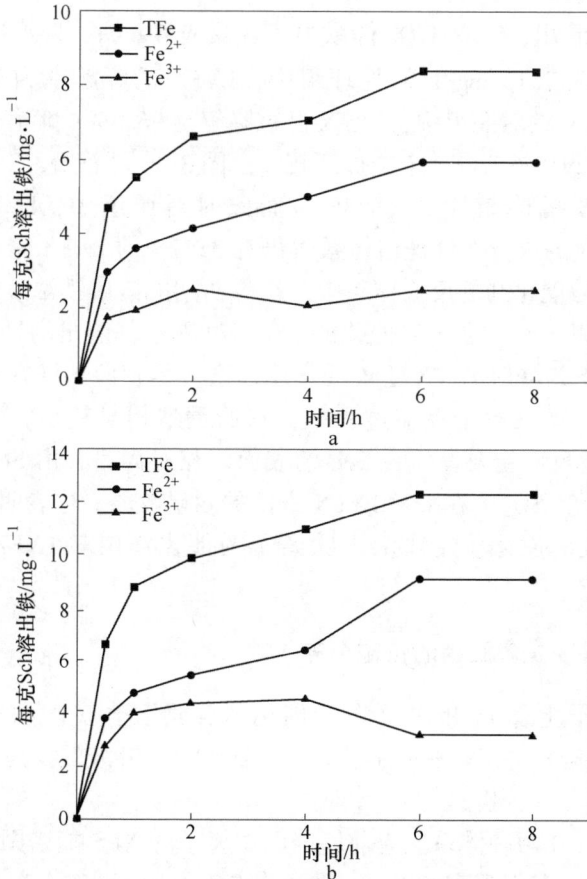

图 3-2 Sch/H_2O_2 和 Sch/$Na_2S_2O_8$ 体系中单位 Sch 溶出 TFe、Fe^{2+}、Fe^{3+} 情况

a—Sch/H_2O_2 体系；b—Sch/$Na_2S_2O_8$ 体系

所示。Sch/H_2O_2 体系中，在反应 6 h 时，每克 Sch 的 TFe 溶出量为 8.41 mg/g，而在 $Sch/Na_2S_2O_8$ 体系中，TFe 溶出量为 12.30 mg/g。这表明，Sch 在 H_2O_2 体系中更稳定。

3.2.2　异相和均相反应过程中 LVFX 降解效果的对比

由图 3-1 可知，Sch/H_2O_2 体系在最佳反应条件下，反应 6 h 后，溶出的 Fe^{3+} 浓度高达 2.96 mg/L，Fe^{2+} 浓度高达 7.13 mg/L；$Sch/Na_2S_2O_8$ 体系在最佳反应条件下溶出的 Fe^{3+} 浓度高达 1.92 mg/L，Fe^{2+} 浓度高达 5.46 mg/L。为进一步探究 Sch 催化 H_2O_2 和 $Na_2S_2O_8$ 降解 LVFX 过程中，溶出铁与氧化剂组成的均相氧化反应对 LVFX 降解的贡献大小，设计了 Sch 在 Sch/H_2O_2 和 $Sch/Na_2S_2O_8$ 两种体系中溶出最大浓度的 Fe^{2+}、Fe^{3+} 对 LVFX 降解与 Sch 的对比实验，结果如图 3-3 所示。

由图 3-3a 可看出，Sch/H_2O_2 体系中，在反应 6 h 时，Fe^{3+} 初始浓度为 2.96 mg/L、Fe^{2+} 浓度为 7.13 mg/L 的处理组中，LVFX 的降解率为 70.1%，而此时 Sch 投加量 1.2 g/L 的对照组中，LVFX 已被降解至 96.3%；随着反应的进行，处理组体系中仍有 29.9% LVFX 未能被降解。由图 3-3b 可看出，$Sch/Na_2S_2O_8$ 体系处理组中，LVFX 的降解率为 68.3%，而此时对照组中，LVFX 已被降解至 89.6%；随着反应的进行，处理组体系中仍有 31.7% 的 LVFX 未能被降解。不难发现，在 Sch 作为催化剂的反应体系中，反应初期的溶解铁浓度显著低于 6 h 后的浓度。因此可以推测，在 Sch 催化的 AOPs 过程中，溶出的铁离子与 H_2O_2 和 $Na_2S_2O_8$ 反应并不是降解 LVFX 主要的作用因素。尽管溶出铁在一定程度上促进了 LVFX 的降解，但在整个反应过程中，它的贡献相对较小。由此得出的结论是：LVFX 的降解反应主要发生在 Sch 的表面。相对而言，由 Sch 溶出的铁离子催化产生的 ·OH 和 SO_4^-· 在降解 LVFX 方面的效果较弱。这表明，在 Sch 催化的 AOPs 反应中，表面催化作用比溶出铁离子的催化作用对 LVFX 的降解有更大影响。

3.2.3　反应前后 Sch 表面铁的价态分布

X 射线光电子能谱（XPS）是分析催化剂表面化学态变化的一种重要手段。为进一步探究 Sch/H_2O_2 和 $Sch/Na_2S_2O_8$ 降解 LVFX 溶液的反应机理，对 Sch 表面铁的价态进行 XPS 分析。

图 3-4 为 Sch 在两种体系反应前后表面铁离子的 XPS 能谱图。通过对 Sch 催化剂的 XPS 分析，我们观察到 Fe 2p 图谱在 710.9 eV 和 724.3 eV 为特征峰，这些峰分别对应于 Fe $2p_{1/2}$ 和 Fe $2p_{2/3}$ 轨道，并且它们的面积比率大致为 1 : 2[2]。

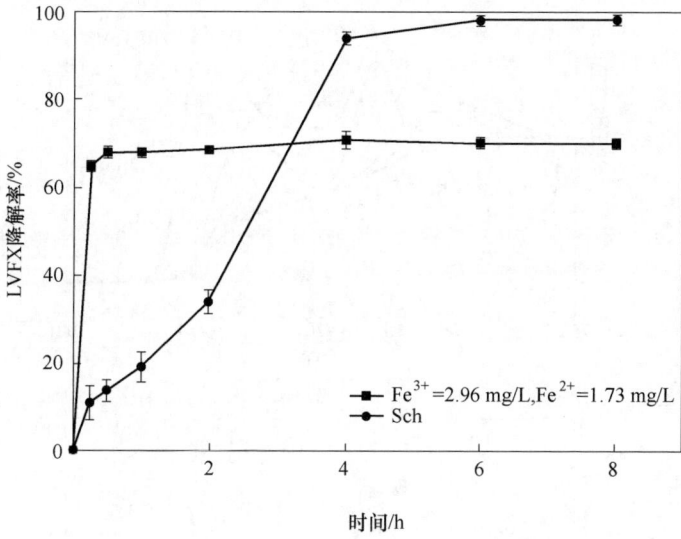

a

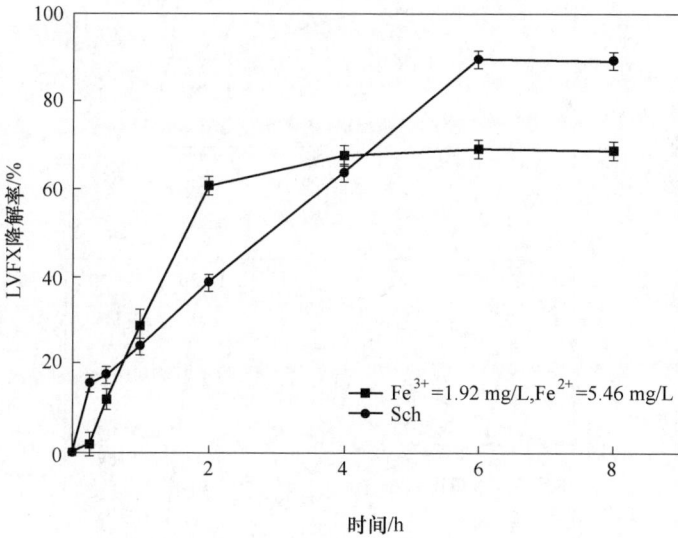

b

图 3-3　Sch/H_2O_2 和 Sch/$Na_2S_2O_8$ 体系中异相芬顿
与均相芬顿体系对 LVFX 降解率的影响比较
a—Sch/H_2O_2 体系；b—Sch/$Na_2S_2O_8$ 体系

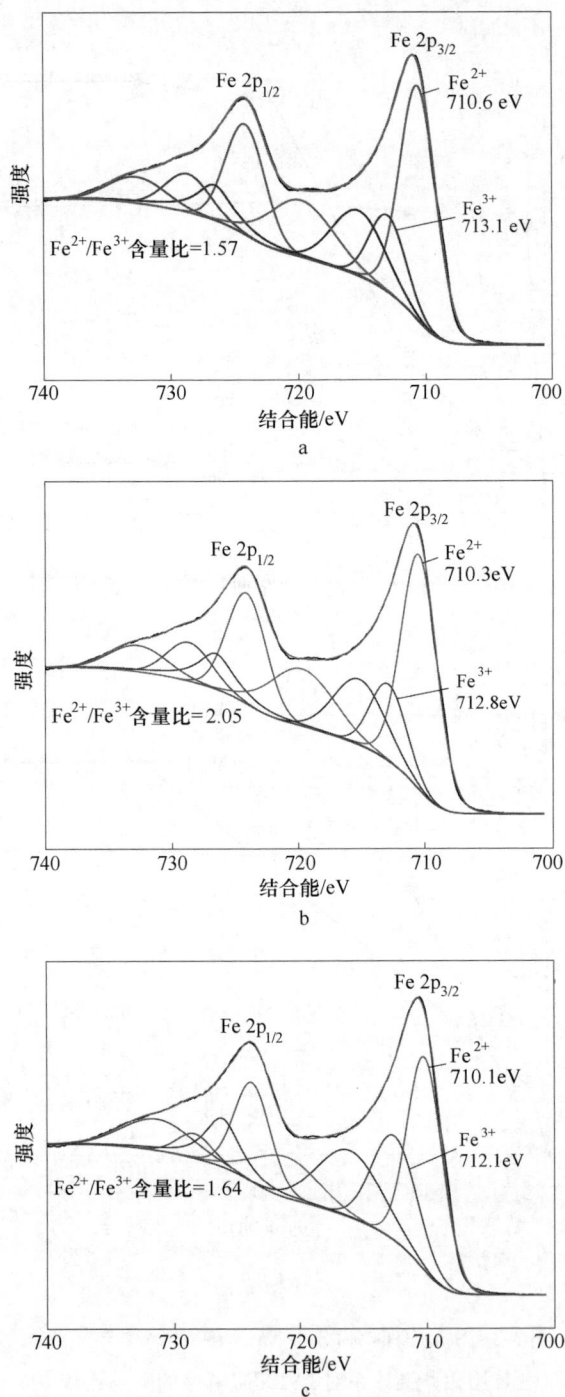

图 3-4   Sch 在反应前与反应后铁的形态分布

a—反应前；b—反应后 Sch/H_2O_2 体系；c—反应后 Sch/$Na_2S_2O_8$ 体系

在反应之前，Sch 中 Fe $2p_{2/3}$ 的谱图显示了两个不同结合能的单峰，分别位于 710.6 eV 和 713.1 eV，这表明催化剂表面的铁元素处于两种不同的化学环境。710.6 eV 的峰通常被认为是 Fe（Ⅱ）的标志，而 713.1 eV 的峰则被认为是 Fe（Ⅲ）的存在[3]。反应之后，无论是在 Sch/H_2O_2 体系还是 Sch/$Na_2S_2O_8$ 体系中，这些峰的结合能都发生了显著的位移。在 Sch/H_2O_2 体系中，Fe（Ⅱ）的峰从 710.6 eV 移动到了 710.3 eV，而 Fe（Ⅲ）的峰从 713.1 eV 移动到了 712.8 eV。类似地，在 Sch/$Na_2S_2O_8$ 体系中，Fe（Ⅱ）的峰从 710.6 eV 移动到了 710.1 eV，Fe（Ⅲ）的峰则从 713.1 eV 移动到了 712.1 eV。这种向较低结合能方向的移动暗示着 Fe（Ⅱ）和 Fe（Ⅲ）之间发生了相互转化，表明在这两种体系中都进行了氧化还原反应。利用 XPSPEAK 4.1 软件对峰的对应区域面积进行拟合分析，在反应前 Sch 表面 Fe（Ⅱ）和 Fe（Ⅲ）的含量比为 61.1%：38.9%；在 Sch/H_2O_2 体系反应后，Fe（Ⅱ）和 Fe（Ⅲ）的含量比变为 67.3%：32.7%；而在 Sch/$Na_2S_2O_8$ 体系中，这一比例变为 62.8%：37.2%。这一变化，即 Fe（Ⅱ）含量的上升和 Fe（Ⅲ）含量的下降，表明催化剂表面的 Fe（Ⅲ）向 Fe（Ⅱ）的转换过程，从而促进了污染物降解反应的进行。

3.2.4 EPR 技术及淬灭剂鉴定自由基的种类

在分析和鉴定自由基，特别是具有高活性和短寿命的如·OH、SO_4^-·时，电子顺磁共振（EPR）技术显得尤为有效。因此，采用了 EPR 技术来识别在 Sch/H_2O_2 还是 Sch/$Na_2S_2O_8$ 两种体系中生成的活性物种，结果如图 3-5 所示。

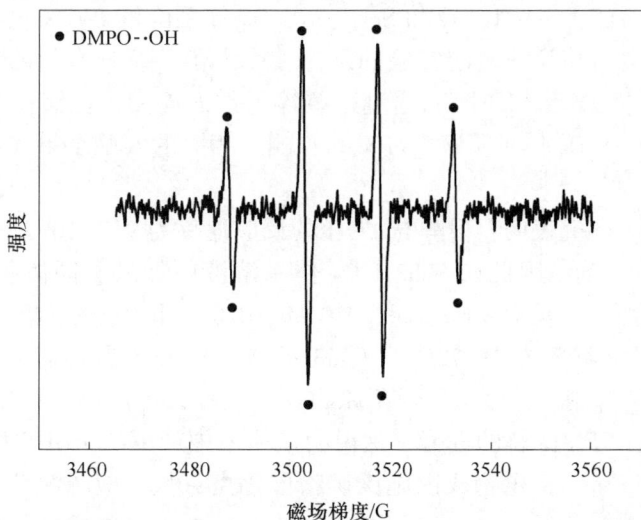

a

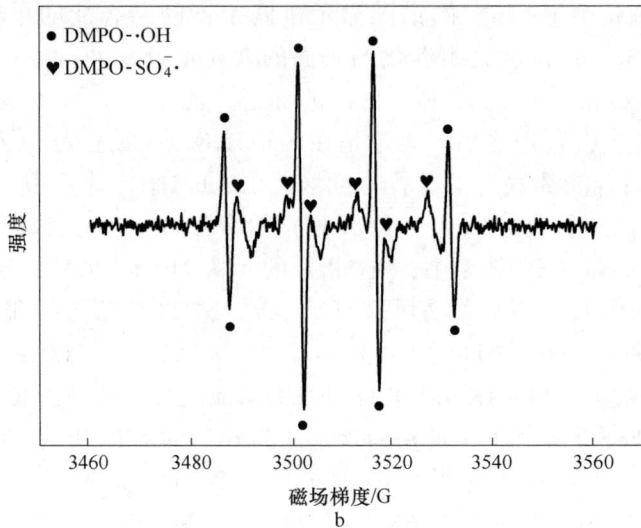

图 3-5   Sch/H_2O_2 和 Sch/$Na_2S_2O_8$ 体系中 EPR 波谱检测

a—Sch/H_2O_2 体系；b—Sch/$Na_2S_2O_8$ 体系

　　根据图 3-5 所示的结果，在 Sch/H_2O_2 体系中的反应进行了 5 min 后，观察到了四个明显的分裂峰，其强度比为 1∶2∶2∶1。这种特征信号表明了 DMPO-·OH 加合物的存在，从而证实了 H_2O_2 在 Sch 的催化下成功产生了·OH。在 Sch/$Na_2S_2O_8$ 体系中，除了观察到 DMPO-·OH 的信号外，还检测到了 DMPO-SO_4^-· 加合物的微弱六线信号，其相对强度为 1∶1∶1∶1∶1∶1，这表明在该体系中同时存在·OH 及 SO_4^-·这两种活性物质。

　　为了深入了解在 Sch/H_2O_2 和 Sch/$Na_2S_2O_8$ 体系降解 LVFX 过程中起主导作用的自由基类型，并验证之前实验的结论，引入了一系列有效的氧化反应淬灭剂，包括甲醇、乙醇和叔丁醇。通过这些淬灭剂的应用，能够探究它们对 Sch/H_2O_2 和 Sch/$Na_2S_2O_8$ 体系降解 LVFX 的影响。相关的实验结果和数据呈现在图 3-6 中。

　　涂宁宇等[4]研究表明：甲醇与·OH 的反应速率为 $9.7×10^8$ L/(mol·s)，是·OH 的高效淬灭剂。因此向 Sch/H_2O_2 体系溶液中加入不同体积分数的甲醇，结果如图 3-6a 所示。反应 8 h 添加了 0.01%、0.02% 和 0.1% 甲醇的 Sch/H_2O_2 体系中，LVFX 的降解率为 19.72%、10.83%、4.59%，与空白对照相比 LVFX 降解率明显受到了抑制。产生这种现象原因是：甲醇大量捕获了 Sch/H_2O_2 存在的·OH，抑制了 LVFX 降解的进行，这说明该体系中产生的·OH 对降解 LVFX 起主要作用。孟晓青[5]在生物成因施氏矿物催化类芬顿反应降解菲的研究中也得到了类似的结论，表明 H_2O_2 经活化产生的·OH 在污染物的降解中起重要的主导作用。

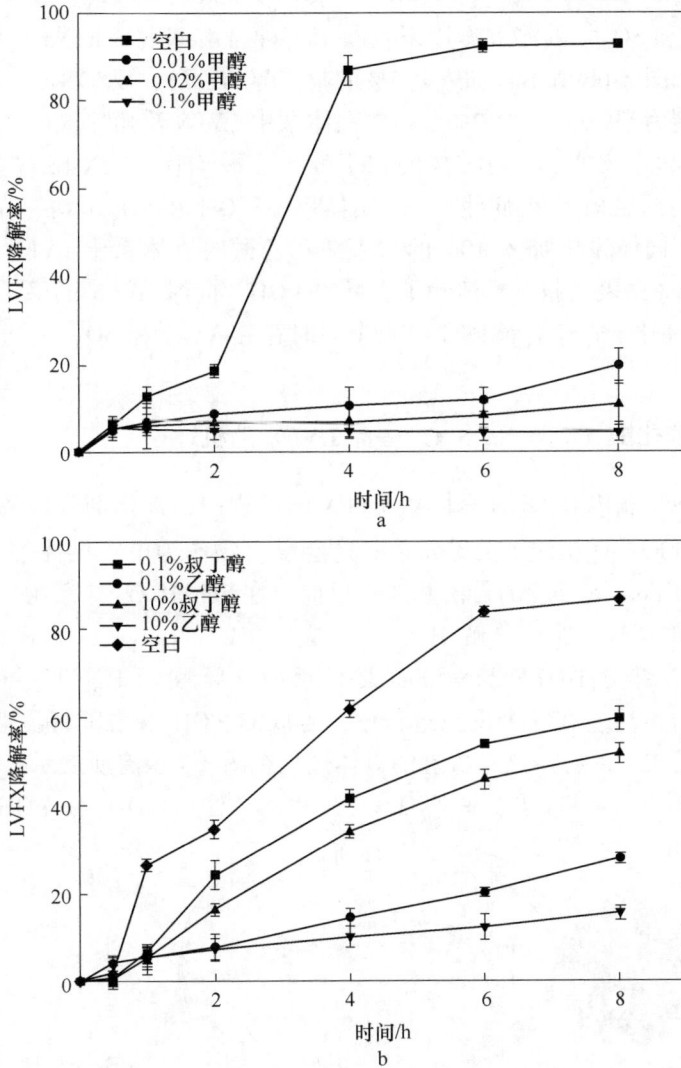

图 3-6 淬灭剂对 Sch/H_2O_2 和 Sch/$Na_2S_2O_8$ 体系 LVFX 降解率的影响

a—Sch/H_2O_2 体系；b—Sch/$Na_2S_2O_8$ 体系

而在 Sch/$Na_2S_2O_8$ 体系中，由图 3-5b 可知体系中同时存在·OH 和SO_4^-·，因此需要可以同时淬灭两种自由基的和只能淬灭一种自由基的淬灭剂。Liang 等[6]研究发现，乙醇与·OH 和SO_4^-·反应速率分别高达$2.5×10^9$ L/(mol·s) 和$5.2×10^8$ L/(mol·s)，说明乙醇可以同时捕获SO_4^-·和·OH。张资[7]指出，叔丁醇与·OH 的反应速率高达$6.0×10^8$ L/(mol·s)，而与SO_4^-·的反应速率仅为$8.0×10^5$ L/(mol·s)，叔丁醇与·OH 的反应速率约是与SO_4^-·反应速率的 1000

倍，认为叔丁醇是 Sch/$Na_2S_2O_8$ 体系中 ·OH 的捕获剂。因此，可借助乙醇和叔丁醇对 ·OH 和 SO_4^-· 的淬灭作用来判断出何种自由基占 Sch/$Na_2S_2O_8$ 体系中的主导地位。如图 3-6b 所示：加入 0.1% 的叔丁醇和乙醇，反应 8 h，体系中 LVFX 的降解率分别为 59.9%、28.2%，与空白体系中 LVFX 降解率 88.6% 相比下降了 28.6% 和 60.4%，说明加入 0.1% 的叔丁醇与乙醇均使 LVFX 降解率受到抑制；加入乙醇受到抑制效率更加明显，表明体系中 ·OH 和 SO_4^-· 均存在，且 SO_4^-· 占主导地位。向体系中加入 10% 的叔丁醇和乙醇时，体系中 LVFX 的降解率为 52.1%、15.8%，表明叔丁醇清除了大量的 ·OH，此时 LVFX 的降解主要归功于 SO_4^-·；Sch 催化 $Na_2S_2O_8$ 降解 LVFX 中同时存在 ·OH 和 SO_4^-·，且 SO_4^-· 占主导地位。

3.2.5　Sch 催化 H_2O_2 与 $Na_2S_2O_8$ 去除 LVFX 的机理

在利用 Sch 催化 H_2O_2 体系降解 LVFX 的过程中，催化剂表面的铁氧复合物如 Fe—OH 和 Fe—O 扮演了关键角色。这些复合物作为电子供体催化 H_2O_2，从而启动了类似 Fenton 反应的自由基链式反应。在 Sch/H_2O_2 体系中，矿物表面的 $\equiv$Fe(Ⅱ) 和 $\equiv$Fe(Ⅲ) 分解 H_2O_2，生成 ·OH 和 HO_2·，见式 (3-1) 和式 (3-2)。接着，部分 HO_2· 与 $\equiv$Fe(Ⅲ) 反应，导致 $\equiv$Fe(Ⅲ) 还原为 $\equiv$Fe(Ⅱ)，见式 (3-3)。在整个反应过程中，生成的 ·OH 参与了对污染物 LVFX 的氧化过程，见式 (3-4)。这一机理的具体过程在图 3-7 中有所展示。

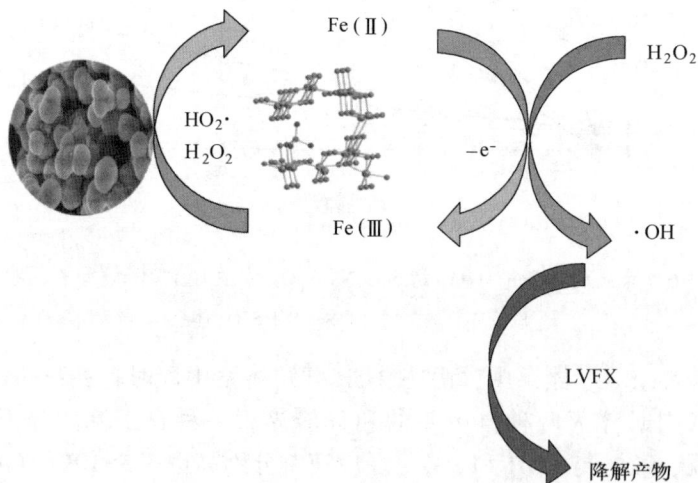

$$\equiv Fe(Ⅱ) + H_2O_2 \longrightarrow \equiv Fe(Ⅲ) + OH^- + ·OH \qquad (3-1)$$

图 3-7　Sch 催化 H_2O_2 降解 LVFX 的机理示意图

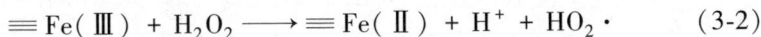

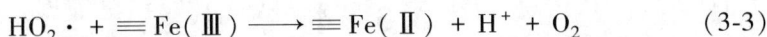

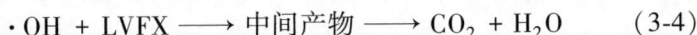

$$\equiv Fe(\text{III}) + H_2O_2 \longrightarrow \equiv Fe(\text{II}) + H^+ + HO_2 \cdot \qquad (3\text{-}2)$$

$$HO_2 \cdot + \equiv Fe(\text{III}) \longrightarrow \equiv Fe(\text{II}) + H^+ + O_2 \qquad (3\text{-}3)$$

$$\cdot OH + LVFX \longrightarrow 中间产物 \longrightarrow CO_2 + H_2O \qquad (3\text{-}4)$$

在 Sch 催化 $Na_2S_2O_8$ 体系进行 LVFX 降解时，催化剂表面的铁氧复合物（例如，Fe—OH 和 Fe—O），起到了关键作用，它们作为电子供体催化 $Na_2S_2O_8$ 分解。在此过程中，矿物表面的 $\equiv Fe(\text{III})$ 和 $\equiv Fe(\text{II})$ 引起 $S_2O_8^{2-}$ 分解，生成 $S_2O_8^- \cdot$ 和 $SO_4^- \cdot$，见式（3-5）和式（3-6）。接着，部分 $SO_4^- \cdot$ 在溶液中转化为 $\cdot OH$，见式（3-7）与式（3-8）。在整个催化反应过程中，生成的 $SO_4^- \cdot$ 和 $\cdot OH$ 共同攻击污染物 LVFX，导致其氧化降解，见式（3-9）。这一催化机理的具体过程在图 3-8 中有所展示。

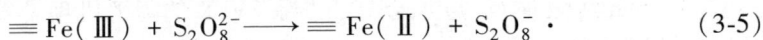

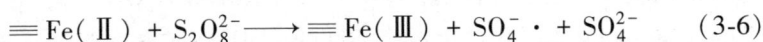

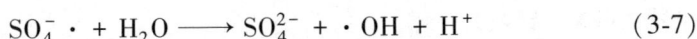

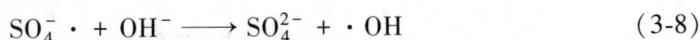

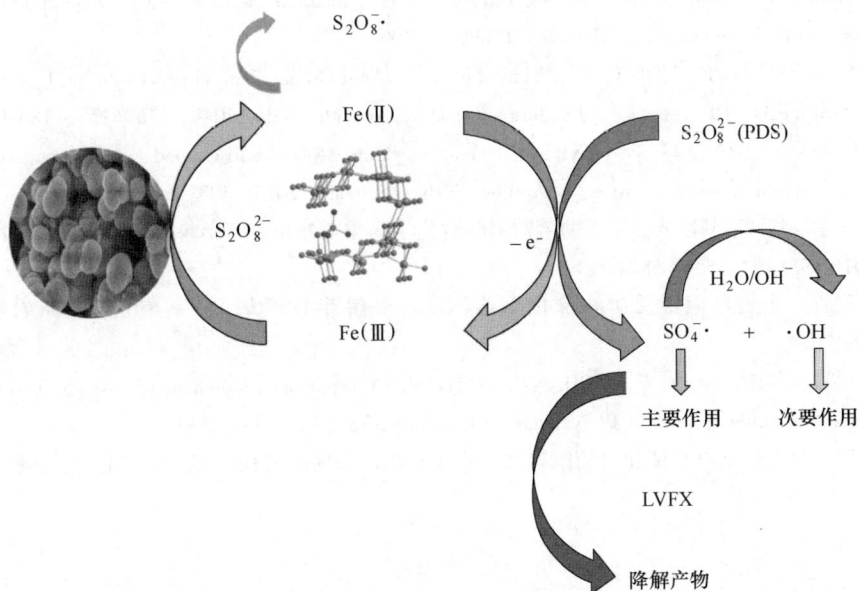

$$\equiv Fe(\text{III}) + S_2O_8^{2-} \longrightarrow \equiv Fe(\text{II}) + S_2O_8^- \cdot \qquad (3\text{-}5)$$

$$\equiv Fe(\text{II}) + S_2O_8^{2-} \longrightarrow \equiv Fe(\text{III}) + SO_4^- \cdot + SO_4^{2-} \qquad (3\text{-}6)$$

$$SO_4^- \cdot + H_2O \longrightarrow SO_4^{2-} + \cdot OH + H^+ \qquad (3\text{-}7)$$

$$SO_4^- \cdot + OH^- \longrightarrow SO_4^{2-} + \cdot OH \qquad (3\text{-}8)$$

$$SO_4^- \cdot / \cdot OH + LVFX \longrightarrow 中间产物 \longrightarrow CO_2 + H_2O \qquad (3\text{-}9)$$

图 3-8 Sch 催化 $Na_2S_2O_8$ 降解 LVFX 的机理示意图

3.3 本章小结

（1）通过 XPS 分析 Sch 催化剂表面铁的状态，发现 Sch/H_2O_2 和 Sch/$Na_2S_2O_8$ 体系在降解 LVFX 后，Sch 表面的 Fe^{2+} 与 Fe^{3+} 含量比例发生了变化，Fe^{2+} 的比例上升。这一发现证明了 Sch 活化 H_2O_2 与 $Na_2S_2O_8$ 反应不仅去除了 LVFX，而且促进了表面铁离子间的相互转换，从而加速了整个反应过程。

（2）通过 EPR 及淬灭实验表明，Sch/H_2O_2 体系中，主要产生的自由基是·OH；Sch/$Na_2S_2O_8$ 体系中产生的自由基既包括·OH 也包括 SO_4^-·，其中 SO_4^-· 占主导地位。

（3）Sch 活化 H_2O_2 与 $Na_2S_2O_8$ 去除 LVFX 的降解机理是发生在催化剂表面的活化机制。在这个过程中，Sch 可以有效吸附 H_2O_2、$Na_2S_2O_8$，随后 Sch 表面上的铁与它们发生反应，生成高活性的·OH、SO_4^-·。这些活性物种随后攻击污染物 LVFX，导致其降解。

参 考 文 献

[1] YAN S, ZHAN L, MENG X, et al. Role of schwertmannite or jarosite in photocatalytic degradation of sulfamethoxazole in ultraviolet/peroxydisulfate system [J]. Separation and Purification Technology, 2021, 274: 118991-119005.

[2] LIN H, ZHANG H, HOU L. Degradation of C. I. Acid Orange 7 in aqueous solution by a novel electro/Fe_3O_4/PDS process [J]. Journal of Hazardous Materials, 2014, 276 (15): 182-191.

[3] WILSON D, LANGELL M A. XPS analysis of oleylamine/oleic acid capped Fe_3O_4 nanoparticles as a function of temperature [J]. Applied Surface Science, 2014, 303: 6-13.

[4] 涂宁宇, 刘洋, 刘国光, 等. 助溶剂甲醇对化学物质紫外光解的影响 [J]. 环境工程学报, 2015, 9 (12): 5818-5824.

[5] 孟晓青. 生物成因施氏矿物催化类芬顿反应降解菲的研究 [D]. 南京: 南京农业大学, 2017.

[6] LIANG C, HUANG C F, MOHANTY N, et al. A rapid spectrophotometric determination of persulfate anion in ISCO [J]. Chemosphere, 2008, 73 (9): 1540-1543.

[7] 张资. 改性铁基材料活化过硫酸盐降解水中有机污染物的实验研究 [D]. 上海: 华东交通大学, 2020.

4 Sch 活化 H_2O_2 与 $Na_2S_2O_8$ 去除 LVFX 的生物效应及综合比较

随着 AOPs 的不断发展和应用，处理有机污染物时会出现两种结果：一是污染物被完全氧化为二氧化碳和水；二是污染物未被完全氧化，形成众多中间产物[1]。众多研究显示，在 AOPs 处理中，多数污染物未能完全氧化，生成了复杂的中间产物。这些未完全氧化的污染物是否更易于生物降解，以及它们的生物毒性是否相对原污染物降低，成为后续处理选择的关键因素。因此，研究 AOPs 处理后中间产物的生物效应极为关键。第 2 章对化学合成的 Sch 进行了分析，并探讨了 Sch/H_2O_2 体系和 Sch/$Na_2S_2O_8$ 体系降解抗生素 LVFX 的最佳条件。第 3 章研究了这两种体系的降解机理，包括主要自由基物种的探讨，以及其活化机理的阐释。本章将通过分析氧化剂浓度和总有机碳（TOC）的动态变化；大肠杆菌的抑制率和小麦种子发芽指数等多种指标，来评估抗生素废水的生态毒理效应，这些研究将为抗生素废水处理后的环境排放提供新的、可靠的参考；计算了 Sch/H_2O_2 和 Sch/$Na_2S_2O_8$ 两种工艺的运行成本，旨在对这两种工艺在 LVFX 废水处理中的综合效果进行全面比较。

4.1 材料与方法

4.1.1 实验材料与仪器

4.1.1.1 实验材料

实验所需原料与试剂详见 2.1.1 节。实验过程中药品试剂均未进行纯化处理，且溶液试剂均采用去离子水配置。新增实验试剂见表 4-1。

表 4-1 实验试剂

试剂名称	分子式	纯度	生产厂家
草酸钛钾	$K_2TiO(C_2O_4)_2$	分析纯	国药集团
碘化钾	KI	分析纯	国药集团
碳酸氢钠	$NaHCO_3$	分析纯	国药集团
硫代硫酸钠	$Na_2S_2O_3$	分析纯	国药集团
LB 肉汤培养基	—	—	长沙三行生物科技

4.1.1.2　实验仪器

实验所用主要仪器见 2.1.1 节，新增实验仪器设备见表 4-2。

表 4-2　实验仪器设备

名　　称	型　　号	厂　　家
总有机碳测定仪（TOC）	Multi N/C 2100	德国耶拿公司
生化培养箱	TF-1A 型	江苏姜堰市分析仪器厂

4.1.2　Sch 活化 H₂O₂ 与 Na₂S₂O₈ 去除 LVFX 的生物效应对比

4.1.2.1　氧化剂和 TOC 的动态变化

（1）配置 20 mg/L 的 LVFX 溶液。在一个 250 mL 三角瓶中加入 0.150 g 的 Sch 催化剂，向瓶中加入 125 mL 的 LVFX 溶液，调节溶液 pH 值为 3。加入一定量的 30% H_2O_2，使其浓度为 4 mmol/L，启动反应。

（2）同时，在另一个 250 mL 三角瓶中加入 0.075 g 的 Sch 催化剂，再加入 125 mL 的 LVFX 溶液，调节溶液 pH 值为 7。加入一定量的 $Na_2S_2O_8$，使其浓度为 4 mmol/L，启动反应。

（3）将两种反应体系置于 28 ℃、180 r/min 恒温摇床上振荡，分别在 $T=0$ h、0.5 h、1 h、2 h、4 h、6 h、8 h 时取样监测 H_2O_2 和 $Na_2S_2O_8$ 浓度的动态变化及两种体系 TOC 的动态变化。

4.1.2.2　大肠杆菌毒性试验

细菌培养：将半瓶粉末菌加入到 LB 培养基中，36.5 ℃ 培养 18 h 得到一代 *E. coli*，取出一定量一代菌，加入到培养基，36.5 ℃ 培养 18 h 得到二代 *E. coli*。用灭菌枪头取出一定量二代菌，加入到灭菌的 LB 培养基中，36.5 ℃、180 r/min 摇床培养，监测 OD_{600}（即在 600 nm 波长处测量的光密度）约为 0.1 单位时取出放入 4 ℃ 冰箱备用。

在 LVFX 及其降解产物的抗菌性实验中，取两种体系的最优条件，在不同的时间点（0 h、0.5 h、1 h、2 h、4 h、6 h、8 h、24 h、30 h）取一定体积的样品，添加 10%（500 mmol/L）$Na_2S_2O_3$。过滤后取 0.4 mL 样品注入 40 mL 经高温杀菌的 LB 培养基中，调节 pH 值为 7.4±0.2，加入 OD_{600} 为 0.1 单位的 *E. coli* 悬浊液 0.04 mL。以去离子水代替样品进行对照实验，同时单独配置 $Na_2S_2O_8$、$Na_2S_2O_3$ 和 H_2O_2 溶液，探究其对大肠杆菌生长的影响。培养基在 180 r/min 摇床中以 36.5 ℃ 连续振荡 8 h，使用紫外可见分光光度计于 600 nm 处测量培养基中的 *E. coli* 光密度，以此作为细菌生长的指示，设置 2 组平行实验。*E. coli* 的抑菌率采用式（4-1）进行计算。

$$抑菌率 = [1 - OD_{600}(样品)/OD_{600}(空白)] \times 100\% \qquad (4-1)$$

式中，OD_{600}（样品）为 E. coli 在样品中于 600 nm 处的光密度；OD_{600}（空白）为 E. coli 在去离子水中于 600 nm 处的光密度。

4.1.2.3 小麦种子发芽指数的测定

LVFX 及其降解产物对种子发芽的毒性实验，取 5 mL 进行 2 倍稀释后的样品溶液放置于垫有 2 层滤纸的平板培养皿中，每个培养皿中加入 10 粒经过去离子水浸泡 10 h 的小麦种子，放置于固定的 25 ℃生化培养箱中培养，每天加水使滤纸保持湿润，同时以去离子水作空白对照，观察并记录小麦种子发芽情况，待小麦种子发芽率超过 60%、平均根长大于 2 cm 时即可计算所处理种子的发芽指数 GI[2]，设置 3 组平行实验。

$$GI = \frac{样品处理的种子发芽率 \times 种子根长}{去离子水的种子发芽率 \times 种子根长} \times 100\% \qquad (4-2)$$

4.1.3 测定方法

4.1.3.1 H_2O_2 浓度的测定方法

采用钛盐分光光度法测定 LVFX 体系中的 H_2O_2 浓度[3]。将 2.5 mL 的 H_2SO_4（1.84 mol/L）加入 10 mL 容量瓶中，再加入 1 mL 浓度为 80 mmol/L 的草酸钛钾混合摇匀；然后向体系中加入一定体积的 H_2O_2 溶液显色，定容至 10 mL，静置 10 min 后上机测定，在 400 nm 处测定其吸光度。经计算得到标准曲线方程为 $Y = 0.0027X + 0.0973$，根据标准曲线计算出 H_2O_2 的浓度值。

4.1.3.2 $Na_2S_2O_8$ 浓度的测定方法

采用 KI 显色紫外可见分光光度法测定 $Na_2S_2O_8$ 的浓度[4]。取适量 $Na_2S_2O_8$ 溶液到 10 mL 容量瓶中稀释，然后按照一定顺序加入 0.04 g $NaHCO_3$、0.8 g KI，再加入蒸馏水到 10 mL 刻度处定容，摇动混匀显色 15 min，严格把握显色时间，否则会影响实验的准确性。显色后于 352 nm 处测定其吸光度值，计算得到标准曲线方程为 $Y = 0.1019X + 0.1641$，计算出 $Na_2S_2O_8$ 的浓度值。

4.1.3.3 TOC 去除率的测定方法

采用德国耶拿公司 Multi N/C 2100 型 TOC 总有机碳分析仪检测水样中的总有机物质的量，由此来评价水体的污染程度。待测样品需要先经 0.45 μm 滤膜过滤，再稀释至 10 mL。

TOC 去除率的计算公式如下：

$$\eta_{TOC} = (1 - C_t/C_0) \times 100\% \qquad (4-3)$$

式中，η 为 TOC 的去除率，%；C_0 为初始 SPM 溶液中 TOC 的含量，mg/L；C_t 为反应 t min 后 SPM 溶液中 TOC 的含量，mg/L；t 为反应时间，min。

4.2　结果与讨论

4.2.1　氧化剂和 TOC 的动态变化

在 AOPs 处理有机污染物的过程中，降解和矿化是两个不同的目标。降解指的是消除污染物的原始结构，但这个过程可能产生多种转化产物。相比之下，矿化涉及将污染物彻底分解成二氧化碳、水和无机盐，因此更高的矿化率意味着对环境的影响更小。在 AOPs 中，氧化剂的浓度变化与自由基的浓度紧密相关，这直接影响污染物的矿化率。Sch/H_2O_2 体系和 $Sch/Na_2S_2O_8$ 体系中氧化剂的剩余量演变如图 4-1 所示，矿化率演变如图 4-2 所示。

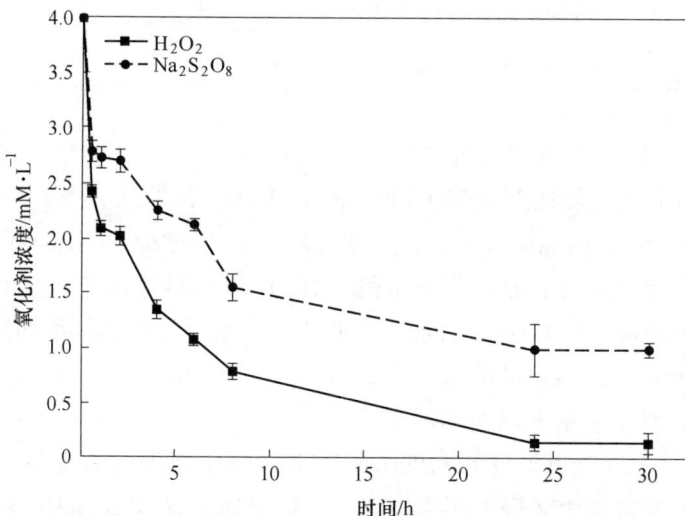

图 4-1　H_2O_2 和 $Na_2S_2O_8$ 浓度在 Sch/H_2O_2 和 $Sch/Na_2S_2O_8$ 体系中的变化情况

从图 4-1 和图 4-2 的数据可以看出，在 Sch/H_2O_2 氧化体系中，随着反应时间的增加，特别是在 8 h 内，H_2O_2 被迅速消耗，这与 TOC 的降解模式相一致。这表明，在最初的 8 h 内，H_2O_2 的浓度足以生成足够的 ·OH，从而有效地促进 LVFX 的降解和矿化。然而，当氧化时间延长至 24 h 时，溶液中的 H_2O_2 几乎完全消耗，此时 TOC 的降解率几乎没有进一步显著下降。这种现象表明，在 H_2O_2 含量较低的情况下，生成的 ·OH 数量不足以继续有效地矿化 LVFX。

在 $Sch/Na_2S_2O_8$ 氧化体系中，观察到 $Na_2S_2O_8$ 的浓度在前 8 h 内快速下降，随后下降速率放缓，在 30 h 时剩余量约为 0.99 mmol/L，这表明在该体系中 $Na_2S_2O_8$ 并未被完全活化。与此同时，TOC 的降解趋势与 $Na_2S_2O_8$ 的浓度变化呈

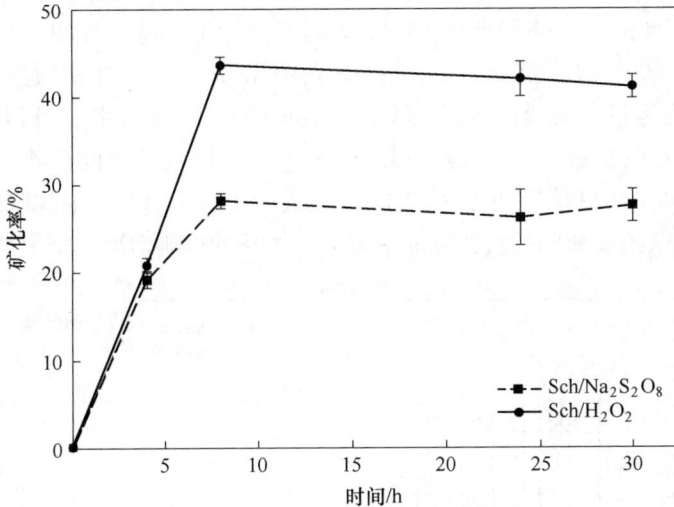

图 4-2 矿化率在 Sch/H_2O_2 和 $Sch/Na_2S_2O_8$ 体系中的变化情况

现出一致性。$Na_2S_2O_8$ 的稳定性较强，使其能够在环境中长期存在。此外，可能是由于 LVFX 已被完全消耗，Sch 活化后 $Na_2S_2O_8$ 产生的 $SO_4^- \cdot$ 自聚合反应重新生成 $S_2O_8^{2-}$，导致体系中残留了大量 $Na_2S_2O_8$。孙崇凤等[5]的研究表明，使用 $FeSO_4$ 和柠檬酸活化 $Na_2S_2O_8$ 处理苯胺污染土壤时，苯胺浓度的不同会影响 $Na_2S_2O_8$ 的残留量，更高的初始苯胺浓度会导致更少的 $Na_2S_2O_8$ 残留。

在 Sch/H_2O_2 体系和 $Sch/Na_2S_2O_8$ 体系中，虽然 LVFX 分别在 4 h 和 6 h 内被完全降解，但在 24 h 时 TOC 的降解率分别只有 42.1% 和 26.3%。这说明两种体系在降解 LVFX 的同时，并没有实现完全矿化，过程中产生了许多未被矿化的转化产物。这种现象强调了 AOPs 处理中降解与矿化的不同步性，以及需要对转化产物的矿化进行更深入的研究，以提高处理效率和降低环境影响。

在 $Sch/Na_2S_2O_8$ 氧化体系中，一个显著的观察结果是：在反应进行 8 h 后，体系中残留了大约 1.55 mmol/L 的 $Na_2S_2O_8$，这时 LVFX 的降解率达到了 90.1%，而 TOC 的降解率仅为 28.1%。随着时间延长至 30 h，体系中的 $Na_2S_2O_8$ 浓度进一步下降至大约 1.01 mmol/L，但与此同时，TOC 的降解率并没有显著提高。这一结果表明，在该体系中，$S_2O_8^{2-}$ 和 $SO_4^- \cdot$ 在初期虽然对 LVFX 有较好的降解效果，但对 LVFX 转化产物的降解效果不显著。在应用过硫酸盐为氧化剂的 AOPs 时，应注意过硫酸盐的残留和污染物的矿化效果。

4.2.2 大肠杆菌毒性试验

根据前文的分析，Sch/H_2O_2 体系与 $Sch/Na_2S_2O_8$ 体系在处理 LVFX 时，虽然

可以降解 LVFX，但不能完全矿化它。在降解过程中生成的中间产物可能仍然具
有一定的抗菌性能，这使得评估 LVFX 降解产物的生物毒性变得非常重要。为了
评价 LVFX 降解产物的抗菌性变化，研究中采用了对 LVFX 敏感的大肠杆菌
（E. coli）作为毒性指示菌。通过测量 E. coli 的生长抑制率，可以有效地评估
LVFX 降解产物的抗菌性[6]。为了揭示降解过程中产生的中间产物是否比原始的
LVFX 对 E. coli 的抑制作用更强或更弱，比较了 LVFX 降解样品以及在降解过程
中与 LVFX 剩余浓度相同的对照样品对 E. coli 生长的抑制情况，结果如图 4-3 所示。

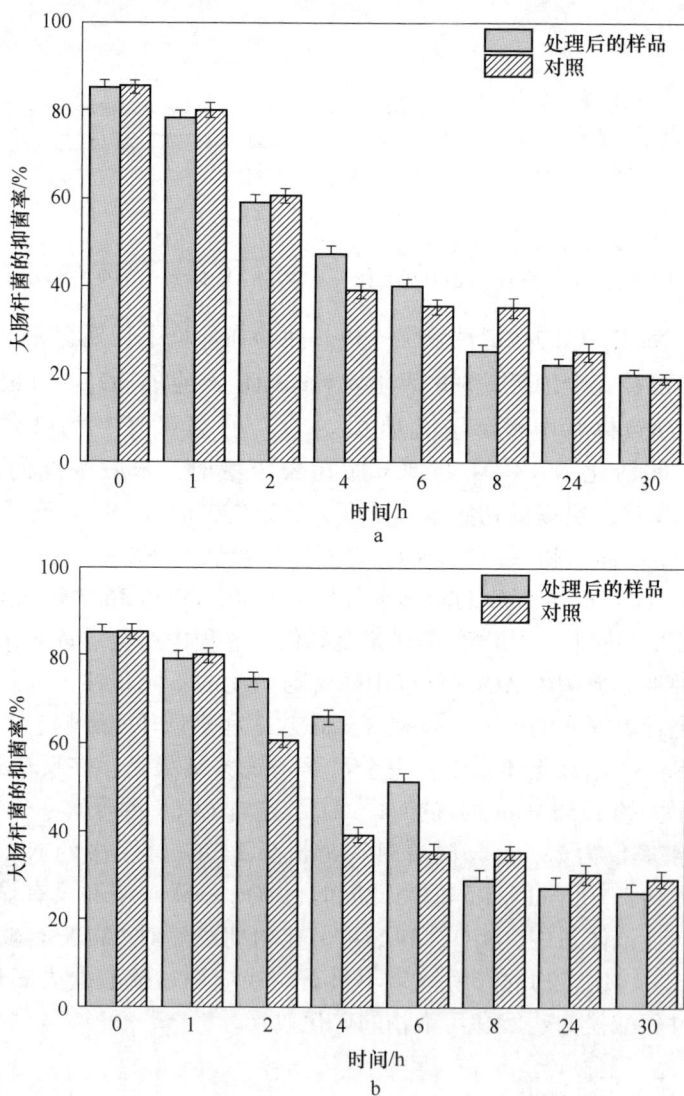

图 4-3　降解 LVFX 过程中大肠杆菌的生长抑制率变化

a—Sch/H$_2$O$_2$ 体系；b—Sch/Na$_2$S$_2$O$_8$ 体系

Na$_2$S$_2$O$_8$、Na$_2$S$_2$O$_3$、H$_2$O$_2$ 对 *E. coli* 的生长抑制作用均不显著（抑制率低于11%），表明这些化学物质本身对 *E. coli* 的影响有限。随着降解反应进行，两种体系（Sch/H$_2$O$_2$ 与 Sch/Na$_2$S$_2$O$_8$）中 LVFX 的降解样品对 *E. coli* 的生长抑制作用显著降低，这表明 LVFX 的最终降解产物趋向于无毒。值得注意的是，在反应的4~6 h 期间，两种体系中 LVFX 降解样品的抑制作用实际上高于对照样品。这说明虽然 LVFX 本身被降解，但降解过程中产生的某些转化产物仍保留了一定的抗菌性。研究指出，LVFX 结构中的喹诺酮环是其抗菌活性的主要贡献者，并且对 *E. coli* 具有强烈的杀菌作用[7]。徐君君等[8]的研究通过 UV/Cu$_2$O/H$_2$O$_2$ 耦合强化降解 LVFX，分析了其中间产物，发现 LVFX 的大部分中间产物仍然保留了喹诺酮环。之前的 TOC 实验结果表明，降解过程中生成了大量未被矿化的中间产物，所以这些中间产物仍然具有一定的抑菌性。类似地，许芬等[9]使用 UV/H$_2$O$_2$ 催化降解 MPN，也发现光解样品对 MPN 的抑制作用大于对照样品，可能是由于转换产物保留了抗菌性，但最终产物趋向于无毒。

4.2.3 小麦种子发芽指数的测定

研究表明，抗生素对于蔬菜作物的种子萌发、根长和株高等生长发育有着显著影响。小麦作为一种在生态毒理学诊断中常用的模式生物，对有机物质的响应特别敏感，尤其是在其早期生长阶段[10]。因此，利用小麦种子的发芽指数来测定 LVFX 降解产物对植物的生态毒性是一个有效的方法。在这项研究中，对比了 Sch/H$_2$O$_2$ 和 Sch/Na$_2$S$_2$O$_8$ 处理后，LVFX 溶液对小麦种子的发芽指数的影响，结果见表4-3。

表4-3 Sch/H$_2$O$_2$ 和 Sch/Na$_2$S$_2$O$_8$ 体系降解 LVFX 过程中小麦种子发芽指数的变化

时间/h	Sch/H$_2$O$_2$ 体系	Sch/Na$_2$S$_2$O$_8$ 体系
0	34.96±5.62	34.96±5.62
6	70.43±7.23	40.86±2.93
8	70.98±8.12	37.56±5.50
24	76.02±7.20	45.07±5.07
30	81.26±7.16	50.34±1.92

在仅使用 H$_2$O$_2$ 处理的情况下，小麦种子的发芽指数达到了90.84%，显示出较高的发芽率，这表明 H$_2$O$_2$ 对小麦种子的生长影响较小。相比之下，当使用 Na$_2$S$_2$O$_8$ 进行处理时，小麦种子的发芽指数显著降低至36.1%，暗示 Na$_2$S$_2$O$_8$ 对小麦生长产生了显著的抑制作用。研究发现，不同浓度的 Na$_2$S$_2$O$_8$ 在处理废水时对植物具有毒性，会导致植物种子发芽率下降，从而影响农作物及其他植物的正常生长[11]。此外，Na$_2$S$_2$O$_8$ 处理过程中产生的 SO$_4^{2-}$ 与溶液中的 H$^+$ 结合形成硫

酸 H_2SO_4，这可能对作物的根系产生腐蚀作用，从而抑制种子的萌发[12]。在未处理的 LVFX 溶液中，小麦种子的发芽指数仅为 34.9%，这进一步证实了 LVFX 溶液对小麦种子发芽有明显的抑制作用。研究表明，抗生素进入环境后会影响植物的生长发育，虽然低浓度的抗生素可能促进植物生长，但高浓度的抗生素则表现出对植物生长的抑制作用[13]。

通过 Sch/H_2O_2 处理的 LVFX 溶液中，小麦种子的发芽指数随着降解时间的延长先显著上升，然后逐渐趋于平稳。相比之下，在经过 Sch/$Na_2S_2O_8$ 处理的 LVFX 溶液中，小麦种子的发芽指数虽然也随着时间逐渐上升，但增长幅度较小。这表明，两种处理体系都能减少 LVFX 溶液对植物的毒性。根据理论，任何小于100% 的发芽指数都表明存在一定的植物毒性。但在实际的实验操作中，如果 GI（发芽指数）大于 50%，通常认为植物毒性基本消除[14]。在这个标准下，Sch/$Na_2S_2O_8$ 体系需要处理长达 30 h 后，LVFX 溶液中的植物毒性才被基本消除（GI 为 50.34%），而在 Sch/H_2O_2 处理下，仅用 6 h 就能达到 GI 为 70.43%。这一对比表明，Sch/H_2O_2 处理在去除 LVFX 溶液对植物的毒性方面，不仅所需时间更短，而且效果更好。这种效果上的差异可能是因为在 Sch/H_2O_2 体系中，LVFX 的矿化率更高，产生的 LVFX 降解中间产物较少。相比之下，在 Sch/$Na_2S_2O_8$ 体系中，残留的 $Na_2S_2O_8$ 可能对植物有一定的毒害性。

4.2.4 Sch/H_2O_2 和 Sch/$Na_2S_2O_8$ 工艺的成本分析

在考虑使用 Sch/H_2O_2 与 Sch/$Na_2S_2O_8$ 工艺处理废水的成本时，由于 Sch 本身廉价易得，其费用可以忽略不计，因此主要成本来源于药剂费和调节酸碱所需的费用。这里的药剂费主要指使用 H_2O_2 及 $Na_2S_2O_8$ 的成本。

药剂费按照每吨工业级 30% H_2O_2 价格为 1200 元、每吨工业级 $Na_2S_2O_8$ 价格为 1250 元计算，结合表4-4可得两种体系在处理废水时所需费用。

表4-4 Sch/H_2O_2 体系与 Sch/$Na_2S_2O_8$ 体系降解 LVFX 的费用表

体 系	30% H_2O_2 /元·t⁻¹	$Na_2S_2O_8$ /元·t⁻¹	原溶液 pH 值	最佳 pH 值	调节 pH 值	费用小计 /元·t⁻¹
Sch/H_2O_2	0.48	—	6.86~7	3	0.16	0.64
Sch/$Na_2S_2O_8$	—	1.19	6.86~7	7	0.08	1.27

调节 pH 值所需的酸碱通常使用 HCl 和 NaOH。

H_2O_2 体系最优反应条件为 pH 值为 3，在开始反应前使用 HCl 把 pH 值由 7 调节到 3。

31% HCl 用量：$(10^{-3} \times 1000 \times 36.5)/0.31 = 117.72$ g/m³

$Na_2S_2O_8$ 体系最优反应条件为 pH 值为 7，因此反应前可以不用调 pH 值。

由第 2 章对反应体系的 pH 值监测可知，两种体系在反应后 pH 值都约为 3，排放处理后的污水前，需要用 NaOH 把污水 pH 值由 3 调节到 7。

NaOH 用量：$10^{-3} \times 1000 \times 40 = 40 \ g/m^3$

按照每吨 31% 工业 HCl 价格为 600 元、每吨 NaOH 价格为 2100 元计算[15]，则 H_2O_2 体系调节酸碱的费用为 0.08+0.08＝0.16 元/t，$Na_2S_2O_8$ 体系调节酸碱的费用为 0.08 元/t。因此，H_2O_2 体系所需花费的总费用为 0.64 元/t，$Na_2S_2O_8$ 体系所需花费的总费用为 1.27 元/t。

4.3　本 章 小 结

（1）Sch/H_2O_2 与 $Sch/Na_2S_2O_8$ 降解 LVFX，反应 24 h 时，TOC 降解率仅有 42.1% 与 26.3%，表明降解过程中生成了大量的转化产物。

（2）两种体系中 LVFX 降解样品对 *E. coli* 生长抑制作用降低，LVFX 降解的最终产物趋向于无毒，且转化产物的毒性低于 LVFX 原体。

（3）经过这两种处理体系后，对小麦种子萌发的抑制作用逐渐消除，反映出经处理的溶液对植物生长的影响减小。

（4）在经济成本方面，Sch/H_2O_2 体系处理 LVFX 废水所需花费的总费用为 0.64 元/t，$Sch/Na_2S_2O_8$ 体系处理 LVFX 废水所需花费的总费用为 1.27 元/t，这表明 Sch/H_2O_2 体系在经济上更为节约。

综合考虑这些因素，Sch/H_2O_2 体系在降解效率、毒性处理以及成本效益方面表现更为优异。

参 考 文 献

[1] 王家德，梅瑜，金顺利. 有机污染物高级氧化过程的生物效应评述 [J]. 浙江工业大学学报，2009，37（2）：170-178.

[2] 惠瑶，高乐，郭雅妮，等. 城市常见绿化废弃物高效堆肥的影响因素 [J]. 陕西农业科学，2020，66（3）：66-69.

[3] 姜成春，庞素艳，马军. 钛盐光度法测定 Fenton 氧化中的过氧化氢 [J]. 中国给水排水，2006，22（4）：88-91.

[4] LIANG C, HUANG C F, MOHANTY N, et al. A rapid spectrophotometric determination of persulfate anion in ISCO [J]. Chemosphere, 2008, 73 (9): 1540-1543.

[5] 孙崇凤，朱宇恩，李海龙，等. 苯胺在土壤中的自然降解作用及化学氧化修复技术研究 [J]. 山西大学学报（自然科学版），2015，38（1）：165-172.

[6] 王阳，刘菲，秦晓鹏，等. 左氧氟沙星在针铁矿-溶液体系存在形态对大肠杆菌的毒性效应 [J]. 环境化学，2015，34（5）：891-896.

[7] 王阳. 不同吸附态的左氧氟沙星对大肠杆菌的毒理学研究 [D]. 北京：中国地质大学, 2014.

[8] 徐君君, 张熙茹, 杜义平, 等. UV/Cu_2O/H_2O_2 耦合强化降解左旋氧氟沙星 [J]. 环境化学, 2021, 40 (5)：1342-1351.

[9] 许芬, 张如锋, 沈芷璇, 等. UV/H_2O_2 降解美罗培南的影响因素及毒性研究 [J]. 环境科学学报, 2019, 39 (12)：4031-4038.

[10] 宋玉芳, 许华夏, 任丽萍, 等. 土壤重金属对白菜种子发芽与根伸长抑制的生态毒性效应 [J]. 环境科学, 2002, 1：103-107.

[11] 王春艳, 李晓亮, 董芬, 等. 化学氧化修复 PAHs 污染土壤的性质及毒性变化 [J]. 北京化工大学学报（自然科学版）, 2012, 39 (4)：95-100.

[12] 王秀英. 模拟酸雨对小麦种子萌发和幼苗生长的影响 [J]. 水土保持研究, 2014, 21 (6)：265-270.

[13] 王晓洁, 赵蔚, 张志超, 等. 兽用抗生素在土壤中的环境行为、生态毒性及危害调控 [J]. 中国科学：技术科学, 2021, 51 (6)：615-636.

[14] GHALY M Y, FARAH J Y, FATHY A M. Enhancement of decolorization rate and COD removal from dyes containing wastewater by the addition of hydrogen peroxide under solar photocatalytic oxidation [J]. Desalination, 2007, 217, 3：74-84.

[15] 王平. 芬顿法应用于染料工业园区废水深度处理的技术研究与评价 [D]. 北京：北京化工大学, 2015.

5 Fe_3O_4/ZSM-5/Sch 催化光芬顿反应降解 SPM 的催化活性及稳定性研究

自 20 世纪 90 年代以来，抗生素在全球范围内的水介质、土壤、微生物、动物和人类体内普遍被检测到[1]。这些残留不仅抑制微生物生长，改变环境中的微生物群落结构，破坏微生物生态平衡，还促使微生物产生耐药性，对生态环境和人类健康构成重大威胁[2]。大环内酯类抗生素在医疗和畜牧业中广泛使用，特别是在中国，这类抗生素的原料供应和使用量都非常大，使其成为全球此类物质的重要供应和消费国[3]。在抗生素处理技术中，AOPs 中的异相 Fenton 技术对处理有机污染物有明显效果。与传统的均相 Fenton 反应（Fe^{2+}/H_2O_2）相比，异相 Fenton 技术使用固态铁基催化剂，不仅扩大了 pH 值的适用范围，还避免了大量铁泥的产生。该技术的核心是利用固态铁基催化剂与 H_2O_2 反应，产生强氧化性的 ·OH，从而高效降解有机污染物。引入紫外光可进一步提升固体催化剂 Fe^{2+} 与 Fe^{3+} 之间的转换效率[4]，加快 ·OH 的产生速率，从而提高异相 Fenton 反应的降解性能。

施氏矿物（Sch）是一种羟基铁硫酸盐矿物，其独特的含硫酸根离子和铁物种结构在 AOPs 应用中具有广阔前景。然而，Sch 主要含 Fe^{3+}，在反应过程中存在较长延滞期并且容易发生团聚。这些局限性可以通过掺杂金属氧化物或使用固体负载等方法来改良，从而提高其催化活性。Fe_3O_4 作为一种铁氧化物，已被用来与铁氧化物复合，以提高催化活性[5]。Fe_3O_4 的反尖晶石结构促进了 ≡Fe(Ⅱ)/≡Fe(Ⅲ) 之间的电子快速转移，这是提高催化效率的关键因素。然而，Fe_3O_4 本身也容易团聚。为了克服 Fe_3O_4 的团聚问题并进一步提高催化效率，可以将 Fe_3O_4 固定在有机或无机载体上。ZSM-5 分子筛是一种具有较大比表面积和较好择形催化性的优良载体。ZSM-5 不仅可改善 Sch 和 Fe_3O_4 团聚情况，还可缩短反应物分子在分子筛内部的扩散路径，使其更容易接触到分子筛内表面的活性中心，从而提高材料的催化性能。

本章采用化学浸渍法制备出一种新型复合光催化剂 Fe_3O_4/ZSM-5/Sch，主要研究了 Fe_3O_4/ZSM-5/Sch 的形貌、结构与光化学性质；不同种催化剂体系、ZSM-5 负载量、初始溶液 pH 值、H_2O_2 浓度、Fe_3O_4/ZSM-5/Sch 投加量对降解螺旋霉素的影响，再通过循环利用实验研究了 Fe_3O_4/ZSM-5/Sch 的重复使用性及稳定性情况。最后，探究了水体中常见的无机离子对 Fe_3O_4/ZSM-5/Sch/H_2O_2/UV 体系降解 SPM 催化活性的影响。

5.1　材料与方法

5.1.1　实验试剂与仪器

5.1.1.1　实验材料

实验所需原料与试剂详见 2.1.1 节。实验过程中药品试剂均未进行纯化处理，且溶液试剂均采用去离子水配置。新增试剂见表 5-1。

表 5-1　实验试剂

试剂名称	分子式	纯度	生产厂家
四氧化三铁	Fe_3O_4	分析纯	麦克林
分子筛	ZSM-5	分析纯	天津元力
螺旋霉素	$C_{43}H_{74}N_2O_{14}$	分析纯	阿拉丁
硫酸钡	$BaSO_4$	分析纯	阿拉丁
溴化钾	KBr	分析纯	麦克林

5.1.1.2　实验仪器

实验所用主要仪器见 2.1.1 节，新增实验仪器设备见表 5-2。

表 5-2　实验仪器设备

名　　称	型　　号	厂　　家
冷冻干燥机	DGG-9140A	上海森信实验仪器有限公司
场发射透射电子显微镜	FEI Talos F200x	美国 FEI 公司
高分辨透射电镜	FEI Talos F200x	美国 FEI 公司
BET 比表面积分析仪	ASAP 2460	美国麦克公司
紫外可见分光光度计	PE-Lambda-750	美国 PE 公司
Zeta 电位仪	Nano-ZS90	英国马尔文公司

5.1.2　催化剂的制备

5.1.2.1　Sch 的制备

制备方法同 2.1.2 节。

5.1.2.2　Sch/ZSM-5 复合催化剂的制备

（1）将 11.12 g 的 $FeSO_4 \cdot 7H_2O$ 加入装有 494 mL 去离子水的锥形瓶中，充分溶解。

（2）向溶液中添加 6 g 硅铝比为 110 的 H 型 ZSM-5 分子筛，使用超声波方法分散混合物 5 min，形成均匀悬浮液。在磁性搅拌的帮助下，逐渐加入 6 mL 30%体积比的过氧化氢 H_2O_2，保证在 10 min 内均匀滴加完成。

（3）将该混合液置于 28 ℃ 的恒温气浴振荡箱中，以 180 r/min 的速度振荡 24 h。24 h 后，利用 0.45 μm 微孔滤膜过滤，以收集生成的沉淀物。为了去除沉淀物中的可溶性杂质，先后使用 500 mL pH 值为 2.0 的酸化水和 500 mL 去离子水进行 3 次洗涤。洗涤后，收集沉淀物并在冷冻干燥机中干燥 24 h，随后保存备用。最终制得的样品被命名为 Sch/ZSM-5。

5.1.2.3　Fe_3O_4/ZSM-5/Sch 复合催化剂的制备

（1）将 1.0 g 纳米级 Fe_3O_4 粉末加入装有 494 mL pH 值为 2.0 酸化水的锥形瓶中，并通过超声波分散 10 min 以形成悬浮液。

（2）向该悬浮液中加入 11.12 g 的 $FeSO_4 \cdot 7H_2O$，并等待其完全溶解。

（3）添加 6 g 硅铝比为 110 的 H 型 ZSM-5 分子筛，并再次利用超声波进行 5 min 的分散。在磁性搅拌的辅助下，逐渐向悬浮液中滴加 6 mL 30%体积比的过 H_2O_2，确保在 10 min 内加入完毕。

（4）将混合液体系放置在 28℃ 的气浴恒温振荡箱中，以 180 r/min 的速度振荡培养 24 h。24 h 后，使用 0.45 μm 孔径的微孔滤膜过滤以收集体系中生成的沉淀物。为清除沉淀物中的可溶性杂质，先后使用 500 mL pH 值为 2.0 的酸化水和 500 mL 去离子水进行 3 次洗涤。洗涤后，收集沉淀物并在冷冻干燥机中干燥 24 h，最后保存备用。制备完成的样品被标记为 Fe_3O_4/ZSM-5/Sch。

5.1.3　催化剂的表征

5.1.3.1　扫描电子显微镜分析

扫描电子显微镜（SEM）是观察催化剂样品的微观结构和颗粒大小的有效手段。测试前，在导电胶上涂抹少量的样品，需通过镀金处理以增强其导电性后再固定在样品台上进行表征。测试时加速电压为 10 kV，放大倍率为 10000 倍和 20000 倍，并利用扫描电镜自身配套的能谱仪（EDS）对样品的元素分布进行表面扫描，以绘制元素的平面分布图（mapping）。

5.1.3.2　透射电子显微镜分析

透射电子显微镜（TEM）是一种用于测试和分析催化剂材料的微观形貌、晶格间距、颗粒大小和分散性的技术。在测试之前，需要将少量的样品超声分散于无水乙醇中，然后取出少量悬浊液，将其滴于碳膜包覆的铜网上，待样品自然干燥后进行测试。利用高分辨透射电镜（HRTEM）获取材料的晶面信息，并研究材料的微观结构和缺陷结构及性能之间的关系。

5.1.3.3   比表面积分析

比表面积分析（BET）可以确定催化材料的孔径分布与比表面积。采用高纯 N$_2$ 吸附-解吸特性测得比表面积，样品先在 150 ℃条件下脱气 6 h，再通过使用 Brunauer-Emmett-Teller（BET）方程和 Barrett-Joyner-Halenda 方程分别计算 N$_2$ 吸附等温线与解吸等温线，最终得到催化材料的比表面积、孔径分布和孔容。

5.1.3.4   X 射线衍射分析

X 射线衍射（XRD）是一种用于分析物质晶体结构的分析手段，主要通过 X 射线对晶体材料的衍射效应而出现特定的衍射峰。可将样品中出现的特征峰与纯物质特征峰进行比对，从而确定物质的组成与晶格参数。测试条件为：X 射线源为 Cu 靶 Kα 射线（$\lambda = 0.15418$ nm），管电压为 40 kV，激发电流为 40 mA，扫描速度为 5(°)/min，步长为 0.02°，测试范围为 $2\theta = 10° \sim 80°$。

5.1.3.5   傅里叶红外光谱分析

傅里叶红外光谱（FTIR）是根据峰的位置来鉴别催化材料所含官能团和材料的结构组成。采用 KBr 压片法，波数扫描范围为 400 ~ 4000 cm^{-1}，分辨率为 2.000 cm^{-1}，扫描次数为 32。

5.1.3.6   Zeta 电位分析

Zeta 电位是用来测量材料颗粒的表面电荷。测定过程中使用纯水作为分散剂，测定不同 pH 值条件下的 Zeta 电位变化，进而可绘制出样品表面的静电荷为零时的 pH 值，即零点电荷（pH$_{zpc}$）。

5.1.3.7   紫外可见光漫反射光谱分析（UV-vis DRS）

根据材料的吸收光谱分析催化材料的光吸收区域及能带宽度，对材料的光吸收性能做定性分析，以此判断样品的光催化性能。在光吸收度模式下，将少量样品放在专用载片上压实，以 BaSO$_4$ 作为参考样品来校正基线，扫描速度为 300 nm/min，测试波长范围为 200 ~ 800 nm。利用 Kubelka-Munk 公式和 Mulliken 电负性理论将漫反射数据计算转化为对应的吸收光谱，得到催化剂的漫反射谱图[6]。

$$(\alpha h\nu)^{1/n} = A(h\nu - E_{\mathrm{g}}) \tag{5-1}$$

式中，α、h、ν、A、n 分别为吸光系数、普朗克常数、光的频率、光吸收率以及半导体电子跃迁性质。

利用 $(\alpha h\nu)^{1/n}$ 对 $h\nu$ 作图，引切线与横坐标相交，交点横坐标值即为禁带宽度 E_{g}。

5.1.4   Fe$_3$O$_4$/ZSM-5/Sch 催化光芬顿反应降解 SPM 的条件影响实验

5.1.4.1   不同催化剂体系对 SPM 降解的影响

分别称取 0.03 g 的 Fe$_3$O$_4$、Sch、ZSM-5、Fe$_3$O$_4$/Sch、Fe$_3$O$_4$/ZSM-5、Sch/

ZSM-5 和 Fe_3O_4/ZSM-5/Sch 催化剂，将各种催化剂分别放入 50 mL 浓度为 10 mg/L 的 SPM 溶液中。在不调整 SPM 溶液 pH 值的情况下，对含有催化剂的溶液进行 2~3 min 的超声波处理。将处理后的溶液放入多通道光催化反应仪中，并开始进行光照实验。在实验过程中，加入适量 30% 体积比的 H_2O_2 以启动反应。实验温度控制在（25±3）℃，紫外光的电流强度设置为 100% A，在 0 min、30 min、60 min、90 min、150 min 和 180 min 时分别取样并过滤。采集的样品中加入一定量的甲醇以进行淬灭处理。使用 0.45 μm 的滤头去除催化剂，然后在紫外光波长 232 nm 处测定滤液的吸光度。每组实验设置 3 个平行重复，以确保结果的可靠性和重复性。

5.1.4.2 初始 pH 值对 SPM 降解的影响

准备 10 mg/L 浓度的 SPM 溶液。将 SPM 溶液的 pH 值调整至不同的水平，分别为 3、5、6.52±0.2（原溶液 pH 值）、7、9、11。对每种 pH 值调整后的溶液，分别称取 0.03 g 的 Fe_3O_4/ZSM-5/Sch 复合催化剂，并加入到 50 mL 的 SPM 溶液中。超声波处理 2~3 min 后，将处理后的溶液置于多通道光催化反应仪中，进行光照处理。在实验过程中加入一定量的 30% 体积比 H_2O_2 以启动反应。实验温度控制在（25±3）℃，紫外光的电流强度设置为 100%。在 0 min、30 min、60 min、90 min、150 min 和 180 min 时分别取样并过滤，采集的样品中加入一定量的甲醇以进行淬灭处理。使用 0.45 μm 的滤头去除催化剂，然后在紫外光波长 232 nm 处测定滤液的吸光度。每组实验设置 3 个平行重复，以确保结果的可靠性和重复性。

5.1.4.3 H_2O_2 浓度对 SPM 降解的影响

不调节反应体系的 pH 值，使反应体系中 H_2O_2 浓度为 0 mmol/L、0.5 mmol/L、1 mmol/L、2 mmol/L、4 mmol/L、8 mmol/L。其余步骤同 5.1.4.2 节。

5.1.4.4 Fe_3O_4/ZSM-5/Sch 复合催化剂投加量对 SPM 降解的影响

不调节反应体系的 pH 值，使得 Fe_3O_4/ZSM-5/Sch 复合催化剂的浓度为 0 g/L、0.1 g/L、0.6 g/L、1.2 g/L、2.4 g/L、4.8 g/L。其余步骤同 5.1.4.2 节。

5.1.4.5 Fe_3O_4/ZSM-5/Sch 的重复利用实验

配制 10 mg/L 浓度的 SPM 溶液。向 60 mL 的石英光催化瓶中加入 50 mL SPM 溶液，加入 Fe_3O_4/ZSM-5/Sch 复合催化剂使其浓度为 0.6 g/L。对含有催化剂的溶液进行 2~3 min 的超声波处理，向处理后的溶液中加入 30% 体积比 H_2O_2 使其浓度为 0.5 mmol/L。将反应溶液置于多通道光催化反应仪中，进行光照处理。温度设置为（25±3）℃，紫外光电流强度保持在 100%。反应进行 180 min 后，取样并加入一定量的甲醇进行淬灭。使用 0.45 μm 的滤头过滤以去除催化剂，并在 232 nm 的紫外波长处测定滤液的吸光度值，并进行铁测定。将剩余溶液通过静止分层，移除上层液体。基于剩余体积，重新计算并加入相应量的 SPM 溶液和 H_2O_2，然后重复上述实验步骤，共进行 6 次。每组实验设置 3 个平行重复。

5.1.5 测定方法

5.1.5.1 SPM 测定方法

制备一系列不同浓度的标准 SPM 溶液，具体浓度分别为 0 mg/L、1.0 mg/L、3.0 mg/L、5.0 mg/L、7.0 mg/L 和 10 mg/L，利用 1 cm 的石英比色皿，用去离子水做参比溶液，测定波长为 232 nm，依次取一定体积分别测定吸光度。实验结果显示，在 0~10 mg/L 的浓度范围内，SPM 的吸光度与其浓度成正比关系。根据所得的标准曲线方程，计算出未知样品中 SPM 的浓度值。其计算公式为：

$$\eta_{SPM} = \frac{C_0 - C_t}{C_0} \times 100\% \tag{5-2}$$

式中，η_{SPM} 为 SPM 的降解率；C_t 为反应 t min 后 SPM 的浓度，mg/L；C_0 为 SPM 初始浓度，mg/L；t 为反应时间，min。

5.1.5.2 Fe^{2+} 与总铁的测定方法

Fe^{2+} 与总铁的测定方法见 2.1.4 节。

5.1.6 计算方法

导带（CB）和价带（VB）的计算公式如下[7]：

$$E(CB) = \mathcal{X} - E^e - 0.5E_g \tag{5-3}$$
$$E(VB) = E(CB) + E_g \tag{5-4}$$

式中，$E(CB)$ 为半导体导带；$E(VB)$ 为半导体的价带；$\mathcal{X}$ 为半导体的绝对电负性；E^e 为氢电子的自由能量（4.5 eV）的比值[8]；E_g 为半导体的带隙宽。

其中，$\mathcal{X}$ 由构成元素原子绝对电负性的几何平均值计算，公式见式（5-5）。假设物质为 A_aB_b，构成原子的 $\mathcal{X}$ 值可由文献 [9] 中得到。

$$\mathcal{X} = (\mathcal{X}_A^a \mathcal{X}_B^b)^{\frac{1}{a+b}} \tag{5-5}$$

5.2 结果与讨论

5.2.1 催化剂表征

5.2.1.1 SEM 和 TEM

通过 SEM 和 TEM 观察 Sch 和 Fe_3O_4/ZSM-5/Sch 催化剂的外观形态、粒子大小及聚集状况，相关结果展示在图 5-1 中。图 5-1a 显示，通过化学方法制得的 Sch 呈现圆球形的聚集颗粒，其平均粒径为 600~700 nm[10]。图 5-1b 和 c 分别展

示了 Fe_3O_4/ZSM-5/Sch 的 SEM 和 TEM 图像。研究指出,纳米 Fe_3O_4 颗粒大致为球形,平均直径约 15 nm,但有易于聚集的倾向[11]。ZSM-5 的表面较为粗糙,颗粒形状不规则,平均粒径约为 500 nm,且表面孔洞较多[12]。Fe_3O_4/ZSM-5/Sch 的图像中可见,聚集现象有所减少,分散性提高,颗粒外观呈不规则的球形,平均尺寸为 400~600 nm,表面更加粗糙,并可见到一些不规则的 ZSM-5 块状结构。纳米 Fe_3O_4 和 Sch 均匀分布在 ZSM-5 表面,显示出三者之间良好的界面接触,这对于电子转移和表面芬顿反应非常有利,而且 Fe_3O_4/ZSM-5/Sch 的形态结构相对于单纯的 Sch 而言更为不规则。进一步通过 HRTEM 对 Fe_3O_4/ZSM-5/Sch 进行表征(见图 5-1d),观察到 0.21 nm 和 0.26 nm 的晶格间距,分别对应于 Fe_3O_4 的(400)面和 Sch 的(212)面[13-14]。HRTEM 图像中的折痕和位错表明,Fe_3O_4/ZSM-5/Sch 结构存在缺陷,结晶度较低,这种独特缺陷结构有利于 H_2O_2 的活化[15]。通过 EDS-mapping 分析 Fe_3O_4/ZSM-5/Sch 的表面元素分布(见图 5-1e~j),发现 Fe、O、S、Si、Al 元素在 Fe_3O_4/ZSM-5/Sch 复合催化剂的表面均匀分布。

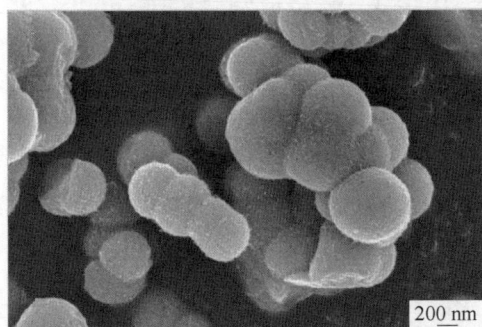

a

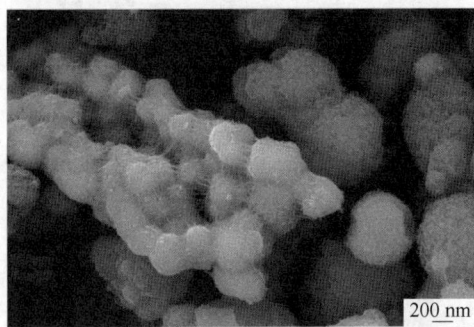

b

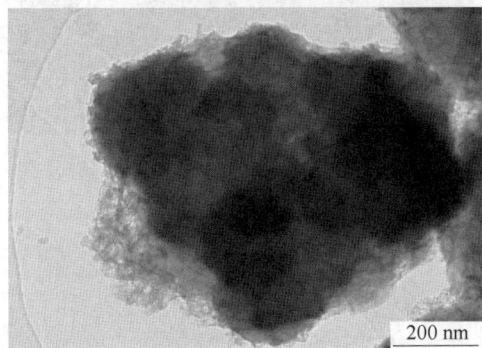

c

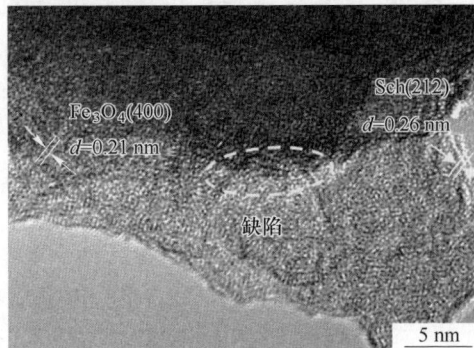

d

图 5-1　几种催化剂的 SEM 图、HRTEM 图及其表面元素分布图

a—Sch 的 SEM 图；b—Fe_3O_4/ZSM-5/Sch 的 SEM 图 1；c—Fe_3O_4/ZSM-5/Sch 的 TEM 图；

d—Fe_3O_4/ZSM-5/Sch 的 HRTEM 图；e—Fe_3O_4/ZSM-5/Sch 的 SEM 图 2；

f—Fe_3O_4/ZSM-5/Sch 中 Fe 元素分布图；g—Fe_3O_4/ZSM-5/Sch 中 O 元素分布图；

h—Fe_3O_4/ZSM-5/Sch 中 S 元素分布图；i—Fe_3O_4/ZSM-5/Sch 中 Si 元素分布图；

j—Fe_3O_4/ZSM-5/Sch 中 Al 元素分布图

5.2.1.2 BET

Fe_3O_4、ZSM-5、Sch、Sch/ZSM-5、Fe_3O_4/ZSM-5/Sch 的比表面积、孔容及孔径大小见表 5-3。Sch 的比表面积为 20.04 m^2/g。当与 ZSM-5（其比表面积为 253.41 m^2/g[16]）复合后，Sch 的比表面积显著增加，几乎增加了 10 倍。在此基础上掺入 Fe_3O_4（6.17 m^2/g）[17]后，Sch 与 Fe_3O_4 可均匀地分布在 Fe_3O_4/ZSM-5/Sch 复合催化剂中，使得 Fe_3O_4/ZSM-5/Sch 的比表面积到达 205.59 m^2/g，远高于单独的 Sch。此外，Fe_3O_4/ZSM-5/Sch 的孔容为 0.15 cm^3/g，显著高于 Sch 的 0.04 cm^3/g，平均孔径小于 Sch（8.06 nm），这是由于 Fe_3O_4 和 ZSM-5 的加入导致形成更多微孔，会增大比表面积和孔容，而微孔的增加也会导致孔径的减小[18]。由于微孔的增加，Fe_3O_4/ZSM-5/Sch 提供了更多的活性位点，这有利于 H_2O_2 的吸附和有效分解，同时也有助于污染物在催化剂表面的吸附和降解反应。改性后的复合催化剂 Sch/ZSM-5 和 Fe_3O_4/ZSM-5/Sch 与 ZSM-5 相比，尽管比表面积有所减小，但平均孔径却略有增大。这可能是由于 Sch 改性过程中部分孔隙被堵塞，导致了比表面积减小，以及微孔孔隙的堵塞，导致孔容减小、孔径增大。通过这些分析，可以看出 Fe_3O_4 和 ZSM-5 对 Sch 的改性效果显著，使得 Fe_3O_4/ZSM-5/Sch 成为一个具有更大比表面积和孔容、比 Sch 更适合作为催化剂的材料。

表 5-3　催化剂的比表面积、孔容及孔径

催化剂	$S_{BET}/m^2 \cdot g^{-1}$	孔容/$cm^3 \cdot g^{-1}$	孔径/nm
Fe_3O_4[17]	6.17	0.05	15.68
ZSM-5[16]	253.41	0.16	2.54
Sch	20.04	0.04	8.06
Sch/ZSM-5	214.30	0.16	3.08
Fe_3O_4/ZSM-5/Sch	205.59	0.15	3.02

5.2.1.3 XRD

通过 XRD 技术对 Fe_3O_4、ZSM-5、Sch 以及它们的复合物 Sch/ZSM-5 和 Fe_3O_4/ZSM-5/Sch 进行了物相结构分析，得出的结果如图 5-2 所示。在 Fe_3O_4/ZSM-5/Sch 的 XRD 谱图中，可以清晰地看到在衍射角 2θ 值为 18.45°、30.36°、35.76°、43.47° 和 63.16° 处的明显衍射峰，它们分别对应于 Fe_3O_4（立方晶系）的不同晶面，如 d(111)、d(220)、d(311)、d(400) 和 d(440)，这与 Fe_3O_4 的标准晶面数据一致[19]。相比于纯 Fe_3O_4，这些峰的强度有所减弱，表明 Fe_3O_4 已成功负载在复合催化剂中，并且具有反尖晶石结构。除了 Fe_3O_4 的特征峰外，还在 2θ 约 35.16° 处观察到了一个峰，其与 Sch 的标准数据一致[20]，表明复合材

料中存在结晶度较低的 Sch。与纯 Sch 相比，这个峰的强度更强，峰形有所不同。此外，复合材料中还观察到在 2θ 为 23°~24° 范围内的一个衍射峰，与 ZSM-5 的标准数据相吻合[21]，说明复合材料中存在 MFI 型 ZSM-5 分子筛结构。XRD 分析表明，Fe₃O₄ 和 Sch 的加入并未破坏 ZSM-5 的骨架结构，虽然主要衍射峰强度有所降低，这可能是因为 Fe₃O₄ 和 Sch 中的铁离子对 X 射线有更高的吸收系数[22]。ZSM-5 的特征衍射峰强度远高于 Fe₃O₄/ZSM-5/Sch，表明 Fe₃O₄、Sch 在 ZSM-5 分子筛表面上分散，形成了一定程度的结晶。分子筛的结晶度有所降低，但根据研究可知 Fe 离子在沸石内部补偿位置的高分散并不会破坏沸石的结晶度[23]。在 Fe₃O₄/ZSM-5/Sch 中，Fe₃O₄、ZSM-5 和 Sch 的特征衍射峰都明显且尖锐，表明复合材料具有良好的晶体结构[24]。衍射峰没有发生显著的偏移，也未观察到其他物质的衍射峰，说明 Fe₃O₄/ZSM-5/Sch 具有较高的纯度。

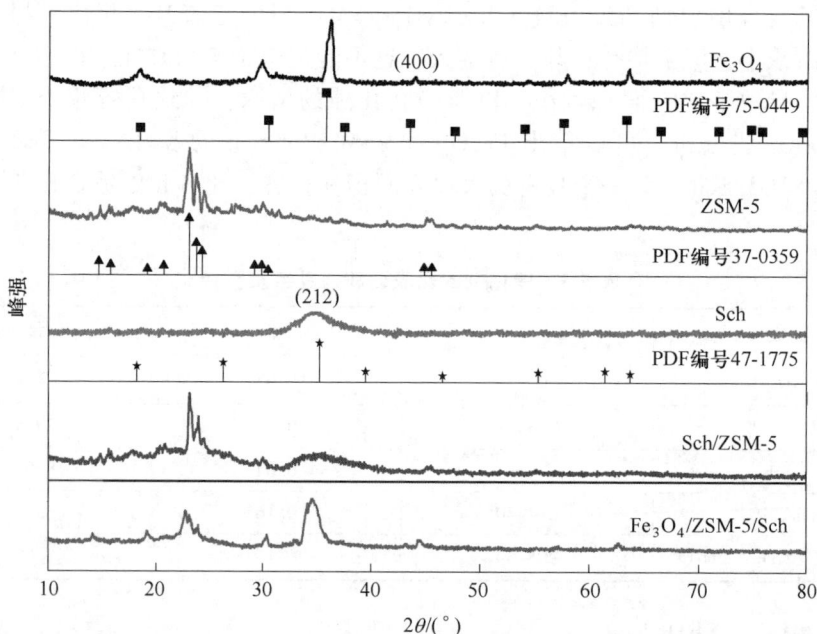

图 5-2　Fe₃O₄、ZSM-5、Sch、Sch/ZSM-5、Fe₃O₄/ZSM-5/Sch 的 XRD 谱图

5.2.1.4　FTIR

采用傅里叶变换红外光谱（FTIR）表征分析催化剂在官能团方面的差异特征，Fe₃O₄、ZSM-5、Sch、Sch/ZSM-5、Fe₃O₄/ZSM-5/Sch 五种催化剂的 FTIR 谱图如图 5-3 所示。

在 Fe₃O₄/ZSM-5/Sch 复合催化剂的 FTIR 谱图分析中，观察到了几个显著的特征吸收峰。在 3300~3450 cm^{-1} 以及 1630 cm^{-1} 的区域，发现了表面羟基的伸缩

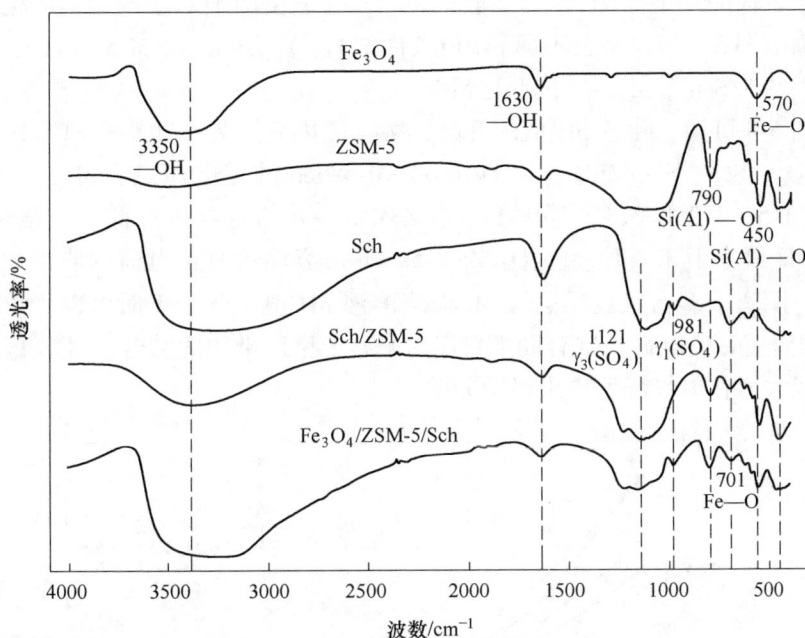

图 5-3　Fe_3O_4、ZSM-5、Sch、Sch/ZSM-5 和 Fe_3O_4/ZSM-5/Sch 的 FTIR 谱图

和弯曲振动以及水分子的形变振动特征峰[24-25]，这些特征峰表明羟基和水分子存在于催化剂表面。在 1250 cm^{-1}、790 cm^{-1} 和 450 cm^{-1} 的位置，观察到 Si—O—Si(Al) 和 Si(Al)—O 的伸缩振动吸收峰[26-27]，而 550 cm^{-1} 处的峰则对应于 ZSM-5 骨架中的双五元环的反对称伸缩振动[28]。这些吸收峰是 ZSM-5 MFI 拓扑结构的特征，表明作为载体的 ZSM-5 骨架结构在 Fe_3O_4/ZSM-5/Sch 复合催化剂中保持完整。此外，在 1121～981 cm^{-1} 和 701 cm^{-1} 的位置，发现了 Sch 中 SO_4^{2-} 和 Fe—O 键的伸缩振动吸收峰[29-30]，表明 Sch 也存在于 Fe_3O_4/ZSM-5/Sch 中。570 cm^{-1} 处的峰明确指向 Fe_3O_4 纳米颗粒中 Fe—O 键的伸缩振动[31]，进一步证实了 Fe_3O_4/ZSM-5/Sch 的成功合成。

与纯 ZSM-5 相比，Fe_3O_4/ZSM-5/Sch 的红外振动峰强度有所减弱，这可能是由于 Fe 金属氧化物负载在分子筛的表面和内孔道上，导致了结晶度的降低。这些观察结果，结合 XRD 谱图的对比，证明了具有良好 MFI 晶相且纯度较高的 Fe_3O_4/ZSM-5/Sch 复合催化剂已被成功制备，且在此过程中 Sch、Fe_3O_4 和 ZSM-5 的基本性质未发生改变。

5.2.1.5　Zeta 电位

pH 值是一个影响着具有磁性催化剂的稳定性的关键因素。Zeta 电位与 pH 值紧密相关，它在一定程度上决定催化剂颗粒的电荷类型和电荷量，同时也是反映催化剂稳定性的一个指标[32]。一般来说，Zeta 电位的绝对值越大，催化剂的稳定性越高。图 5-4 展示了在不同 pH 值条件下 Fe_3O_4、Sch、ZSM-5、Sch/ZSM-5 和 Fe_3O_4/ZSM-5/Sch 的 Zeta 电位变化情况。

由图 5-4 可知，随着 pH 值的升高，所有催化剂的 Zeta 电位值都呈现下降趋势。Fe_3O_4、Sch、Sch/ZSM-5 和 Fe_3O_4/ZSM-5/Sch 的零电荷点（pH_{pzc}）值分别是 3.9、3.5、4.2 和 3.1，其中 Fe_3O_4/ZSM-5/Sch 的零电荷点低于其他催化剂。当溶液 pH 值小于 3.1 时，Fe_3O_4/ZSM-5/Sch 的表面带有正电荷的质子，这使其更容易与阴离子型污染物结合[32]。而当溶液 pH 值大于 3.1 时，Fe_3O_4/ZSM-5/Sch 的表面带有负电荷，这有助于它们与阳离子型污染物的结合，且 Zeta 电位的绝对值较大，在碱性环境中可稳定分散[33]。

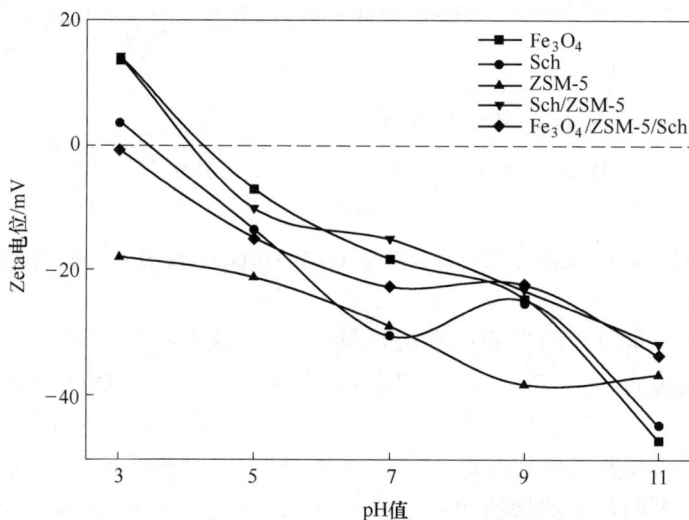

图 5-4 Fe_3O_4、ZSM-5、Sch、Sch/ZSM-5、Fe_3O_4/ZSM-5/Sch 的 Zeta 电位图

5.2.1.6   催化剂的光吸收特性分析

光催化剂的光吸收能力是其光催化性能的一个关键因素[34]。为了深入探究改性后复合催化剂的光吸收性能，采用紫外-可见漫反射光谱（UV-vis DRS）对 Fe_3O_4、Sch、ZSM-5、Sch/ZSM-5 及 Fe_3O_4/ZSM-5/Sch 进行了分析，相应的谱图展示在图 5-5 中。从图 5-5 可以看出，Sch 在紫外光区域显示出显著的吸收带，而 Fe_3O_4 和 ZSM-5 在 200~800 nm 的波长范围内展现了较强的吸收强度。在 200~300 nm 的区域，观察到的吸收峰归因于 Fe_3O_4/ZSM-5/Sch 中的 Fe—O 键[35]，其中部分 Fe 物种以四面体 Fe^{3+} 的形式嵌入 ZSM-5 的骨架，而 ZSM-5 本身几乎无吸收峰。与纯 Sch 相比，Fe_3O_4/ZSM-5/Sch 在从紫外光到可见光区域的吸收显著增强，并出现了向更长波长区域的红移现象。这表明引入 Fe_3O_4 和 ZSM-5 能够提高

Sch 对可见光的吸收，从而有利于增强复合催化剂的光催化活性。

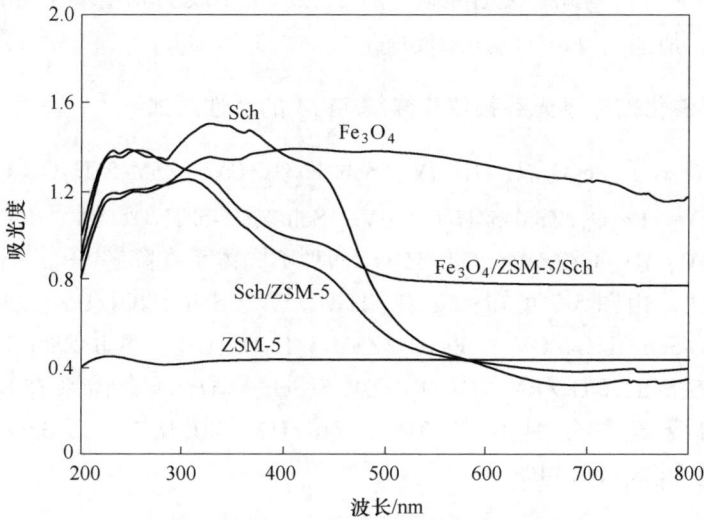

图 5-5 Fe_3O_4、ZSM-5、Sch、Sch/ZSM-5、Fe_3O_4/ZSM-5/Sch 的紫外漫反射光谱图

进一步分析吸收边 $(\alpha h\nu)^2$ 与光子能量 $(h\nu)$ 的关系（见图 5-6），发现 Fe_3O_4、Sch、Sch/ZSM-5 和 Fe_3O_4/ZSM-5/Sch 的禁带宽度 (E_g) 分别为 0.93 eV、2.28 eV、1.78 eV 和 1.39 eV。这说明引入 Fe_3O_4 后，复合催化剂的禁带宽度在一定程度上减小，使催化剂在可见光条件下更易激发产生光生电子和空穴。

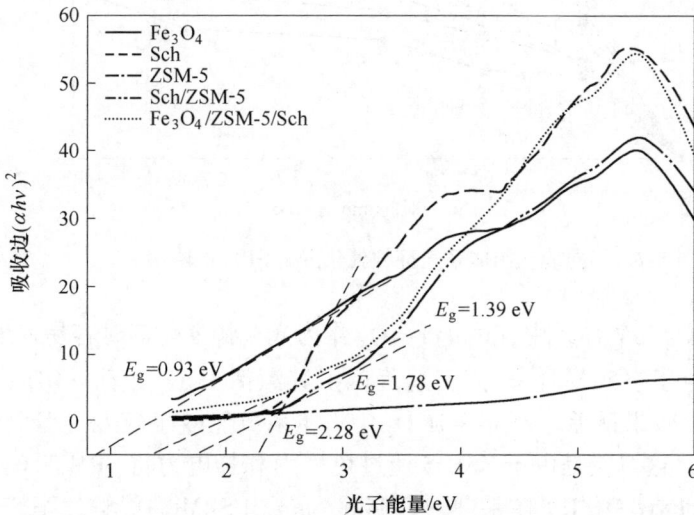

图 5-6 吸收边与光子能量关系曲线　　　　图 5-6 彩图

通过对导带（CB）和价带的计算，发现 Fe_3O_4 的 CB（0.82 eV）低于 Sch 的 CB（1.14 eV），因此在复合催化剂中，Fe_3O_4 生成的光生电子可以迅速转移到 Sch 表面，加速 $\equiv Fe^{3+}$ 的还原反应。

5.2.2　不同催化剂体系光芬顿催化降解 SPM 的活性测试

图 5-7 展示了 Fe_3O_4/H_2O_2/UV、Sch/H_2O_2/UV、ZSM-5/H_2O_2/UV、Fe_3O_4/Sch/H_2O_2/UV、Fe_3O_4/ZSM-5/H_2O_2/UV、Sch/ZSM-5/H_2O_2/UV、Fe_3O_4/ZSM-5/Sch/H_2O_2/UV、Fe_3O_4/ZSM-5/Sch/H_2O_2 八种不同体系在降解 SPM（污染物）方面的效果对比。由图 5-7 可知，Fe_3O_4/H_2O_2/UV、Sch/H_2O_2/UV、ZSM-5/H_2O_2/UV、Fe_3O_4/Sch/H_2O_2/UV、Fe_3O_4/ZSM-5/H_2O_2/UV、Sch/ZSM-5/H_2O_2/UV、Fe_3O_4/ZSM-5/Sch/H_2O_2/UV、Fe_3O_4/ZSM-5/Sch/H_2O_2 八个体系在反应 90 min 时，SPM 的降解率分别为 32.31%、71.71%、40.18%、82.38%、45.29%、79.86%、90.26%、53.14%。

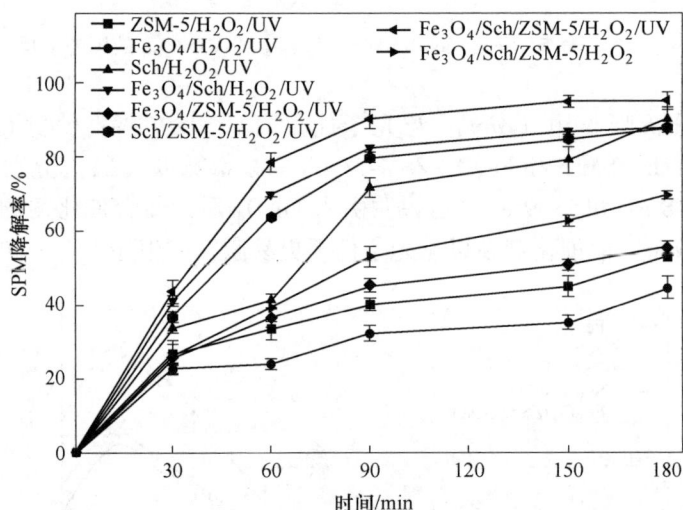

图 5-7　不同催化剂体系光芬顿催化降解 SPM 的降解率

在 Fe_3O_4/H_2O_2/UV 体系中，由于 Fe_3O_4 作为光芬顿催化剂时容易发生团聚，导致了高的光生电子空穴复合率[36]，这降低了其激活 H_2O_2 产生 ·OH 的能力，使得该体系的降解效果最差。ZSM-5/H_2O_2/UV 体系虽然效果较差，但仍然去除了约 40% 的 SPM，这可能是由于 ZSM-5 通过色散力和静电力将 SPM 吸附在其表面所致[37]。在 Sch/H_2O_2/UV 体系中，最初 60 min 内 SPM 的降解速率较慢，但在 60~90 min 之间降解速度加快。这是因为 Sch 中的 $\equiv Fe(III)$ 是主要的铁物种，需要先被还原为 $\equiv Fe(II)$[14]，然后通过激活 H_2O_2 生成 ·OH 来降解

SPM，反应见式（5-6）~式（5-9），因此 Sch 在降解 SPM 的过程中有一个诱导期和加速期。

Fe_3O_4/Sch/H_2O_2/UV 体系在 90 min 时的反应速率显著高于 Fe_3O_4/H_2O_2/UV 和 Sch/H_2O_2/UV 体系，这表明 Fe_3O_4 嵌入 Sch 后，提高了 SPM 的降解率，降解率与负载的 Fe_3O_4 直接相关。Sch/ZSM-5/H_2O_2/UV 体系在 90 min 时的反应速率也远高于 Fe_3O_4/H_2O_2/UV、Sch/H_2O_2/UV、ZSM-5/H_2O_2/UV 三个体系，表明 Sch/ZSM-5 的光催化活性得到了提高。

Fe_3O_4/ZSM-5/H_2O_2/UV 体系在 90 min 后的反应速率略高于 Fe_3O_4/H_2O_2/UV 和 ZSM-5/H_2O_2/UV 体系，可能是因为 Fe_3O_4 的进一步分散。然而，与 Fe_3O_4/ZSM-5/Sch/H_2O_2/UV 体系相比，其效果较低，表明 Sch 在该反应中起着重要的作用。尽管 Fe_3O_4/ZSM-5 可以提供 $\equiv$Fe(Ⅱ) 和 $\equiv$Fe(Ⅲ)，并激活 H_2O_2 产生 ·OH，但由于 Fe_3O_4/ZSM-5 表面暴露的 Fe 比表面积较小，且磁性较强，导致催化剂颗粒在溶液中聚集而无法良好分散，减少了反应位点，进而影响了其光催化效果。

在 Fe_3O_4/ZSM-5/Sch/H_2O_2/UV 体系中，Fe_3O_4/ZSM-5/Sch 复合催化剂在光催化降解 SPM 的反应过程中表现出较高的催化性能，这主要归因于在 Fe_3O_4/ZSM-5 的基础上引入 Sch，从而增强了催化剂的分散性和与 SPM 之间的接触效率。复合催化剂 Fe_3O_4/ZSM-5/Sch 的比表面积达到了 205.59 m^2/g，这远高于单独的 Sch。这一显著提高的比表面积得益于 ZSM-5 的高比表面积，不仅扩大了复合催化剂的比表面积，而且其独特的介孔结构促进了 SPM 分子在孔道中的转移和扩散，增强了对 SPM 的吸附[38]。这样，吸附在催化剂表面的 SPM 距离产生的 ·OH 更近，从而加速了 SPM 的去除[39]。此外，载入的 Fe_3O_4 不仅能够提供 Fe^{3+} 和 Fe^{2+}，还具有反尖晶石结构，这有助于消除 Sch 的诱导期，加快 Sch 中 Fe^{3+} 到 Fe^{2+} 的还原过程，从而更高效地分解 H_2O_2 以产生 ·OH[40]。同时，Fe_3O_4 和 ZSM-5 还能提高光生电子-空穴对的分离效率[41]，进一步增强光催化性能。

在没有紫外光照射的条件下，由 Fe_3O_4/ZSM-5/Sch 和 H_2O_2 构成的非均相 Fenton 反应也在最初的 30 min 内启动了 SPM 的降解。这表明将 Fe_3O_4、Sch 和 ZSM-5 组分结合起来确实可以提高非均相 Fenton 反应的催化活性，而且相比于无紫外光照射的组，紫外光照射可以进一步提高 Fe_3O_4/ZSM-5/Sch 的催化活性，显示了紫外光在催化过程中的重要作用。

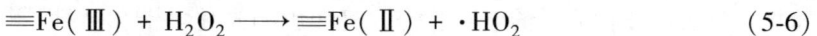
$$\equiv Fe(Ⅲ) + H_2O_2 \longrightarrow \equiv Fe(Ⅱ) + ·HO_2 \tag{5-6}$$

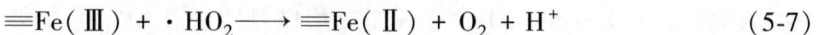
$$\equiv Fe(Ⅲ) + ·HO_2 \longrightarrow \equiv Fe(Ⅱ) + O_2 + H^+ \tag{5-7}$$

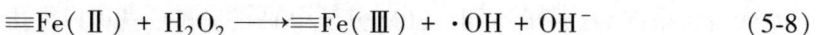
$$\equiv Fe(Ⅱ) + H_2O_2 \longrightarrow \equiv Fe(Ⅲ) + ·OH + OH^- \tag{5-8}$$

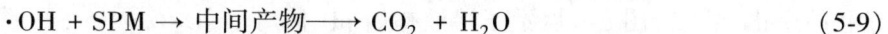
$$·OH + SPM \rightarrow 中间产物 \longrightarrow CO_2 + H_2O \tag{5-9}$$

式中，"$\equiv$" 代表催化剂表面。

5.2.3　ZSM-5 不同负载量对 Fe₃O₄/ZSM-5/Sch 降解 SPM 的影响

图 5-8 展示了不同负载量的 ZSM-5 对 Fe₃O₄/ZSM-5/Sch 复合催化剂降解 SPM 活性的影响。在 Fe₃O₄/ZSM-5/Sch 复合催化剂中，随着 ZSM-5 负载量的增加，SPM 的降解率先是上升的，随后又呈现下降趋势。具体而言，当 ZSM-5 的负载量分别为 0%、65.22%、78.95% 和 91.84% 时，90 min 反应后，SPM 的降解率相应为 81.45%、82.99%、90.26% 和 63.95%。其中，当 ZSM-5 负载量为 78.95% 时，SPM 的降解率达到最高，说明过少或过多的 ZSM-5 都不利于 SPM 的降解。当 ZSM-5 负载量较低时，复合催化剂无法充分利用 ZSM-5 的孔道结构来吸附 SPM 分子。而当 ZSM-5 负载量过高时，则可能导致体系中活性组分铁的不足，从而降低了催化性能。这些结果表明，在 Fe₃O₄/ZSM-5/Sch 复合催化剂中，ZSM-5 的适当负载量对于最大化 SPM 的降解率至关重要。

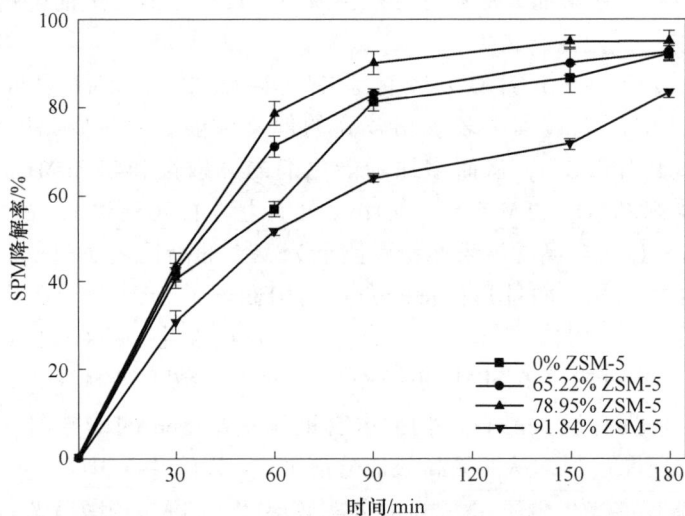

图 5-8　ZSM-5 不同负载量对 SPM 降解率的影响

5.2.4　初始 pH 值对 Fe₃O₄/ZSM-5/Sch 降解 SPM 的影响

溶液中的 pH 值会影响抗生素的存在形态，并通过改变光催化剂的表面电荷特性和有机污染物分子的电离状态，进而影响光化学催化活性[42]。SPM 是一种弱碱性物质，其分子结构中含有两个二甲胺基团，其 pK_{a1} 为 7.1，pK_{a2} 为 8.4。这意味着，根据 pH 值的不同，SPM 分子中的氨基和羟基可以发生质子化或去质子化的变化[43-44]。图 5-9 展示了溶液初始 pH 值对 Fe₃O₄/ZSM-5/Sch 降解 SPM 效果的影响。

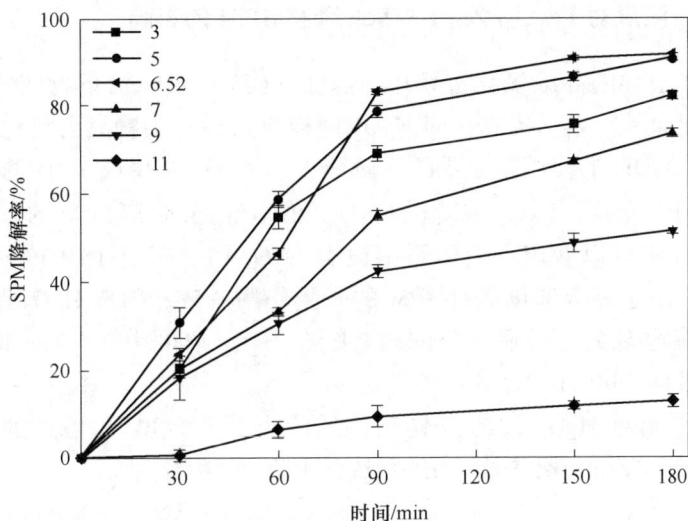

图 5-9 初始 pH 值对 SPM 降解率的影响

当溶液初始 pH 值设定为 3 时，SPM 因质子化作用主要以 SPM⁺和 SPM²⁺两种正离子形态存在，变成低活性分子[43]，这使其更难被·OH 攻击。在 pH 值为 3 的条件下，Fe_3O_4/ZSM-5/Sch 复合催化剂表面带正电荷（因为 pH 值低于其零电荷点 pH_{pzc}），导致 SPM 和催化剂之间发生静电排斥，从而抑制了 SPM 在催化剂表面的吸附。同时，由于 Fe_3O_4/ZSM-5/Sch 接近其等电点（$pH_{pzc}=3.1$），容易发生团聚，降低对 SPM 的吸附，使得在 pH 值为 3 时，Fe_3O_4/ZSM-5/Sch 的催化能力较弱。

当溶液 pH 值从 5 增至 6.52（未调节初始 pH 值的反应体系）时，SPM 呈正电荷，而 Fe_3O_4/ZSM-5/Sch 复合催化剂表面带负电，静电吸引作用增强，提升了催化剂的催化活性。但当 pH 值进一步增加至 7 时，由于·OH 的氧化电位较低，Fe_3O_4/ZSM-5/Sch 表面容易形成氢氧化铁配合物，这可能会覆盖其活性位点[45]，导致催化活性下降。

当 pH 值从 9 升至 11 时（$pH_{pzc}<pK_a<pH$ 值），SPM 的降解率从 42.36% 降至 9.35%。这是因为 SPM 去质子化后表面带负电荷，同时 Fe_3O_4/ZSM-5/Sch 表面的负电荷增强，静电排斥作用增强。然而，当 pH 值为 3~9 时，SPM 的降解率仍可保持在 59.68% 以上，显示 Fe_3O_4/ZSM-5/Sch 能够扩展非均相 Fenton 反应的适用 pH 值范围，而不降低其活性。虽然在 pH 值为 3、5 或不调节 pH 值时，SPM 的降解效果都较好，但考虑到化学成本和实际操作（生活废水的 pH 值通常为中性），选择在自然 pH 值条件下进行进一步的研究。

5.2.5　H_2O_2 浓度对 Fe₃O₄/ZSM-5/Sch 降解 SPM 的影响

在紫外光引导的高级氧化过程中，除了 ·OH 对目标污染物的氧化作用外，紫外光还可以直接光解污染物，而 H_2O_2 同样对目标污染物具有氧化作用。但在这些作用中，·OH 的作用是主要的，研究表明 H_2O_2 是生成 ·OH 的一个关键因素[46]。图 5-10 展示了 H_2O_2 浓度对 Fe₃O₄/ZSM-5/Sch 降解 SPM 的影响。

从图 5-10 中可以看出，当体系中没有 H_2O_2 时，只有 15.03% 的 SPM 被去除，这主要是由于复合催化剂对 SPM 的吸附作用所致。随着 H_2O_2 浓度的增加，SPM 的降解率呈现先上升后下降的趋势。在 H_2O_2 浓度为 0.5 mmol/L 时，SPM 的降解效果最佳，90 min 后降解率可达 92.21%。这是因为 H_2O_2 浓度的增加不仅增强了紫外光对 H_2O_2 的激发作用，反应见式（5-10），还加速了 H_2O_2 与 Fe(Ⅱ) 的碰撞，从而有效产生 ·OH 并氧化去除 SPM[47]。

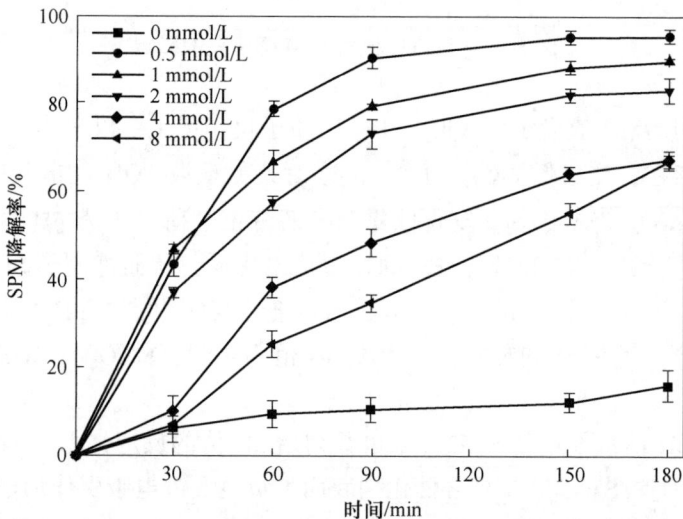

图 5-10　初始 H_2O_2 浓度对 SPM 降解率的影响

然而，当 H_2O_2 浓度过高时，会在体系中产生抑制效应。H_2O_2 既是 ·OH 的生成剂，也是其淬灭剂，过量的 H_2O_2 与 ·OH 反应会生成活性较低的 ·HO₂。·HO₂ 会与目标污染物竞争消耗 ·OH，同时 ·OH 与自身发生二聚反应再生成 H_2O_2[48-49]，这些过程降低了 ·OH 对底物的攻击能力，反应见式（5-11）和式（5-12）。此外，过量的 H_2O_2 可能在催化剂表面形成惰性氧化膜，阻止电子的转移，从而降低催化剂的活性[50]，导致 SPM 的降解率下降。

$$H_2O_2 + h\nu \longrightarrow 2 \cdot OH \tag{5-10}$$

$$\cdot OH + H_2O_2 \longrightarrow H_2O + \cdot HO_2 \tag{5-11}$$

$$\cdot HO_2 + \cdot OH \longrightarrow H_2O + O_2 \tag{5-12}$$

5.2.6 催化剂投加量对 Fe_3O_4/ZSM-5/Sch 降解 SPM 的影响

在研究 pH 值和氧化剂浓度对 SPM 降解的影响之外,探讨 Fe_3O_4/ZSM-5/Sch 复合催化剂投加量对 SPM 降解效果的影响也很重要。图 5-11 显示了不同催化剂投加量对 Fe_3O_4/ZSM-5/Sch 降解螺旋霉素效果的影响。当体系中未加入 Fe_3O_4/ZSM-5/Sch 时,只有紫外光和 H_2O_2 的作用下,SPM 发生了一定程度的降解。这是因为在 365 nm 紫外光线下,特别是波长小于 250 nm 时,H_2O_2 会吸收紫外光并被诱导分解成 $\cdot OH$[51],使少部分 SPM 降解。

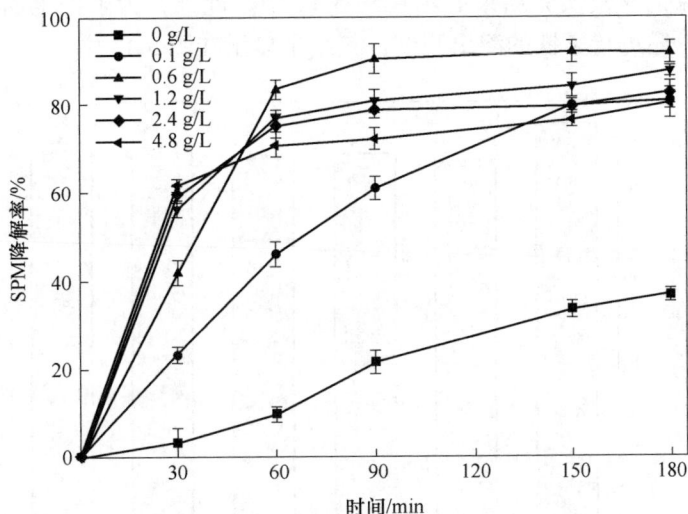

图 5-11 初始 Fe_3O_4/ZSM-5/Sch 复合催化剂浓度对 SPM 降解率的影响

随着 Fe_3O_4/ZSM-5/Sch 的投加量增加,SPM 的降解率呈现先升高后降低的趋势。当催化剂投加量为 0.6 g/L 时,SPM 的降解率达到最高,90 min 后的降解率为 92.25%,表明 Fe_3O_4/ZSM-5/Sch 具有良好的光催化性能。这主要是因为随着催化剂量的增加,其对 H_2O_2 和 SPM 的吸附增加,有助于 $\cdot OH$ 的生成和 SPM 的降解。同时,增加了催化剂与 $\cdot OH$ 之间的接触机会,以及活性位点 Fe 的数量,从而有效地活化 $\cdot OH$ 并且产生 $\cdot OH$ 去除 SPM[49]。然而,当催化剂投加量过大时,反应体系会在短时间内产生高浓度的 $\cdot OH$ 去除 SPM[49]。这些自由基可能会发生自消耗反应,反应见式 (5-13),同时过量的 Fe^{2+} 与 $\cdot OH$ 反应产生 Fe^{3+} 和 OH^-,降低了溶液中 $\cdot OH$ 的相对浓度[52]。此外,大量催化剂易发生团聚现象,会减少暴露的活性位点,降低了 SPM 的降解率。过量的催化剂还可能阻碍紫外光在体系中的传播,减少电子转移和产生的 $\cdot OH$。除以上探究外,还可发现在反应开始的前 30 min 内，高浓度催化剂（1.2~4.8 g/L）体系中 SPM 的降解率高于 0.6 g/L 的情况。这可能是因为反应初期产生了较多的自由基，但随着时间的推移，过多自由基的自消耗导致 SPM 的降解率下降。

$$\cdot OH + \cdot OH \longrightarrow H_2O_2 \tag{5-13}$$

5.2.7 催化剂的稳定性研究

催化剂的稳定性是评估其性能的一个关键指标。为了验证 Fe_3O_4/ZSM-5/Sch 复合催化剂的稳定性，对反应后的催化剂进行了回收，然后在相同的条件下重复进行 SPM 的降解实验。这个过程被重复了 6 次，以评估催化剂的重复使用性能。SPM 降解效果的重复实验结果展示在图 5-12 中。此外，为了更全面地评估催化剂的稳定性，还进行了铁的溶出测试，其结果显示在图 5-13 中。

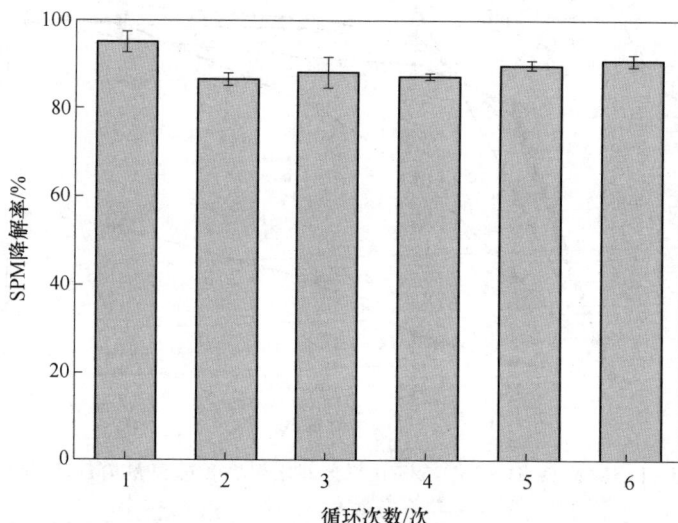

图 5-12 催化剂的重复利用对 SPM 降解率的影响

如图 5-12 所示，当 Fe_3O_4/ZSM-5/Sch 重复利用 6 次后，SPM 的降解率并没有出现较大变化，基本保持在 86.50% 以上，这表明 Fe_3O_4/ZSM-5/Sch 具有良好的催化剂性能。铁的溶出量可以作为评估催化剂稳定性的一个重要参数，因为铁的溶出可能会影响催化剂的性能和重复使用性。由图 5-13 可知，Fe_3O_4/ZSM-5/Sch 循环利用 6 次后，溶出铁的含量保持在较低的范围内，表明 Fe_3O_4/ZSM-5/Sch 复合催化剂具有优异的稳定性。

最后，为了进一步分析催化剂的化学和结构的稳定性，对反应前后的催化剂进行了 XRD 和 FTIR 分析，结果分别展示在图 5-14 和图 5-15 中。

XRD 分析可以揭示催化剂的晶体结构是否在重复使用过程中发生了变化，

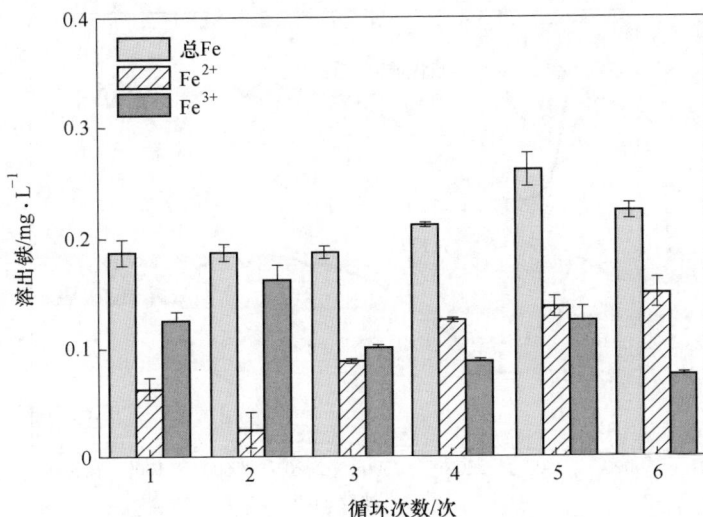

图 5-13 催化剂的重复利用下溶出铁情况

而 FTIR 分析则可以提供催化剂表面官能团的信息,进一步证明其化学稳定性。通过这些综合分析,可以更准确地评估 Fe_3O_4/ZSM-5/Sch 复合催化剂的稳定性。如图 5-14 和图 5-15 所示,Fe_3O_4/ZSM-5/Sch 复合催化剂在使用前后的衍射峰、特征峰没有发生明显的变化,可表明催化剂的晶体结构具有良好的稳定性,没有发生明显的结构变化。

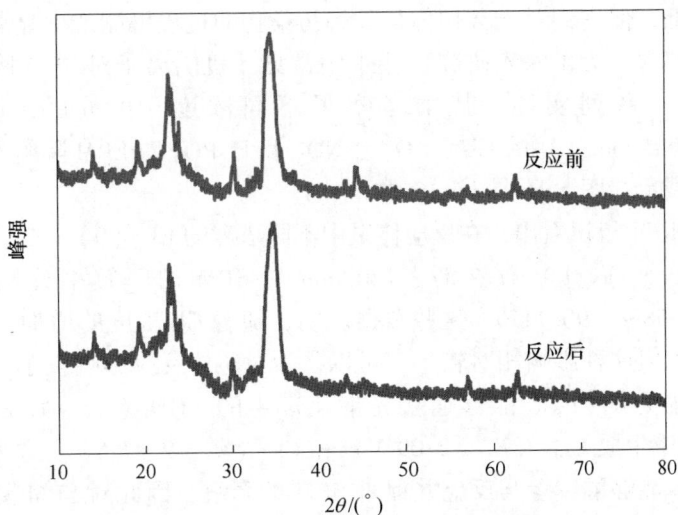

图 5-14 催化剂的重复利用下催化剂反应前后的 XRD 谱图

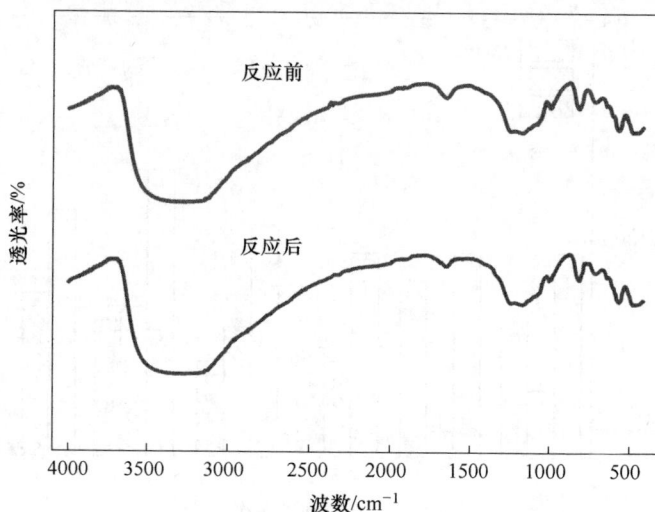

图 5-15　催化剂的重复利用下催化剂反应前后的红外光谱图

综合考虑 SPM 降解率的稳定性、铁的低溶出率以及 XRD 和 FTIR 分析的结果，可以得出 Fe₃O₄/ZSM-5/Sch 复合催化剂作为非均相芬顿催化剂，不仅展现出了较高的催化性能，而且具有良好的结构和化学的稳定性。

5.2.8　无机阴离子对 Fe₃O₄/ZSM-5/Sch 降解螺旋霉素的影响

在天然水体和废水中，常见的无机阴离子如 Cl^-、SO_4^{2-}、NO_3^-、$H_2PO_4^-$ 等，尽管含量较低，但它们对光芬顿催化降解污染物的过程可能产生显著的影响，这一点不应被忽视。为了深入研究这些水中常见无机阴离子对 SPM 降解效果的影响，进行了一系列实验，其中考察了不同浓度（0 mol/L、0.05 mol/L、0.1 mol/L、0.5 mol/L）的 Cl^-、SO_4^{2-}、NO_3^- 和 $H_2PO_4^-$ 对 SPM 降解率的影响，实验结果分别展示在图 5-16～图 5-19 中。

从图 5-16 中可以看出，在反应体系中不同浓度的 Cl^-（0 mol/L、0.05 mol/L、0.1 mol/L、0.5 mol/L）存在时，180 min 后 SPM 的降解率分别为 95.20%、93.19%、92.58%、90.11%。这些数据表明，随着 Cl^- 浓度的增加，SPM 的降解率略有下降，但这种影响相对较小，可以认为对整体反应影响较小。这种轻微的抑制效果可能是因为 Cl^- 能够捕获光催化产生的 ·OH（$E^\ominus = 1.8 \sim 2.7$ V）和 h^+[53]，并反应生成 $Cl_2^- \cdot$（$E^\ominus = 2.09$ V）和 $Cl \cdot$（$E^\ominus = 2.41$ V），这两种自由基具有强氧化性，能够继续参与反应并促进 SPM 的降解，因此对 SPM 降解的抑制作用相对较弱[54-55]；还可能是因为反应体系中存在较低反应电势的 $\cdot O_2^-$（$E^\ominus = -0.33$ V），与 Cl^- 先发生反应[56]，消耗掉体系中存在的 Cl^- 反应见式（5-14）～

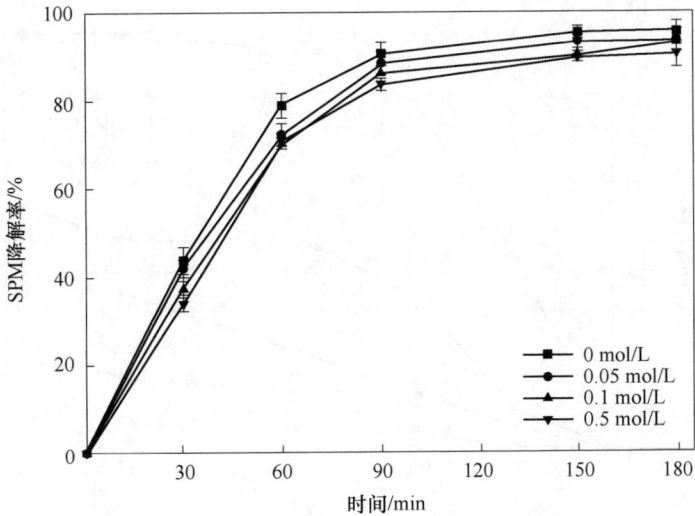

图 5-16　溶液中的 Cl⁻ 浓度对 SPM 降解率的影响

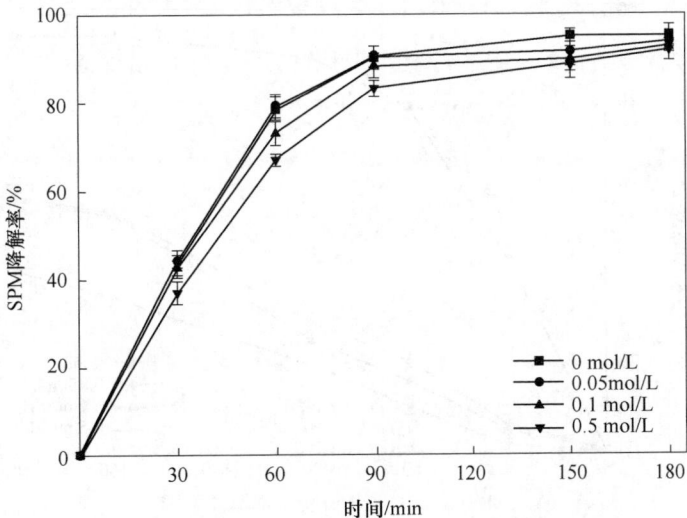

图 5-17　溶液中的 SO_4^{2-} 浓度对 SPM 降解率的影响

式（5-16）。此外有研究表明，Cl⁻ 在不同 pH 值条件下对污染物降解的影响差异较大，尤其是在酸性条件下对降解率有明显的抑制作用，且随着 Cl⁻ 浓度的增加，抑制效果加大。在接近中性的条件下，对降解率的影响不大[57]。本实验中的 pH 值选择是中性条件，这与上述研究结果保持一致。

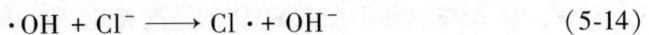

$$\cdot OH + Cl^- \longrightarrow Cl \cdot + OH^- \tag{5-14}$$

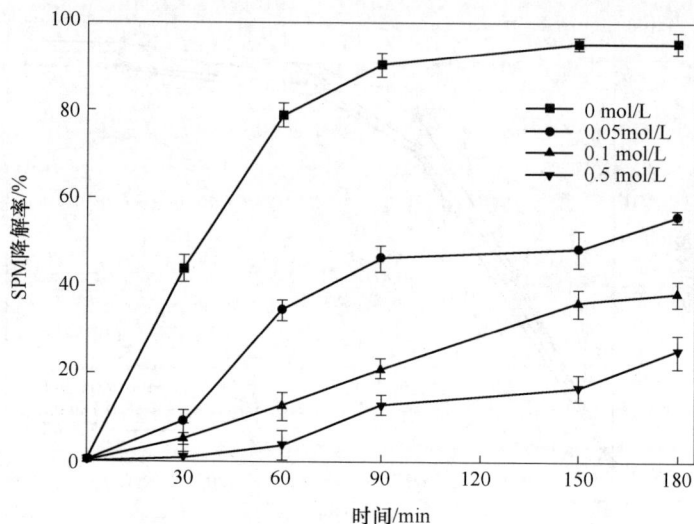

图 5-18　溶液中的 NO$_3^-$ 浓度对 SPM 降解率的影响

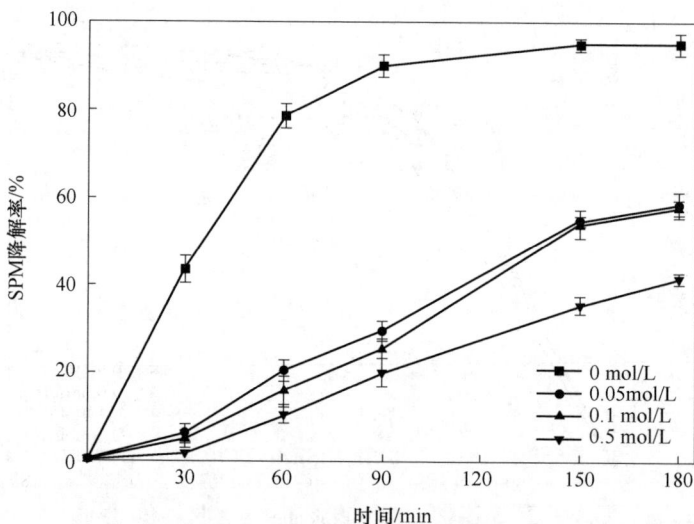

图 5-19　溶液中的 H$_2$PO$_4^-$ 浓度对 SPM 降解率的影响

$$Cl^- + h^+ \longrightarrow Cl \cdot \qquad (5-15)$$
$$Cl \cdot + Cl^- \longrightarrow Cl_2^- \cdot \qquad (5-16)$$

根据图 5-17 所示，当反应体系中 SO$_4^{2-}$ 的浓度分别为 0 mol/L、0.05 mol/L、0.1 mol/L、0.5 mol/L 时，180 min 后 SPM 的降解率分别为 95.20%、93.81%、92.58%、91.65%。与不加入 SO$_4^{2-}$ 的情况相比，这些降解率的变化并不大，表明

SO_4^{2-} 对 SPM 降解过程的影响相对较小。SO_4^{2-} 会捕获一部分的 ·OH 和 h^+ 生成 $SO_4^-·$，反应见式 (5-17) 和式 (5-18)。尽管可用于氧化污染物的 ·OH 和 h^+ 数量减少，但 $SO_4^-·$（$E^\ominus = 2.43\ V$）是一种强氧化性自由基[58]，仍然能继续参与到反应中，对 SPM 进行降解。此外，SO_4^{2-} 不会占据催化剂表面的活性位点[59]，这意味着，即使 SO_4^{2-} 存在，催化剂的表面活性位点仍然可用于催化反应，从而确保了 SPM 的有效降解。这表明在含有 SO_4^{2-} 的水体环境中，使用 $Fe_3O_4/ZSM-5/$ Sch 复合催化剂进行光芬顿反应仍然是有效的。

$$SO_4^{2-} + ·OH \longrightarrow SO_4^-· + OH^- \tag{5-17}$$

$$SO_4^{2-} + h^+ \longrightarrow SO_4^-· \tag{5-18}$$

从图 5-18 的观察结果来看，NO_3^- 对 SPM 降解的抑制作用比 Cl^- 和 SO_4^{2-} 更为明显。当反应体系中 NO_3^- 的浓度分别为 0.05 mol/L、0.1 mol/L、0.5 mol/L 时，180 min 后 SPM 的降解率分别下降至 55.79%、38.17%、25.04%。与未加 NO_3^- 的情况相比，NO_3^- 浓度的增加显著抑制了 SPM 的降解，这种抑制效应随 NO_3^- 浓度的升高而增强。这种抑制作用的原因可能是多方面的：首先，NO_3^- 可能与光催化反应过程中生成的 ·OH、h^+、$SO_4^-·$ 与 ·O_2^- 发生反应。随着 NO_3^- 浓度的增加，生成的低活性硝酸根自由基（$NO_3·$，$E^\ominus = 2 \sim 2.2\ V$）和亚硝酸根自由基（$NO_2·$）越来越多[60-61]，反应见式 (5-19)~式 (5-23)，这些自由基的活性低于 ·OH，从而降低了 SPM 的降解效率。其次，NO_3^- 在水体中的分解产生 NO_2^-，而 NO_2^- 可能与 SPM 分子及 $Fe_3O_4/ZSM-5/Sch$ 复合催化剂表面发生竞争性吸附，这不仅减少了催化剂表面的活性位点，而且还与 OH^-、H_2O 发生吸附竞争，降低了 ·OH 的生成[62]。此外，NO_3^- 在水溶液中受紫外光照射时能产生 ·OH，有助于提高催化效率。然而，NO_3^- 对紫外光的吸收作用相对较强，其吸收紫外光的效果类似于一个内在的惰性滤层，这会阻碍紫外光穿透溶液，从而降低了 ·OH 的产生效率[63]。

$$NO_3^- + h^+ \longrightarrow NO_3· \tag{5-19}$$

$$NO_3^- + SO_4^-· \longrightarrow NO_3· + SO_4^{2-} \tag{5-20}$$

$$NO_3^- + ·OH \longrightarrow NO_3· + OH^- \tag{5-21}$$

$$NO_3^- + h\nu \longrightarrow NO_2^- + ·O \tag{5-22}$$

$$NO_2^- + ·O_2^- + 2H^+ \longrightarrow NO_2· + OH^- \tag{5-23}$$

根据图 5-19 的数据，可以看出 $H_2PO_4^-$ 对 SPM 降解的抑制作用较 Cl^- 和 SO_4^{2-} 更为显著。当反应体系中 $H_2PO_4^-$ 的浓度分别为 0 mol/L、0.05 mol/L、0.1 mol/L、0.5 mol/L 时，180 min 后 SPM 的降解率分别为 95.20%、58.42%、57.81%、41.57%。随着 $H_2PO_4^-$ 浓度的增加，SPM 的降解率逐渐降低。这种降解率的减少

主要是由于 $H_2PO_4^-$ 在反应过程中捕获 ·OH 和 h^+，生成具有较弱氧化性的 $H_2PO_4·$ 自由基[64]，反应见式（5-24）和式（5-25），因此对 SPM 的降解产生抑制作用。此外，$H_2PO_4^-$ 还可能作为一种螯合剂，与溶液中可能存在的 HPO_4^{2-} 和 PO_4^{3-}（即使浓度较低）一起，通过其较强的吸附能力吸附在复合催化剂的表面[65]。这不仅阻挡了紫外光的穿透，减少了催化剂表面的活性位点，而且减少了 ·OH 的生成。同时，溶液中的 Fe^{2+} 和 Fe^{3+} 能迅速与 $H_2PO_4^-$ 形成沉淀，降低了体系中 Fe^{2+} 的浓度。形成的沉淀可能快速覆盖复合催化剂的表面[66]，从而阻碍了催化剂与 SPM 的接触。最后，$H_2PO_4^-$ 作为缓冲盐，还可能对溶液的 pH 值产生强烈的干扰[67]，进一步导致 SPM 的降解率降低。

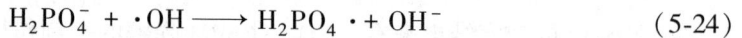

$$H_2PO_4^- + ·OH \longrightarrow H_2PO_4· + OH^- \tag{5-24}$$

$$H_2PO_4^- + h^+ \longrightarrow H_2PO_4· \tag{5-25}$$

综上所述，Cl^-、SO_4^{2-}、NO_3^-、$H_2PO_4^-$ 四种无机阴离子对 SPM 的降解均产生了不同程度的抑制作用，抑制作用从大到小依次为：$NO_3^- > H_2PO_4^- > SO_4^{2-} > Cl^-$。

5.3　本章小结

（1）利用化学浸渍法制备一种 Fe₃O₄/ZSM-5/Sch 复合光催化剂。采用 SEM、TEM、HRTEM、BET、XRD、FTIR、Zeta 电位、UV-vis DRS 对其进行表征，结果表明 Fe₃O₄、ZSM-5 和 Sch 成功合成了复合催化剂，且复合催化剂具有较好的光吸收特性。

（2）Fe₃O₄/ZSM-5/Sch/H₂O₂/UV 降解 SPM 的条件优化实验结果表明：当 SPM 初始浓度为 10 mg/L、pH 值未调、H_2O_2 浓度为 0.5 mmol/L、复合催化剂 Fe₃O₄/ZSM-5/Sch 投加量为 0.6 g/L 时，反应 180 min 后，SPM 的降解率可达 95.25%。

（3）Fe₃O₄/ZSM-5/Sch 复合催化剂作为非均相芬顿催化剂，不仅展现出了较高的催化性能，而且具有良好的结构和化学的稳定性。

（4）Cl^-、SO_4^{2-}、NO_3^-、$H_2PO_4^-$ 四种无机阴离子浓度越高，对 SPM 降解的抑制作用越明显，抑制作用从大到小依次为：$NO_3^- > H_2PO_4^- > SO_4^{2-} > Cl^-$。

参 考 文 献

[1] LIU P, WU Z, ABRAMOVA A V, et al. Sonochemical processes for the degradation of antibiotics in aqueous solutions: A review [J]. Ultrasonics Sonochemistry, 2021, 74: 105566.

[2] SUYANA P, GANGULY P, NAIR B N, et al. Structural and compositional tuning in g-C₃N₄ based systems for photocatalytic antibiotic degradation [J]. Chemical Engineering Journal

Advances, 2021, 8: 100148.

［3］ 岑霞, 程思宇, 石宗民, 等. 大环内酯类抗生素在饮用水处理过程中的污染特征及其氯化反应机制 [J/OL]. 环境科学. https: //doi. org/10. 13227/j. hjkx. 202209221

［4］ XIAN T, DI L J, SUN X F, et al. Photo-Fenton degradation of AO_7 and photocatalytic reduction of Cr(Ⅵ) over CQD-decorated $BiFeO_3$ nanoparticles under visible and NIR light irradiation [J]. Nanoscale Research Letters, 2019, 14 (36): 807-816.

［5］ LI W H, WU X F, LI S D, et al. Magnetic porous Fe_3O_4/carbon octahedra derived from iron-based metal-organic framework as heterogeneous Fenton-like catalyst [J]. Applied Surface Science, 2018, 436: 252-262.

［6］ CHEN F, HUANG H, ZENG C, et al. Achieving enhanced UV and visible light photocatalytic activity for ternary Ag/AgBr/$BiOIO_3$: Decomposition for diverse industrial contaminants with distinct mechanisms and complete mineralization ability [J]. ACS Sustainable Chemistry & Engineering, 2017, 5 (9): 7777-7791.

［7］ DANIEL G, MIERITZ, ADÈLE, et al. Unusual changes in electronic band-edge energies of the nanostructured transparent n-type semiconductor Zr-doped anatase TiO_2 ($Ti_{1-x}Zr_xO_2$; $x<0.3$) [J]. Inorganic Chemistry, 2016, 55 (13): 6574-6578.

［8］ XU Y, SCHOONEN M A A. The absolute energy positions of conduction and valence bands of selected semiconducting minerals [J]. American Mineralogist, 2000, 85 (3/4): 543-556.

［9］ PEARSON R G. Absolute electronegativity and hardness: Application to inorganic chemistry [J]. Inorganic Chemistry, 1988, 27 (4): 734-740.

［10］ 何楚城, 李晓飞, 祝紫莹, 等. 柠檬酸-施氏矿物复合体对 Cd 和 Pb 的吸附研究 [J]. 环境科学学报, 2021, 41 (12): 4793-4802.

［11］ 阮玉凤. 改性纳米四氧化三铁基催化剂催化氧化降解 4-氯苯酚的研究 [D]. 武汉: 中南民族大学, 2016.

［12］ CIHANOǦLU A, GÜNDÜZ G, DÜKKANCI M. Degradation of acetic acid by heterogeneous Fenton-like oxidation over iron-containing ZSM-5 zeolites [J]. Applied Catalysis B Environmental, 2015, 165: 687-699.

［13］ LIU B, SOONG W, ZHANG W, et al. Fe_3O_4@ CNT as a high-effective and steady chainmail catalyst for tetracycline degradation with peroxydisulfate activation: Performance and mechanism [J]. Separation and Purification Technology, 2021, 273: 118705.

［14］ LI T, CHEN Y, WANG X, et al. Modifying organic carbon in Fe_3O_4-loaded schwertmannite to improve heterogeneous Fenton activity through accelerating Fe(Ⅱ) generation [J]. Applied Catalysis B: Environmental, 2020, 285: 119830.

［15］ HONG X, ZHEN Z, JIA L, et al. Novel Fe-Mn-O nanosheets/wood carbon hybrid with tunable surface properties as a superior catalyst for Fenton-like oxidation [J]. Applied Catalysis B: Environmental, 2019, 259: 118058.

［16］ 马威, 王海宁, 张迎宾, 等. Fe 改性 ZSM-5 分子筛脱汞性能及机理研究 [J]. 化工管理, 2021, 2: 24-27.

[17] 李玲慧. Fe_3O_4@TiO_2 磁性纳米粒子的制备及吸附重金属性能研究 [D]. 北京：北京化工大学, 2017.

[18] VU T M, TRINH V T, DOAN D P, et al. Removing ammonium from water using modified corncob-biochar [J]. Science of the Total Environment, 2017, 579 (feb. 1): 612-619.

[19] 万晶晶. Shewanella oneidensis MR-1 对 Cr(Ⅵ)-施氏矿物的还原研究 [D]. 广州：华南理工大学, 2018.

[20] LUO L, DAI C, ZHANG A, et al. Evolution of iron species for promoting the catalytic performance of FeZSM-5 in phenol oxidation [J]. RSC Advances, 2016, 6 (39): 32789-32797.

[21] CIHANOĞLU A, GÜNDÜZ G, DÜKKANCI M. Degradation of acetic acid by heterogeneous Fenton-like oxidation over iron-containing ZSM-5 zeolites [J]. Applied Catalysis B: Environmental, 2015, 165: 687-699.

[22] DUKKANCI, MERAL, CIHANOGLU, et al. Degradation of acetic acid by heterogeneous Fenton-like oxidation over iron-containing ZSM-5 zeolites [J]. Applied Catalysis B. Environmental: An International Journal Devoted to Catalytic Science & Its Applications, 2015 (165): 687-699.

[23] JIANG S T, ZHU J Z, BAI S L, et al. Research on Fe-loaded ZSM-5 molecular sieve catalyst in high-concentration aniline wastewater treatment [J]. Desalination & Water Treatment, 2016, 57 (2): 791-798.

[24] BIGHAM J M, CARLSON L, MURAD E. Schwertmannite, a new iron oxyhydroxy-sulphate from Pyhasalmi, Finland, and other localities [J]. Mineralogical Magazine, 1994, 58: 641-648.

[25] 燕敏. 石墨烯/Fe_3O_4 复合材料的制备及其在水性金属防腐涂料中的应用研究 [D]. 兰州：西北师范大学, 2019.

[26] 周彦妮. ZSM-5 分子筛骨架铝分布及孔结构性质的调变 [D]. 北京：中国石油大学, 2020.

[27] YANG X, WANG F, WEI R, et al. Synergy effect between hierarchical structured and Sn-modified H [Sn, Al] ZSM-5 zeolites on the catalysts for glycerol aromatization [J]. Microporous and Mesoporous Materials, 2018, 257: 154-161.

[28] YAMAZAKI, HIROSHI, SHINODA, et al. Improvement in the catalytic properties of ZSM-5 zeolite nanoparticles via mechanochemical and chemical modifications [J]. Catalysis Science & Technology, 2016, 6 (8): 2598-2604.

[29] 黄婉怡. 纳米施氏矿物的制备及其用于原位修复 As(Ⅴ) 污染土壤的试验研究 [D]. 重庆：重庆大学, 2020.

[30] FAN C, GUO C, CHEN M, et al. Transformation of cadmium-associated schwertmannite and subsequent element repartitioning behaviors [J]. Environmental Science and Pollution Research, 2019, 26 (1): 617-627.

[31] 徐春波. 锂离子电池负极材料 Fe_3O_4 及其复合材料的合成与电化学性能研究 [D]. 哈尔

滨：哈尔滨工程大学，2016.

[32] FAN X, JIAO G, ZHAO W, et al. Magnetic Fe_3O_4-graphene composites as targeted drug nanocarriers for pH-activated release [J]. Nanoscale, 2013, 5: 1143-1152.

[33] 谭娜，卜龙利，高波，等. $ZnIn_2S_4$ 光催化降解水中痕量药物卡马西平的特性 [J]. 环境工程学报，2017，11（1）：223-229.

[34] SONG C, WANG X, ZHANG J, et al. Enhanced performance of direct Z-scheme CuS-WO_3 system towards photocatalytic decomposition of organic pollutants under visible light [J]. Applied Surface Science, 2017, 425 (dec. 15): 788-795.

[35] LI J, MIAO P, LI Z, et al. Hydrothermal synthesis of nanocrystalline H [Fe, Al] ZSM-5 zeolites for conversion of methanol to gasoline [J]. Energy Conversion and Management, 2015, 93: 259-266.

[36] LI T, LIANG J R, ZHOU L X. Fabricating Fe_3O_4-schwertmannite as a Z-scheme photocatalyst with excellent photocatalysis-Fenton reaction and recyclability [J]. Journal of Environmental Sciences, 2020, 98 (12): 186-195.

[37] 王云波，谭万春. 沸石的结构特征及在给水处理中的应用 [J]. 净水技术，2007，2：21-24，60.

[38] 张建民，强朦朦，李红玑，等. 多级孔 ZrO_2/TiO_2/ZSM-5 分子筛的合成及吸附-光催化协同性能 [J]. 水处理技术，2022，48（8）：35-38，43.

[39] YAN Y Q, ZHANG X Y, WEI J H, et al. Understanding the iron-cobalt synergies in ZSM-5: Enhanced peroxymonosulfate activation and organic pollutant degradation [J]. ACS Omega, 2022, 7 (21): 17811-17821.

[40] LI T, WANG X, CHEN Y, et al. Producing $\cdot OH$, $SO_4^-\cdot$ and $\cdot O_2^-$ in heterogeneous Fenton reaction induced by Fe_3O_4-modified schwertmannite [J]. Chemical Engineering Journal, 2020, 393: 124735.

[41] GAO X A, YANG X B, GUO Q A, et al. Enhanced photocatalytic performance of BiOCl for carbamazepine degradation by coupling H-ZSM-5 and modifying phosphate groups: Improved charge separation efficiency with high redox ability [J]. Journal of the Taiwan Institute of Chemical Engineers, 2019, 104: 301-309.

[42] WANG F L, WU Y L, WANG Y F, et al. Construction of novel Z-scheme nitrogen-doped carbon dots/{001}TiO_2 nanosheet photocatalysts for broad-spectrum-driven diclofenac degradation: Mechanism insight, products and effects of natural water matrices [J]. Chemical Engineering Journal, 2019, 356: 857-868.

[43] WANG G, LIU H, WANG J, et al. Pretreatment of spiramycin fermentation residue by thermally activated peroxydisulfate for improving biodegradability: Insights into matrix disintegration and antibiotics degradation [J]. Chemical Engineering Journal, 2022, 427: 130973.

[44] 常海莎，闫豫君，鲁建江，等. 螺旋霉素在水溶液中的光降解 [J]. 环境化学，2018，37：1343-1350.

[45] GONG C, CHEN F, YANG Q, et al. Heterogeneous activation of peroxymonosulfate by Fe-Co layered doubled hydroxide for efficient catalytic degradation of Rhoadmine B [J]. Chemical Engineering Journal, 2017, 321: 222-232.

[46] 曹煜彬, 杨洪晓, 朱祥伟. 高级氧化工艺降解水体中 PPCPs 的研究进展 [J]. 水处理技术, 2017, 43 (6): 18-23.

[47] 舒弋芮, 张攀, 王玮, 等. 钛白副产硫酸亚铁光芬顿氧化降解甲基橙的研究 [J]. 无机盐工业, 2021, 53 (3): 68-72.

[48] 张思月. Fenton 体系氧化机理及其对甲基橙降解特性的研究 [D]. 天津: 天津科技大学, 2014.

[49] 王缘. Fe_3O_4/HNTs 复合材料的制备及其 Fenton 反应机理研究 [D]. 哈尔滨: 哈尔滨理工大学, 2020.

[50] 何洁. 纳米 Fe_3O_4 的非均相 Fenton 反应动力学过程和微界面机制 [D]. 北京: 中国科学院大学, 2015.

[51] 王琳. 沸石负载四氧化三铁基于微波-UV 装置降解甲基紫废水 [D]. 南京: 南京大学, 2012.

[52] XU M, ZHOU H, WU Z, et al. Efficient degradation of sulfamethoxazole by $NiCo_2O_4$ modified expanded graphite activated peroxymonosulfate: Characterization, mechanism and degradation intermediates [J]. Journal of Hazardous Materials, 2020, 399: 123103.

[53] BUXTON G V, GREENSTOCK C L, HELMAN W P, et al. Critical review of rate constants for reactions of hydrated electrons, hydrogen atoms and hydroxyl radicals ($\cdot OH/ \cdot O$) in aqueoussolution [J]. Journal of Physical and Chemical Reference Data, 1988, 17 (2): 513-886.

[54] 李永涛, 赖连珏, 岳东. 无机阴离子对热活化过硫酸盐体系中降解 MDEA 模拟废水的影响 [J]. 环境工程学报, 2018, 12 (3): 788-795.

[55] 徐君君, 张熙茹, 杜义平, 等. UV/Cu_2O/H_2O_2 耦合强化降解左旋氧氟沙星 [J]. 环境化学, 2021, 40 (5): 1342-1351.

[56] 廖朱玮. 基于过渡金属氧化物/类水滑石活化过硫酸盐降解有机污染物的研究 [D]. 武汉: 华中科技大学, 2019.

[57] 朱湖波, 汪蔷薇, 倪金雷, 等. 常见阴离子对 TiO_2/H_2O_2/O_3 体系氧化效能的影响 [J]. 环境工程学报, 2016, 10 (8): 4172-4176.

[58] LAAT J D, LE G T, LEGUBE B. A comparative study of the effects of chloride, sulfate and nitrate ions on the rates of decomposition of H_2O_2 and organic compounds by Fe(Ⅱ)/H_2O_2 and Fe(Ⅲ)/H_2O_2 [J]. Chemosphere, 2004, 55 (5): 715-723.

[59] LI X, LIU X, LIN C, et al. Enhanced activation of periodate by iodine-doped granularactivated carbon for organic contaminant degradation [J]. Chemosphere, 2017, 181: 609-618.

[60] SBARDELLA L, VELO-GALA I, COMAS J, et al. The impact of wastewater matrix on the degradation of pharmaceutically active compounds by oxidation processes including ultraviolet radiation and sulfate radicals [J]. Journal of Hazardous Materials, 2019, 380: 120869.

［61］ CARABIN A,DROGUI P, ROBERT D. Photocatalytic oxidation of carbamazepine: Application of an experimental design methodology ［J］. Water, Air, & Soil Pollution. 2016, 227 （4）: 1-16.

［62］ 王炎锋，许赞，王华丽，等 . CuO/SnO₂/壳聚糖复合材料光催化降解猩红 B 研究 ［J］. 台州学院学报，2013, 35 （3）: 21-26.

［63］ MARTIN S,FRITZ H F. Photochemical degradation of hydrophilic xenobiotics in the UV/H₂O₂ process: Influence of nitrate on the degradation rate of EDTA, 2-amino-1-naphthalenesulfonate, diphenyl-4-sulfonate and 4, 4′-diaminostilbene-2, 2′-disulfonate ［J］. Water Research, 1997, 31 （11）: 2885-2891.

［64］ ZHAO C,WANG Z, WANG C, et al. Photocatalytic degradation of DOM in urban stormwater runoff with TiO₂ nanoparticles under UV light irradiation: EEM-PARAFAC analysis and influence of co-existing inorganic ions ［J］. Environmental Pollution, 2018, 243: 177-188.

［65］ ABDELHALEEM A,CHU W. Photodegradation of 4-chlorophenoxyacetic acid under visible LED activated N-doped TiO₂ and the mechanism of stepwise rate increment of the reused catalyst ［J］. Journal of Hazardous Materials, 2017, 338: 491-501.

［66］ NIE M, YAN C, LI M, et al. Degradation of chloramphenicol by persulfate activated by Fe²⁺ and zerovalent iron ［J］. Chemical Engineering Journal, 2015, 279: 507-515.

［67］ XU M, LI J, YAN Y, et al. Catalytic degradation of sulfamethoxazole through peroxymonosulfate activated with expanded graphite loaded CoFe₂O₄ particles ［J］. Chemical Engineering Journal, 2019, 369: 403-413.

6 Fe_3O_4/ZSM-5/Sch 催化光芬顿反应降解 SPM 的催化机理研究

近年来，异相光芬顿法作为 AOPs 中的一种常用技术，因其在处理难降解有机污染物上的高效性而受到科研人员的高度关注。因此，采用施氏矿物、针铁矿、磁铁矿等铁含量丰富的矿物作为铁基固体催化剂的策略也日益受到重视。与传统的芬顿反应中使用的铁离子不同，异相光芬顿技术主要利用固体催化剂，在紫外光照射下与 H_2O_2 相结合产生具有高氧化能力的体系，这不仅继承了均相光芬顿技术的优点，同时还解决了传统芬顿法的一些局限性[1]。尽管目前关于使用异相光芬顿反应降解 SPM 的研究较少，对其降解机制和产物的探究更是稀缺。但根据现有文献[2-3]，在异相光芬顿过程中，催化剂表面催化作用、铁离子的溶出作用及高价铁的氧化作用是被公认的主要反应机制，其中表面催化机制尤为受到广泛认可。

第 5 章的研究成果揭示了采用化学浸渍法合成的 Fe_3O_4/ZSM-5/Sch 作为催化剂，在异相光芬顿法中去除 SPM 显示出优秀的降解能力。然而，在降解过程中的具体作用机制尚未明确，需要进一步的研究来阐明。因此，本章深入探讨了在反应过程中 TFe、Fe^{2+}、Fe^{3+}、H_2O_2 浓度以及 TOC 去除率，同时对比了均相光芬顿反应和异相光芬顿反应在 SPM 降解方面的效果。通过测试 Fe_3O_4/ZSM-5/Sch 催化剂的表面铁再生性、电子-空穴对的分离效率以及还原能力，利用自由基淬灭实验和电子顺磁共振（EPR）技术确定了反应体系中自由基的类型并综合分析了 Fe_3O_4/ZSM-5/Sch 在光芬顿反应中降解螺旋霉素的机理。此外，通过监测 SPM 反应过程中的中间产物，并探讨了可能的降解路径。

6.1 材料与方法

6.1.1 实验试剂与仪器

6.1.1.1 实验试剂

实验所需原料与试剂详见 3.1.1 节、4.1.1 节与 5.1.1 节，新增试剂见表 6-1。

表 6-1 实验试剂

试剂名称	分子式	纯度	生产厂家
硝酸银	$AgNO_3$	分析纯	阿拉丁
苯醌	$C_6H_4O_2$	分析纯	阿拉丁

6.1.1.2 实验仪器

实验和材料表征所需仪器详见 2.1.1 节、4.1.1 节和 5.1.1 节，新增实验仪器设备见表 6-2。

表 6-2 实验仪器设备

名 称	型 号	厂 家
电化学工作站	CHI600E	上海辰华仪器有限公司
光致发光光谱仪	Fluoromax-4NIR	法国 HORIBA 公司
液相色谱–质谱联用	TSQ QUANTUM ACCESS MAX	美国赛默飞世尔公司

6.1.2 Fe_3O_4/ZSM-5/Sch 催化光芬顿反应降解 SPM 的机理研究实验

6.1.2.1 催化反应体系中 H_2O_2 浓度与 TOC 去除率的动态变化

配制 10 mg/L 浓度的 SPM 溶液。向 60 mL 石英光催化瓶中加入 50 mL SPM 溶液，加入 Fe_3O_4/ZSM-5/Sch 复合催化剂使其浓度为 0.6 g/L。对含有催化剂的溶液进行 2~3 min 超声波处理。向处理后的溶液中加入 30%体积比 H_2O_2 使其浓度为 0.5 mmol/L。将反应溶液置于多通道光催化反应仪中，进行光照处理。温度设置为（25±3）℃，紫外光电流强度保持在 100%。分别在一定时间点进行取样测试，并用 0.45 μm 滤头过滤以去除催化剂，滤液用于测定 H_2O_2 的浓度和 TOC 的动态变化。每组实验设置 3 个平行重复。

6.1.2.2 催化反应体系中 TFe、Fe^{2+} 和 Fe^{3+} 浓度的测定

具体实验过程见 6.1.2.1 节。实验启动后，分别在 0 min、30 min、60 min、90 min、150 min、180 min 时取样测试，并加入一定量甲醇进行淬灭，用 0.45 μm 滤头过滤以去除催化剂，分别取 1.5 mL 测定反应液中的 TFe、Fe^{2+}、Fe^{3+} 浓度。每组实验设置 3 个平行重复。

6.1.2.3 溶出铁催化的均相光芬顿反应对 SPM 降解率的影响

根据铁离子浓度测定结果可知，反应体系中 Fe^{3+} 的浓度为 0.22 mg/L，配制 0.22 mg/L 的 Fe^{3+} 溶液，在最佳的反应条件下，加入 50 μL Fe^{3+} 溶液，将反应体系置于多通道光催化反应仪中开始光照，加入 30%体积比 H_2O_2 使其浓度为 0.5 mmol/L；进行反应，温度设置为（25±3）℃，紫外光电流强度为 100%，分别在

0 min、30 min、60 min、90 min、150 min、180 min 时取样测试，并加入一定量甲醇进行淬灭，用 0.45 μm 滤头过滤以去除催化剂，在波长 232 nm 处测吸光度值。每组实验设置 3 个平行重复。

6.1.2.4　反应前后 Fe₃O₄/ZSM-5/Sch 表面铁的价态分布

配制 10 mg/L 的 SPM 溶液，在条件优化实验中选择的最佳条件下，称取 0.6 g/L 的 Fe₃O₄/ZSM-5/Sch，不调节溶液 pH 值，超声 2~3 min 后，加入 30% 体积比 H_2O_2 使其浓度为 0.5 mmol/L。将反应体系置于多通道光催化反应仪中开始光照进行反应，温度设置为（25±3）℃，紫外光电流强度为 100%，反应 180 min 后，过滤收集催化剂，洗涤后自然风干至恒重，将反应前后的复合催化剂做 X-射线光电子能谱分析，探究反应前后 Fe₃O₄/ZSM-5/Sch 复合催化剂表面铁价态分布的变化情况。

6.1.2.5　自由基淬灭实验

配制 10 mg/L 的 SPM 溶液，不调节溶液 pH 值，分别称取一定量的 Fe₃O₄/ZSM-5/Sch 复合催化剂（浓度 0.6 g/L），放入光反应瓶中，再分别加入 50 mL 含 20% 甲醇、20% 叔丁醇、0.5 mmol/L 苯醌、0.5 mmol/L 硝酸银、10 mmol/L 碘化钾的 SPM 溶液（10 mg/L），超声 2~3 min 后，置于多通道光催化反应仪中开始光照，并加入 30% 体积比 H_2O_2 使其浓度为 0.5 mmol/L；开始反应，温度设置为（25±3）℃，紫外光电流强度设置为 100%，分别在 0 min、30 min、60 min、90 min、150 min、180 min 时取样过滤测试，取出的样品用 0.45 μm 滤头去除催化剂，滤液在紫外波长 232 nm 处测定其吸光度值。每组实验设置 3 个平行重复。

6.1.2.6　Fe₃O₄/ZSM-5/Sch 催化光芬顿反应降解 SPM 中间产物的监测

向 60 mL 石英光催化瓶中加入 50 mL SPM 溶液，加入一定量的 Fe₃O₄/ZSM-5/Sch 复合催化剂使其浓度为 0.6 g/L。对含有催化剂的溶液进行 2~3 min 超声波处理。向处理后的溶液中加入 30% 体积比 H_2O_2 使其浓度为 0.5 mmol/L。将反应溶液置于多通道光催化反应仪中，温度设置为（25±3）℃，紫外光电流强度为 100%，取出的样品用 0.22 μm 滤头去除催化剂，立即加甲醇终止反应，进行 LC-MS 分析。

6.1.3　测定方法

6.1.3.1　Fe²⁺ 与 TFe(总铁) 浓度的测定方法

Fe²⁺ 与总铁的测定方法见 2.1.4 节。

6.1.3.2　H_2O_2 浓度的测定方法

H_2O_2 的测定方法见 4.1.3 节。

6.1.3.3　TOC 去除率的测定方法

TOC 去除率的测定方法见 4.1.3 节。

6.1.3.4　XPS 测试条件

XPS 测试条件见 3.1.3 节。

6.1.3.5　荧光光谱分析

荧光光谱分析（PL）是利用光照辐射激发材料而产生荧光，通过对其荧光的测量来评价和分析该光催化材料的光学特性及电荷载流子分离效率。将少量样品置于专用载物片上压实，根据紫外-可见漫反射测出的最大波长值来设定样品的激发波长。

6.1.3.6　电化学工作站

在 CHI 660E 电化学工作站进行电化学交流阻抗谱（EIS）、循环伏安曲线（CV）以及瞬态光电流响应测试。Pt 电极作为辅助电极，Ag/AgCl 电极作为参比电极，涂有样品的 FTO 导电玻璃作为工作电极。测试过程中使用 0.1 mol/L 的 Na_2SO_4 溶液作为电解质溶液，工作电极与电解质溶液的接触面积为 1 cm^2。

EIS 的开路电位为 $1 \sim 10^4$ Hz，电压振幅为 10 mV；CV 曲线的扫描范围为 0.3~1.0 V；瞬态光电流响应测试采用 35 W 的氙灯作为可见光源，其光照强度达到 67 mW/cm^2。

6.1.3.7　电子顺磁共振波谱测试条件

EPR 测试条件见 3.1.3 节。

6.1.3.8　LC-MS 测试条件

采用液相色谱-质谱仪联用（LC-MS）测定 SPM 的降解中间体。采用 Agilent SB-C18 色谱柱（4.6 mm×150 mm，5 μm）进行 SPM 和中间转化产物的分离，SB-C18 柱在使用前用等比例溶剂洗脱 30 min，操作过程中柱温保持在（30±5）℃，总运行时间为 10.5 min。

液相条件：采用梯度流动相洗脱，流动相为 0.2%甲酸水溶液（A）和甲醇溶液（B）（$V_A : V_B = 7 : 3$），流速为 1 mL/min，检测器波长为 232 nm，样品需使用 0.22 μm 滤膜过滤，进样体积为 20 μL。

质谱条件：质谱仪配备安捷伦射流电喷雾离子源（ESI），仪器在产生 [M+H]$^+$ 和 [M+2H]$^{2+}$ 的正离子模式下工作。所用气体均为氮气。检测质量范围质荷比（m/z）设置为 100~1000。

6.1.4　计算方法

6.1.4.1　SPM 降解速率计算

采用伪一级动力学模型拟合 SPM 降解速率公式为：

$$- \ln(C_t / C_0) = k \cdot t \qquad (6\text{-}1)$$

式中，C_t 为反应 t min 后 SPM 的浓度，mg/L；C_0 为 SPM 初始浓度，mg/L；k 为准一级反应速率常数，min^{-1}；t 为反应时间，min。

6.1.4.2 各种自由基在降解反应中的贡献率计算

·OH, ·O$_2^-$, h$^+$, e$^-$ 和 SO$_4^-$· 在降解反应中的贡献率（η）由式（6-2）~式（6-6）计算：

$$\eta_1 = \left[\left(k_{空白} - k_{叔丁醇} \right) / k_{空白} \right] \times 100\% \tag{6-2}$$

$$\eta_2 = \left[\left(k_{空白} - k_{苯醌} \right) / k_{空白} \right] \times 100\% \tag{6-3}$$

$$\eta_3 = \left[\left(k_{空白} - k_{碘化钾} \right) / k_{空白} \right] \times 100\% \tag{6-4}$$

$$\eta_4 = \left[\left(k_{空白} - k_{硝酸银} \right) / k_{空白} \right] \times 100\% \tag{6-5}$$

$$\eta_5 = \left[\left(k_{空白} - k_{甲醇} \right) / k_{空白} \right] \times 100\% - \eta_1 \tag{6-6}$$

式中，η_1，η_2，η_3，η_4 和 η_5 分别为 ·OH，·O$_2^-$，h$^+$，e$^-$ 和 SO$_4^-$· 的贡献百分数。

6.2 结果与讨论

6.2.1 催化反应过程中 H$_2$O$_2$、TOC、TFe、Fe^{2+}、Fe^{3+} 的浓度测定

氧化剂的浓度变化与生成的自由基浓度紧密相连，这一关系直接影响到有机污染物的矿化水平。同时，TOC 的高去除率表明矿化程度的提高，这意味着释放到环境中的中间产物的潜在毒性降低，因而可以认为高矿化度指向了一个更为安全的反应过程[4]。催化反应过程中 H$_2$O$_2$、TOC 的动态变化情况如图 6-1 所示。在反应开始至 180 min 的时间段内，H$_2$O$_2$ 的浓度迅速下降，从起始的 0.5 mmol/L 减少到 0.02 mmol/L，与此同时，Fe$_3$O$_4$/ZSM-5/Sch/H$_2$O$_2$/UV 光照体系的 TOC 去除率达到了 14.61%。这一现象表明，随着反应的进行，≡Fe^{2+} 和≡Fe^{3+} 不断活化 H$_2$O$_2$，生成大量的 ·OH 以矿化 SPM 分子。当反应时间进一步延长至 480 min 时，溶液中的 H$_2$O$_2$ 几乎完全消耗殆尽，TOC 的去除率提高到了 23.45%，这是由于溶液中剩余的 ·OH 继续矿化 SPM。当反应时间增至 600 min，尽管 H$_2$O$_2$ 的浓度接近零，矿化率却没有进一步提升，这可能是因为体系中已不再生成新的 ·OH 来进一步降解 SPM 及其降解产物。

Fe(Ⅱ) 的生成是判断体系内光生电子促进 Fe(Ⅲ) 到 Fe(Ⅱ) 循环的关键因素。随着反应进行，催化剂表面会释放部分铁到溶液中，溶液中的 Fe^{3+} 再生成为 Fe^{2+}，从而增强了对 H$_2$O$_2$ 的活化作用，进而生成更多的 ·OH[5]。在催化反应过程中，TFe、Fe^{2+}、Fe^{3+} 的浓度变化如图 6-2 所示。在最优条件下进行的实验中，观察到溶液中 TFe 和 Fe^{3+} 的浓度逐步上升，而 Fe^{2+} 的浓度则先增加后略有下降，其在 60 min 时达到峰值，浓度为 0.069 mg/L。这种变化表明，SPM 的降解过程可能既涉及了异相反应机制，也包含了均相反应机制的特点。

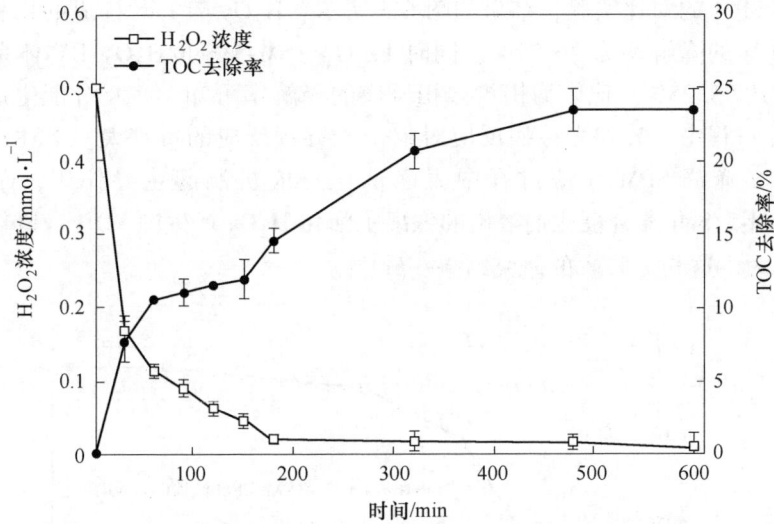

图 6-1 催化反应过程中 H_2O_2 浓度和 TOC 去除率的动态变化

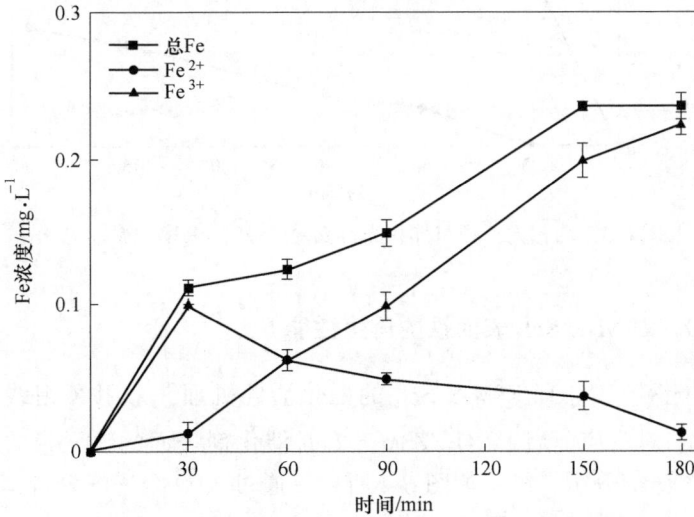

图 6-2 催化反应过程中总 Fe、Fe^{2+} 和 Fe^{3+} 浓度的动态变化

6.2.2 异相和均相光芬顿反应过程中 SPM 降解效果的对比

为进一步探究在 Fe_3O_4/ZSM-5/Sch 复合催化剂光催化 H_2O_2 反应降解 SPM 过程中，溶出铁与 H_2O_2 构成的均相光芬顿反应对 SPM 降解的贡献大小，选择 Fe^{3+}

溶出浓度最大值（反应 180 min 时，浓度为 0.22 mg/L）进行均相与异相光芬顿反应降解 SPM 的对比实验，结果如图 6-3 所示。H_2O_2 与 Fe^{3+} 构成的均相芬顿反应中对 SPM 的降解率为 26.77%，同时 Fe_3O_4/ZSM-5/Sch/H_2O_2/UV 体系中 SPM 的降解率达 95.25%。比较均相与异相反应的降解率可知，在复合催化剂光芬顿降解 SPM 过程中，异相光芬顿反应对整个光芬顿反应的贡献大。上述反应的结果表明，在降解 SPM 反应过程中表面催化反应机制起主导作用，而依赖于 Fe_3O_4/ZSM-5/Sch 复合催化剂溶出的铁离子活化 H_2O_2 产生的 ·OH 在降解过程中的贡献不大，这与孟晓青的研究结果一致[6]。

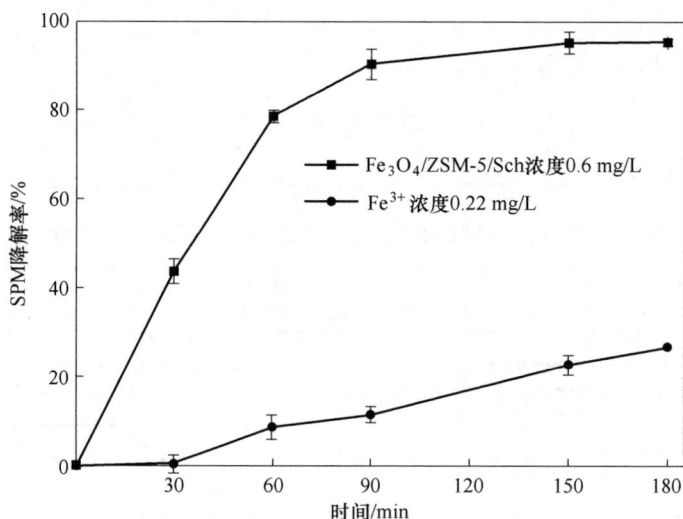

图 6-3　均相光芬顿与异相光芬顿对 SPM 降解率的影响对比

6.2.3　Fe_3O_4/ZSM-5/Sch 表面铁的再生性能

为进一步探究 Fe_3O_4/ZSM-5/Sch 的催化活性机理，采用 X 射线光电子能谱（XPS）技术，对反应前后 Fe_3O_4/ZSM-5/Sch 催化剂表面的铁元素的组成及其化学状态进行了详细分析，结果如图 6-4 所示。通过 XPS 全谱图分析，可以清楚地识别出 O、Al、Si、S 和 Fe 等元素的存在。

图 6-5 是反应前、反应后 Fe_3O_4/ZSM-5/Sch 表面 Fe 2p 的 XPS 谱图。在 711.23 eV 和 725.11 eV 位置的峰值，这些峰值对应于 Fe^{2+} 的结合能[7-8]，分别标识 Fe $2p_{1/2}$ 和 Fe $2p_{2/3}$ 轨道，且这两个峰的面积比为 1∶2[9]。在反应前，Fe $2p_{3/2}$ 的图谱可以进一步分裂为 710.89 eV 和 712.87 eV 的两个单峰，这表明 Fe_3O_4/ZSM-5/Sch 催化剂表面的铁元素处于不同的化学环境中，710.89 eV 的峰对应于

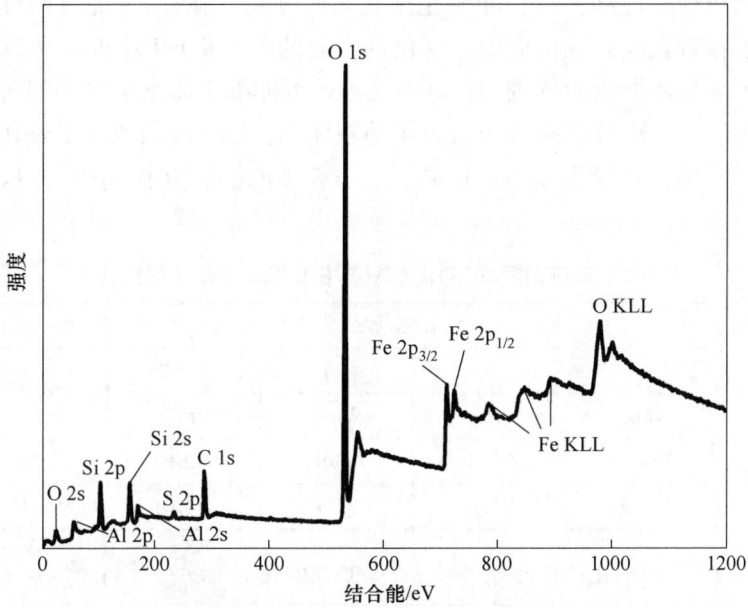

图 6-4 Fe₃O₄/ZSM-5/Sch 的 XPS 全谱图

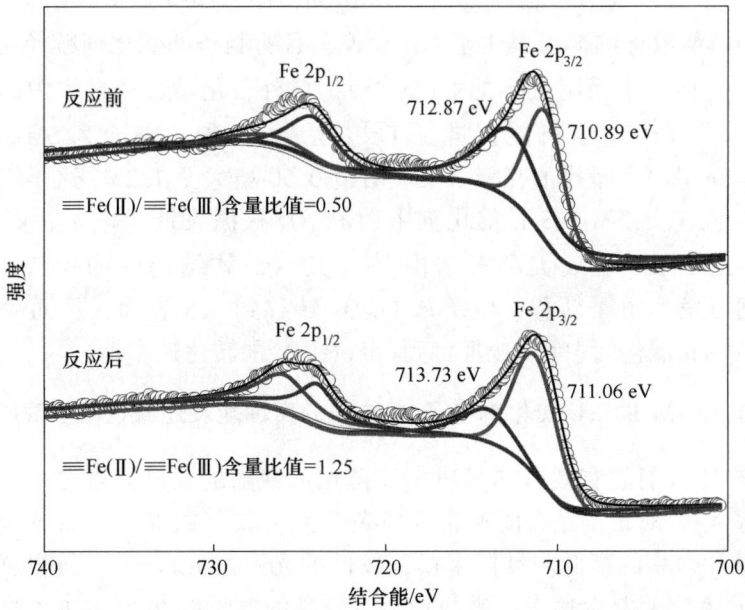

图 6-5 彩图

图 6-5 Fe₃O₄/ZSM-5/Sch 反应前后 Fe 2p XPS 谱图

≡Fe(Ⅱ) 而 712.87 eV 的峰则对应于≡Fe(Ⅲ)[10]。反应后，Fe $2p_{3/2}$的两个单峰的结合能出现了位移，结合能变化见表 6-3，向更高的结合能方向移动，这一变化可能意味着在光芬顿反应中，催化剂表面的 Fe(Ⅱ)/Fe(Ⅲ) 可发生相互转换，促进了氧化还原反应的进行。这一位移还可能源于体系中电子的转移，电子可能从 Sch 和 Fe_3O_4 转移到 ZSM-5 分子筛载体上，这一过程改变了催化活性中心的表面电子结构，并增强了 Sch 和 Fe_3O_4 与载体间的相互作用[11]，从而提高了催化活性。

表 6-3　反应前后 Fe_3O_4/ZSM-5/Sch 表面铁离子的结合能

项　目	结合能/eV				占比/%	
	Fe^{2+}		Fe^{3+}		≡Fe^{2+}	≡Fe^{3+}
	$2p_{1/2}$	$2p_{3/2}$	$2p_{1/2}$	$2p_{3/2}$		
反应前	724.17	710.89	727.66	712.87	33.35	66.65
反应后	723.99	711.69	725.97	713.01	55.64	44.36

通过对 Fe 2p 谱图的分峰拟合分析，研究发现反应后 Fe_3O_4/ZSM-5/Sch 表面的 Fe(Ⅱ) 比例从反应前的 33.35% 增加到 55.64%，而 Fe(Ⅲ) 比例则从 66.65% 减少到 44.36%，这一变化说明在反应过程中确实发生了 Fe(Ⅱ) 与 Fe(Ⅲ)间的氧化还原反应。这可能是因为在 Fe_3O_4/ZSM-5/Sch 的制备过程中，Fe_3O_4 与 $FeSO_4$ 溶液中的 Fe^{2+} 发生了离子交换，且所制备的催化剂粒径越小，就越容易从 $FeSO_4$ 溶液中吸附更多的 Fe^{2+}[12-13]。此外，化学合成过程中的芬顿反应和额外加入的 Fe_3O_4 也可能促进了 Fe^{3+} 向 Fe^{2+} 还原。Fe_3O_4/ZSM-5/Sch 的 ≡Fe(Ⅱ)/≡Fe(Ⅲ) 含量比值在降解反应后由 0.50 增大至 1.25，这是因为在紫外光照射下，Fe_3O_4/ZSM-5/Sch 催化剂中的 Fe_3O_4 被激发产生电子，而 Fe_3O_4/ZSM-5/Sch 中的 Fe_3O_4 呈反尖晶石结构[14]，其八面体结构中的 ≡Fe(Ⅱ) 和 ≡Fe(Ⅲ) 间可发生电子转移，电子从 Fe_3O_4 转移到 Sch 表面，从而可以加速 Fe_3O_4/ZSM-5/Sch 催化剂中≡Fe(Ⅲ) 到≡Fe(Ⅱ) 的转化速率。

6.2.4　Fe_3O_4/ZSM-5/Sch 催化剂电子-空穴的分离性能及还原性能提高机制

光生电子-空穴对的有效分离是决定光催化剂性能的关键因素之一。研究指出，光生电子-空穴对重新结合时通常会以荧光的形式释放能量，而荧光的强度直接关联到催化效率的高低。具体来说，较低的光致发光（PL）强度意味着较低的光生电子-空穴对复合速率，进而指示了较高的电子-空穴对分离效率，这对提升催化剂的催化活性是有利的[15]。

通过对 Fe_3O_4、Sch、ZSM-5、Sch/ZSM-5 和 Fe_3O_4/ZSM-5/Sch 进行 PL 光谱

测试了解光生载流子复合速率大小变化，结果如图 6-6 所示。结果显示，ZSM-5 在 394 nm 处的发射峰具有最高的荧光强度，而 Sch 在同一波长下也展现出较高的荧光强度。当 Sch 与 ZSM-5 结合形成 Sch/ZSM-5 复合材料后，其荧光强度有所下降，这表明光生载流子的复合速率降低，从而光催化效率得到了一定的提升。进一步地，Fe_3O_4 在 397 nm 处也表现出较高的荧光发射峰，但在加入 Fe_3O_4 形成 Fe_3O_4/ZSM-5/Sch 复合催化剂后，发光峰强度显著减弱。这一变化表明，Fe 物种的加入有效抑制了光生电子-空穴对的复合速率，而异质结构的形成进一步增强了复合催化剂内部光生电子-空穴对的分离效率[16]，从而更有效地提升了复合催化剂的光催化活性。

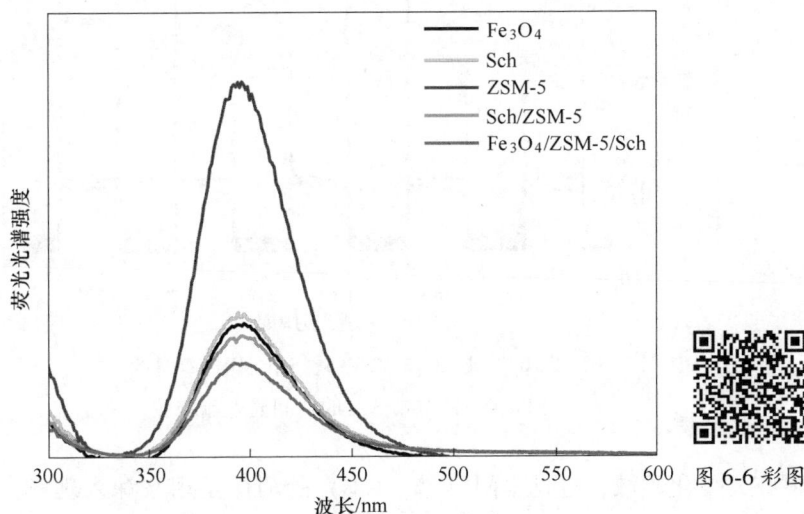

图 6-6　Fe_3O_4、ZSM-5、Sch、Sch/ZSM-5、
Fe_3O_4/ZSM-5/Sch 的 PL 谱图测试结果对比

　　瞬态光电流响应测试是评估光催化剂性能的重要方法之一，它不仅可以揭示光催化剂的电荷分离效率和电子传输速度，而且还能反映材料系统的稳定性[17]。从图 6-7 中可以看到，Fe_3O_4、Sch、ZSM-5、Sch/ZSM-5、Fe_3O_4/ZSM-5/Sch 催化剂在光照启动时均能立即产生光电流，并在达到一定值后维持稳定状态；关闭光源后，光电流迅速降至最低。其中，Fe_3O_4、Sch、ZSM-5 的光电流响应较低，表明这些材料中光生电子-空穴的复合现象较为严重。相比之下，复合催化剂 Sch/ZSM-5 和 Fe_3O_4/ZSM-5/Sch 展现出更强的光响应电流密度，这表明 ZSM-5 在促进光生电子-空穴分离过程中起着关键作用。ZSM-5 分子筛作为电子给体或受体，有助于提高载流子的分离效率并延迟电子-空穴对的重组[18]。特别是加入 Fe_3O_4 后，Fe_3O_4/ZSM-5/Sch 显示出最高的光响应电流密度，暗示内部发生了快速的电

荷转移过程。这一现象可能是因为 ZSM-5 分子筛能够促使 Fe_3O_4 的带隙激发电子离域，从而最小化光生电子-空穴的复合，并有利于光诱导的电子转移反应[19]。此外，Fe_3O_4/ZSM-5/Sch 催化剂在经历多次遮光和光照循环后，其光电流曲线没有显示出明显的衰减趋势，这表明该复合材料具有良好的稳定性。

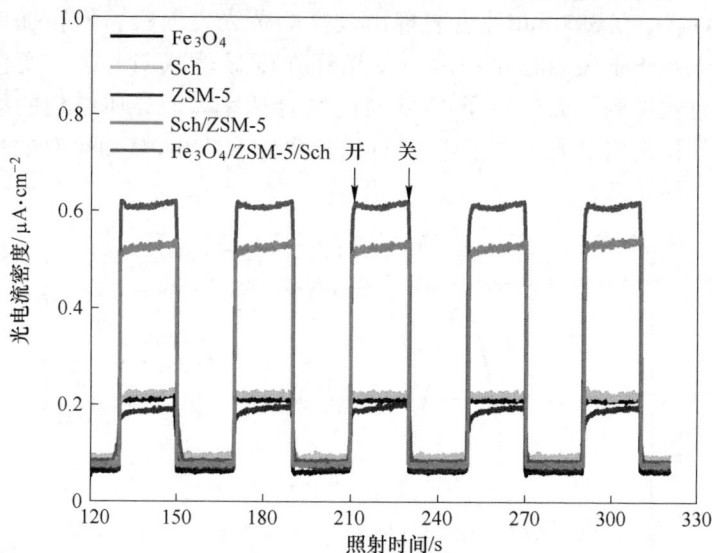

图 6-7　Fe_3O_4、ZSM-5、Sch、Sch/ZSM-5、
Fe_3O_4/ZSM-5/Sch 的瞬间光电流响应

图 6-7 彩图

　　在光催化领域，电化学阻抗谱（EIS）的测量是用来深入理解光生电子转移情况的有效手段。Nyquist 图中的曲线半径大小能够反映出材料在固体界面处的电荷转移电阻，即材料对电子-空穴分离效率和表面电荷转移的阻力大小[20]。通常情况下，曲线的半径越小，表示电荷转移阻力越低，意味着电极表面的电子传输阻力更小，光生电子的迁移速度就越快。

　　根据图 6-8 中的数据，可以看出五种材料的 Nyquist 曲线半径从大到小依次为：ZSM-5、Fe_3O_4、Sch、Sch/ZSM-5、Fe_3O_4/ZSM-5/Sch。其中，Fe_3O_4/ZSM-5/Sch 具有最小的圆弧半径，说明其在电解质界面处具有最低的电荷转移电阻和最高的电导率，从而具备较低的电子传输阻力和最快的电子迁移速率；也说明 Fe_3O_4 的加入显著提高了光生电子的分离速度及电子的转移速率，降低了光生电子与空穴的复合可能性，从而有利于提高光催化剂的光催化活性，这与 PL 和瞬态光电流响应分析结果一致。

　　光催化降解过程中，强大的氧化还原能力是关键，因为氧化还原反应仅在空穴的氧化电位高于目标污染物，以及电子的还原电位低于目标污染物或吸附氧时发生。循环伏安（CV）法是用于评估异相芬顿催化反应中氧化还原能力的有效

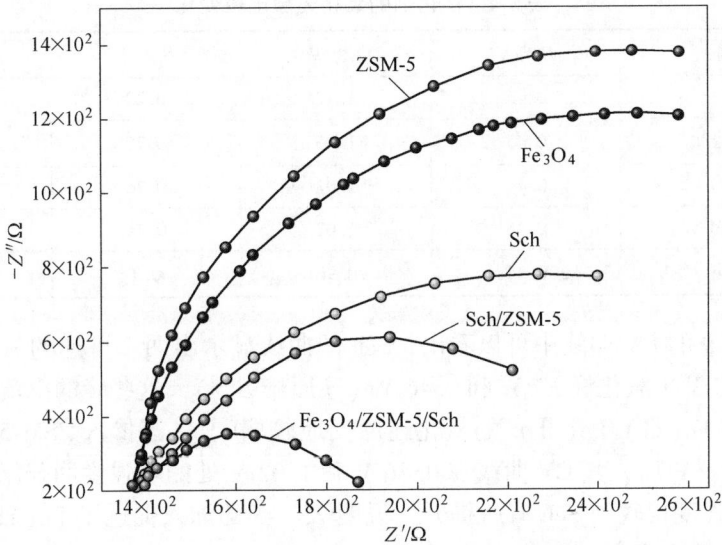

图 6-8 Fe_3O_4、ZSM-5、Sch、Sch/ZSM-5、Fe_3O_4/ZSM-5/Sch 的阻抗曲线图

方法，通过分析 Fe_3O_4、Sch、ZSM-5、Sch/ZSM-5、Fe_3O_4/ZSM-5/Sch 的循环伏安曲线和氧化还原电位变化，可以深入了解这些材料的氧化还原特性，结果如图 6-9 和表 6-4 所示。

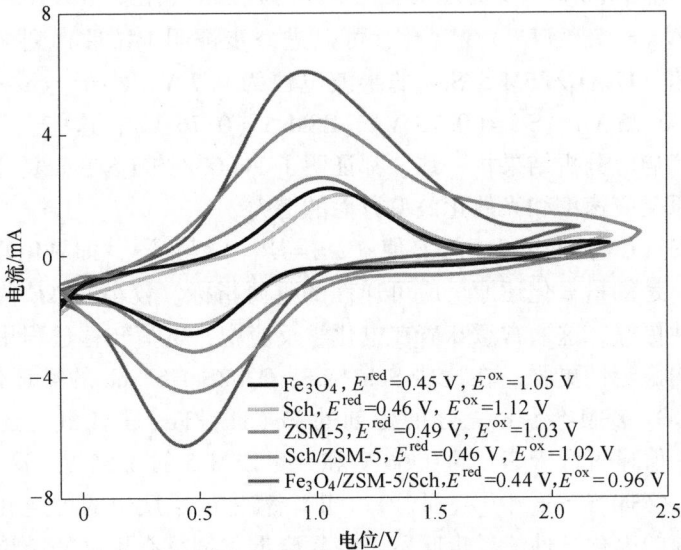

图 6-9 彩图

图 6-9 Fe_3O_4、Sch、ZSM-5、Sch/ZSM-5、

Fe_3O_4/ZSM-5/Sch 的循环伏安曲线

表 6-4 催化剂的氧化还原电位变化

催化剂	E^{red}/V	E^{ox}/V	$E_{1/2}$/V	ΔE/V
Sch	0.46	1.12	0.79	0.66
Fe_3O_4	0.45	1.05	0.75	0.6
ZSM-5	0.49	1.03	0.76	0.54
Sch/ZSM-5	0.46	1.02	0.74	0.56
Fe_3O_4/ZSM-5/Sch	0.44	0.96	0.7	0.52

从图 6-9 的 CV 曲线中可以看出，Sch 的曲线显示出两个可逆的氧化还原峰，分别在 1.12 V（氧化峰 E^{ox}）和 0.46 V（还原峰 E^{red}），这些峰的电流强度较低，表明 Sch 中 Fe(Ⅲ)/Fe(Ⅱ) 的氧化还原反应较弱[21]。当掺入 ZSM-5 形成 Sch/ZSM-5 复合材料后，其 CV 曲线在 0.46 V 和 1.02 V 处的峰强度明显增强，E^{ox} 和 E^{red} 的电流强度也较纯 Sch 有所提升，说明 ZSM-5 的加入促进了 Fe(Ⅲ)/Fe(Ⅱ) 之间的氧化还原反应。

进一步地，当 Fe_3O_4 和 ZSM-5 一同掺入形成 Fe_3O_4/ZSM-5/Sch 复合催化剂时，其 CV 曲线在 0.44 V 和 0.96 V 处展示了两个可逆的强峰，E^{ox} 和 E^{red} 的电流强度较纯 Sch 显著增强。这表明 Fe_3O_4 和 ZSM-5 的加入显著提高了 Fe_3O_4/ZSM-5/Sch 中 Fe(Ⅲ)/Fe(Ⅱ) 氧化还原反应的速率，使得氧化还原反应更容易发生，从而说明 Fe_3O_4/ZSM-5/Sch 复合光催化剂具有较强的氧化性和还原性。通过计算半波电位（$E_{1/2} = (E^{red} + E^{ox})/2$）[22]，可以进一步证明 Fe(Ⅲ) 到 Fe(Ⅱ) 的还原过程被加速。Fe_3O_4/ZSM-5/Sch 的半波电位为 0.7 V，小于 Sch/ZSM-5（0.74 V）、Fe_3O_4（0.75 V）、Sch（0.79 V）、ZSM-5（0.76 V），这些发现与 PL 光谱及瞬态光电流响应分析结果相一致，都证明了 Fe_3O_4/ZSM-5/Sch 复合光催化剂在提高氧化还原反应速率和光催化效率方面的潜力。

循环伏安（CV）曲线中的 ΔE 值（$\Delta E = E^{ox} - E^{red}$）[23]，即氧化峰和还原峰之间的电位差，是衡量氧化还原反应可逆性的重要指标。较小的 ΔE 值表明氧化还原对的可逆性更好，这通常意味着在电化学反应中，电荷转移过程更为顺畅，且催化剂的结构稳定性更强。在比较 Sch 与 Fe_3O_4/ZSM-5/Sch 的循环伏安曲线时，可以发现 Fe_3O_4/ZSM-5/Sch 复合催化剂的 Fe(Ⅲ)/Fe(Ⅱ) 氧化还原 ΔE 值为 0.52 V，这一值显著低于 Sch 的 0.66 V 和 Sch/ZSM-5 的 0.56 V。这个较低的 ΔE 值指示 Fe_3O_4/ZSM-5/Sch 中 Fe(Ⅲ)/Fe(Ⅱ) 氧化还原反应的可逆性更强，不仅反映了其优异的电化学性能，也暗示了该复合催化剂具有更高的结构稳定性。此外，该结果与重复性实验结果相一致，进一步验证了 Fe_3O_4/ZSM-5/Sch 作为一种高效且稳定的非均相 Fenton 催化剂的潜力。

这种增强的可逆性和结构稳定性对于实际应用来说极为重要，因为它们直接影响到催化剂的长期使用效率和可靠性。在光催化或 Fenton 类反应中，催化剂需要经受连续的氧化还原循环，因此，具有高可逆性和稳定性的催化剂更能保持其活性，减少活性中心的损失，从而在连续使用中保持高效的催化性能。$Fe_3O_4/ZSM-5/Sch$ 的这些特性，使其在处理水体中难降解有机污染物时，展现出巨大的应用潜力。

6.2.5　反应自由基的测定和形成路径

使用电子顺磁共振（EPR）技术探测光催化降解过程中自由基的种类，提供了一种直接且有效的方法来识别反应中生成的活性氧物种。DMPO 作为自由基捕获剂，能够在溶液中捕获 $\cdot OH$ 和 $SO_4^- \cdot$ 生成稳定的加合物[24]，从而使得这些短暂存在的自由基可以通过 EPR 技术被检测到。在 $Fe_3O_4/ZSM-5/Sch/H_2O_2/UV$ 光体系下对 SPM 的降解过程中，EPR 结果显示了几种重要的发现，结果如图 6-10 所示。首先，反应 10 min 后，在体系中可观察到 $DMPO-\cdot OH$ 的信号明显增强，其信号强度比为 1∶2∶2∶1，明确指示了 $\cdot OH$ 的有效生成。这个信号的明显增强表明，该体系能够有效地活化 H_2O_2，产生具有强氧化能力的 $\cdot OH$。此外，观察到的强度比为 1∶1∶1∶1∶1∶1 的微弱六线信号峰，表明了 $SO_4^- \cdot$ 也在反应体系中存在。除此之外，还检测到了强度比为 1∶1∶1∶1 的微弱四线信号峰，这表明了 $\cdot O_2^-$ 的存在。$\cdot O_2^-$ 的生成是光催化过程中重要的反应中间体，它可以进一步转化为 $\cdot OH$，增加了反应体系中 $\cdot OH$ 的浓度，从而提高了降解率。这些结果表明，在 $Fe_3O_4/ZSM-5/Sch/H_2O_2/UV$ 光体系中，可以同时产生 $\cdot OH$、$SO_4^- \cdot$ 和 $\cdot O_2^-$ 三种具有高活性的自由基，这种多自由基的协同作用极大地提升了催化活性，为高效降解 SPM 等难降解有机污染物提供了有效的途径。

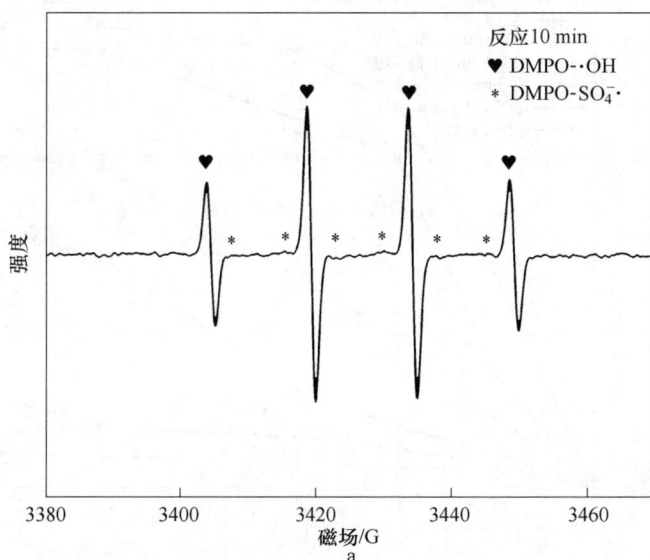

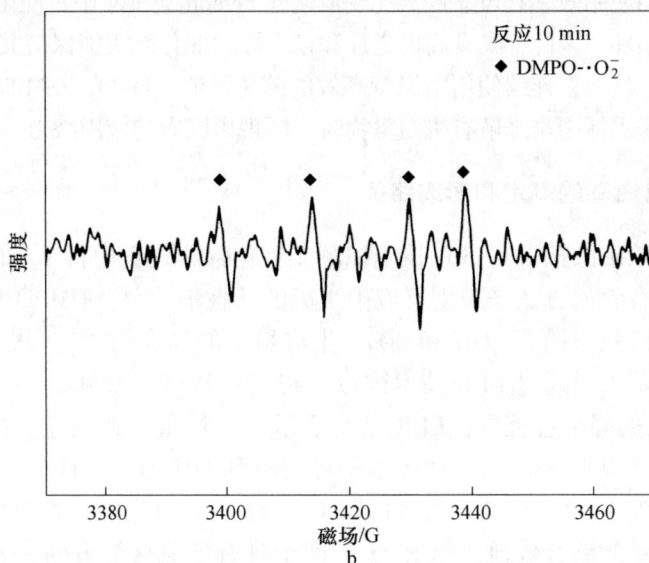

图 6-10   反应 10 min 后 DMPO 自旋捕获 ·OH、SO_4^-· 和 ·O_2^- 的 EPR 光谱图

a—DMPO 自旋捕获 ·OH、SO_4^-· ；b—DMPO 自旋捕获 ·O_2^-

为深入探索 Fe_3O_4/ZSM-5/Sch/H_2O_2/UV 体系在降解 SPM 过程中的反应机理，特别是为了明确在这一过程中自由基的类型，进行了一系列的自由基淬灭实验。这些实验通过向反应体系中加入不同的自由基捕获剂，分析其对 SPM 降解率的影响，以确定在降解过程中起主导作用的自由基，结果如图 6-11 所示。

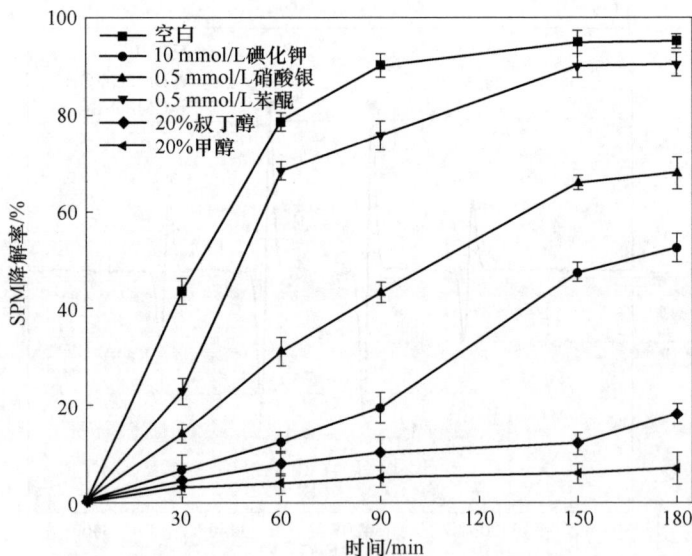

图 6-11   各种自由基清除剂对 SPM 降解率的影响

实验结果显示，添加各种自由基清除剂对 SPM 的降解动力学具有显著影响，且所有结果均符合伪一级动力学模型（相关系数 $R^2 > 0.96$），结果如图 6-12 和表 6-5 所示。

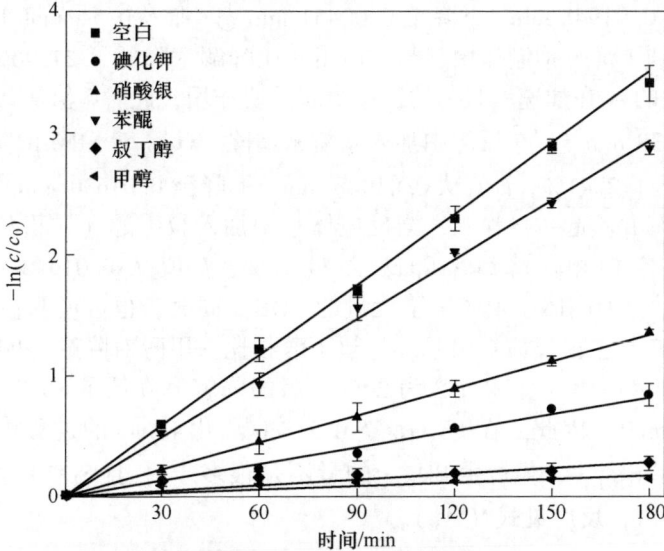

图 6-12　各种自由基清除剂对降解 SPM 动力学的影响

表 6-5　自由基淬灭剂作用的伪一级速率常数

自由基淬灭剂	伪一级速率常数/min^{-1}
空白	0.01948
KI	0.00451
$AgNO_3$	0.00738
苯醌	0.01630
叔丁醇	0.00161
甲醇	0.00099

通过使用叔丁醇（TBA）和甲醇（MeOH）作为特定的自由基淬灭剂，可以进一步识别参与反应的自由基类型。叔丁醇（TBA）、甲醇（MeOH）是高级氧化反应中鉴别 $\cdot OH$、$SO_4^- \cdot$ 常见的淬灭剂，叔丁醇与 $SO_4^- \cdot$ 的反应速率为 $(4.0 \sim 9.1) \times 10^5 \text{ M}^{-1} \cdot \text{s}^{-1}$，与 $\cdot OH$ 的反应速率为 $(3.8 \sim 7.6) \times 10^8 \text{ M}^{-1} \cdot \text{s}^{-1}$，大约是 $SO_4^- \cdot$ 反应速率的 1000 倍[25]；而甲醇与 $SO_4^- \cdot$ 的反应速率为 $(1.6 \sim 7.7) \times 10^7 \text{ M}^{-1} \cdot \text{s}^{-1}$、与 $\cdot OH$ 的反应速率为 $(1.2 \sim 2.8) \times 10^9 \text{ M}^{-1} \cdot \text{s}^{-1}$，可同时捕获 $SO_4^- \cdot$ 和 $\cdot OH$[26]，所以甲醇既是 $SO_4^- \cdot$ 也是 $\cdot OH$ 的淬灭剂，叔丁醇则更对 $\cdot OH$ 有针对性的淬灭作用。

在 $Fe_3O_4/ZSM\text{-}5/Sch/H_2O_2/UV$ 体系中，伪一级速率常数（k）最高为

0.01948 min^{-1}，表明该体系能有效降解 SPM。当反应体系中加入 10 mmol/L 的碘化钾（KI）淬灭 h$^+$时，与空白组对比降解率降低 40.37%，说明 h$^+$在降解反应发挥了关键作用，这主要是因为 h$^+$可与 H$_2$O/OH$^-$反应生成·OH，反应见式(6-7)。此时，k 值从 0.01948 min^{-1}下降至 0.00451 min^{-1}。加入 0.5 mmol/L 硝酸银对降解 SPM 也起到了部分抑制作用，与空白组对比降解率降低了 24.96%，这表明从 Fe$_3$O$_4$ 中产生的 e$^-$在加速≡Fe^{3+}的还原中起重要作用，此时 k 值从 0.01948 min^{-1}下降至 0.00738 min^{-1}。在反应中加入苯醌来清除·O$_2^-$，对 SPM 的降解率影响较小，仅仅降低了 2.41%，k 值从 0.01948 min^{-1}下降至 0.01630 min^{-1}，说明·O$_2^-$对 SPM 的降解并不起主导作用。当反应体系中加入叔丁醇（体积分数为 20%），180 min 内与空白相比降解率降低了 74.76%，k 值从 0.01948 min^{-1}下降至 0.00161 min^{-1}，说明体系中产生了大量的·OH。同时，也可说明在降解 SPM 反应过程中·OH 是主要反应自由基。与叔丁醇相比，甲醇对降解 SPM 的抑制作用更加明显，加入甲醇（体积分数为 20%）后的降解率降低了 85.96%，k 值下降至 0.00099 min^{-1}。因此，在 Fe$_3$O$_4$/ZSM-5/Sch 活化 H$_2$O$_2$ 的过程中既产生了·OH，也产生了 SO$_4^-$·，但产生 SO$_4^-$·的量不是很多[12]，且 SO$_4^-$·会发生部分水解形成·OH[27]，反应见式（6-8）。

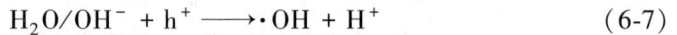

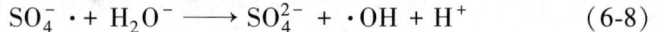

$$H_2O/OH^- + h^+ \longrightarrow \cdot OH + H^+ \tag{6-7}$$

$$SO_4^- \cdot + H_2O^- \longrightarrow SO_4^{2-} + \cdot OH + H^+ \tag{6-8}$$

通过以上讨论可说明，该催化体系中产生了 h$^+$、e$^-$、·O$_2^-$、·OH 和 SO$_4^-$·五种自由基，通过计算不同淬灭剂对 SPM 降解的动力学常数得出各种自由基对 SPM 降解的贡献率结果如图 6-13 所示，h$^+$、e$^-$、·O$_2^-$、·OH 和 SO$_4^-$·对 SPM 降

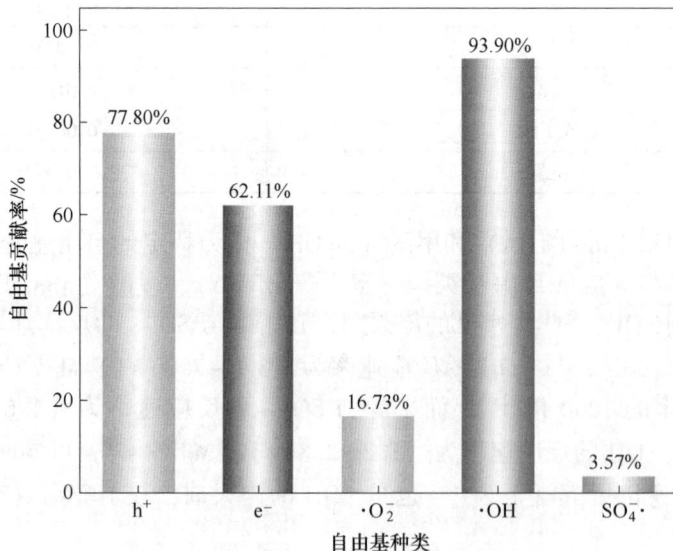

图 6-13　各种自由基对降解 SPM 的贡献率

解的贡献分别为 77.80%、62.11%、16.73%、93.90% 和 3.57%。因此，·OH、h^+ 和 e^- 在 SPM 降解过程中起着关键作用。其中，·OH 的作用相对较大，在降解过程中起主导的作用，是该催化体系下主要的活性物种。

6.2.6　Fe_3O_4/ZSM-5/Sch 异相光芬顿降解 SPM 的催化机理

基于以上研究提出了 Fe_3O_4/ZSM-5/Sch 光芬顿降解 SPM 的催化机理，相关机理图如图 6-14 所示，主要反应见式（6-9）~式（6-19）。

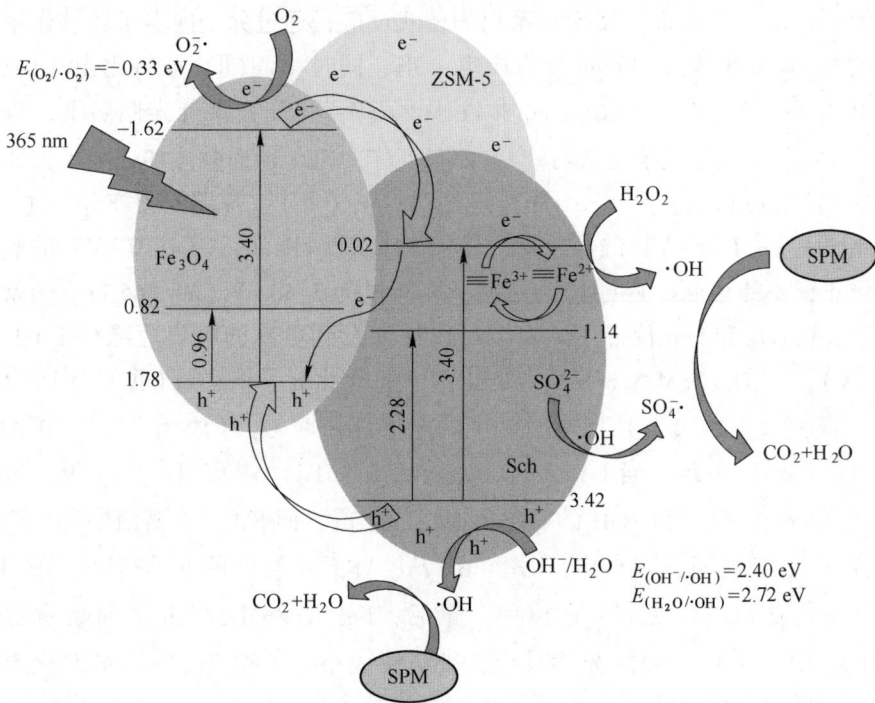

图 6-14　Fe_3O_4/ZSM-5/Sch 光芬顿催化降解 SPM 的机理示意图

$$\equiv Fe(II) + H_2O_2 \longrightarrow \equiv Fe(III) + \cdot OH + OH^- \tag{6-9}$$

$$\equiv Fe(III) + H_2O_2 \longrightarrow \equiv Fe(II) + \cdot HO_2 + H^+ \tag{6-10}$$

$$\equiv Fe(II) + \cdot HO_2 + H^+ \longrightarrow \equiv Fe(III) + H_2O_2 \tag{6-11}$$

$$\equiv Fe(III) + \cdot HO_2 \longrightarrow \equiv Fe(II) + H^+ + O_2 \tag{6-12}$$

$$\equiv Fe(III) + e^- \longrightarrow \equiv Fe(II) \tag{6-13}$$

$$O_2 + e^- \longrightarrow \cdot O_2^- \tag{6-14}$$

$$SO_4^{2-} + \cdot OH \longrightarrow SO_4^- \cdot + OH^- \tag{6-15}$$

$$SO_4^- \cdot + H_2O \longrightarrow SO_4^{2-} + \cdot OH + H^+ \tag{6-16}$$

$$SO_4^- \cdot + OH^- \longrightarrow SO_4^{2-} + \cdot OH \tag{6-17}$$

$$H_2O/OH^- + h^+ \longrightarrow \cdot OH + H^+ \tag{6-18}$$

$$\cdot OH + SPM \longrightarrow 中间产物 \longrightarrow CO_2 + H_2O \tag{6-19}$$

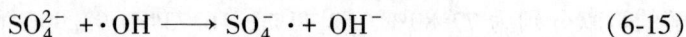

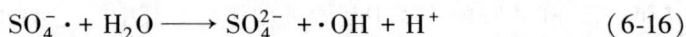

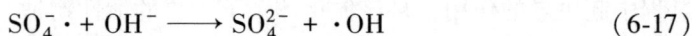

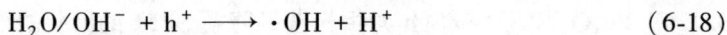

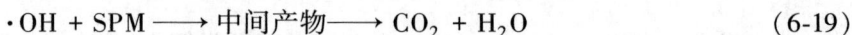

在 Fe_3O_4/ZSM-5/Sch 复合催化剂中，ZSM-5 主要起增大比表面积和孔容的作用，提供更多的活性位点，以利于污染物吸附在催化剂表面。首先，SPM 分子会被吸附在 Fe_3O_4/ZSM-5/Sch 表面，结合相关研究可知[28-29]，H_2O_2 分别与催化剂表面的 Fe(Ⅱ)、Fe(Ⅲ) 发生一系列的链式反应，通过分子内电子转移作用与溶液中的 H_2O_2 发生表面 Fenton 反应产生 $\cdot OH$，同时 $\equiv Fe(Ⅱ)$ 被氧化为 $\equiv Fe(Ⅲ)$，反应见式 (6-9)~式 (6-12)。此外 Fe_3O_4/ZSM-5/Sch 在紫外光照射下，Fe_3O_4、Sch 被激发产生光生电子空穴对[12]，ZSM-5 作为电子传递载体加速电子传递，光生成的 e^- 可以迅速地将 $\equiv Fe(Ⅲ)$ 还原为 $\equiv Fe(Ⅱ)$。有趣的是 Fe_3O_4 (+0.82 eV) 和 Sch (+1.14 eV) 的导带边缘比 $\equiv Fe(Ⅲ)/ \equiv Fe(Ⅱ)$ (+0.77 eV) 的氧化还原电位正，不能还原 $\equiv Fe(Ⅲ)$。然而，在能量为 3.40 eV ($\lambda = 365$ nm) 的紫外光照射下，Fe_3O_4 和 Sch 价带中的电子可以被激发到更高的电势边缘 (−1.62 eV 和 0.02 eV)，Fe_3O_4/ZSM-5/Sch 复合催化剂中的改性电子将 $\equiv Fe(Ⅲ)$ 还原为 $\equiv Fe(Ⅱ)$ (见式 (6-13))，并且 Fe_3O_4 中的电子还可将 O_2 还原为 $\cdot O_2^-$ (−0.33 eV，见式 (6-14))。另外，当 UV/Fe_3O_4/ZSM-5/Sch-H_2O_2 体系中产生大量 $\cdot OH$ 时，$SO_4^- \cdot$ 主要通过 SO_4^{2-} 和 $\cdot OH$ 的氧化还原反应形成，而 $SO_4^- \cdot$ 在溶液中部分会转化为 $\cdot OH$[30]，反应见式 (6-15)~式 (6-17)。体系中存在的 h^+ 与溶液中的 H_2O/OH^- 反应生成 $\cdot OH$ (见式 (6-18))。最后，Fe_3O_4/ZSM-5/Sch 表面吸附的 SPM 与 $\cdot OH$、h^+、$\cdot O_2^-$、$SO_4^- \cdot$ 发生反应，被降解成小分子物质，最后被矿化成 H_2O 和 CO_2 (见式 (6-19))。

6.2.7　Fe_3O_4/ZSM-5/Sch 催化光芬顿反应降解 SPM 中间产物的监测

在 Fe_3O_4/ZSM-5/Sch/H_2O_2/UV 体系降解 SPM 的过程中，采用 LC-MS 检测可能产生的中间产物，共检测出 10 种 TPs，包括一个同分异构体。TPs 的质谱图如图 6-15 所示，具体包括 TP159、TP335、TP352、TP685、TP699、TP814、TP859 (TP859-1 和 TP859-2)、TP875 和 TP891。TPs 的保留时间、化学式、分子量、质荷比 (m/z) 及可能的化学结构见表 6-6。

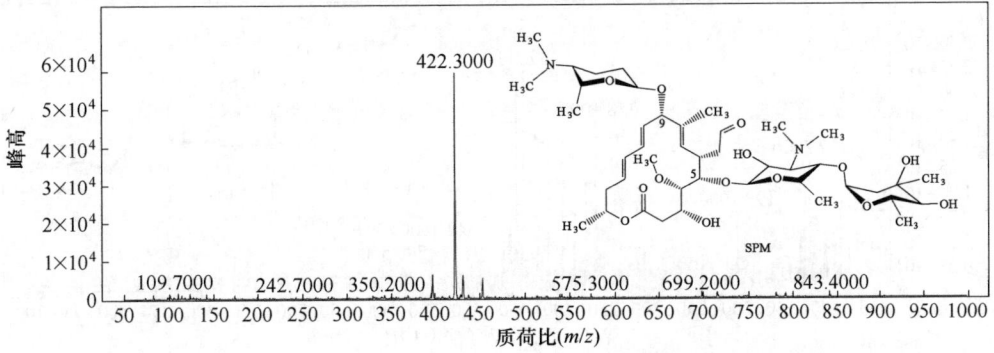

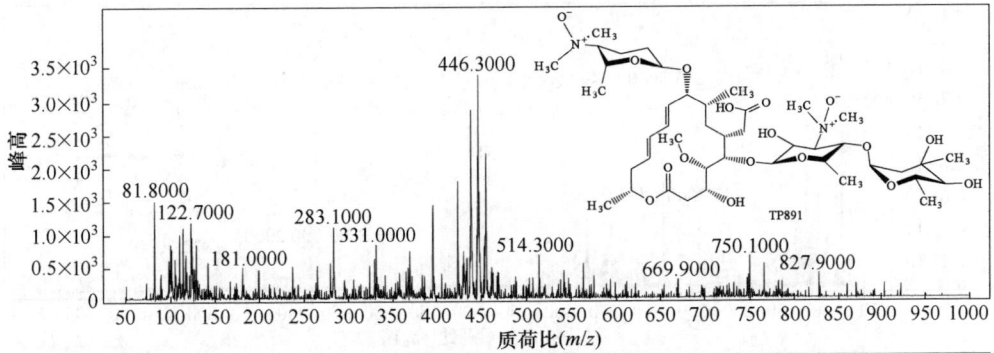

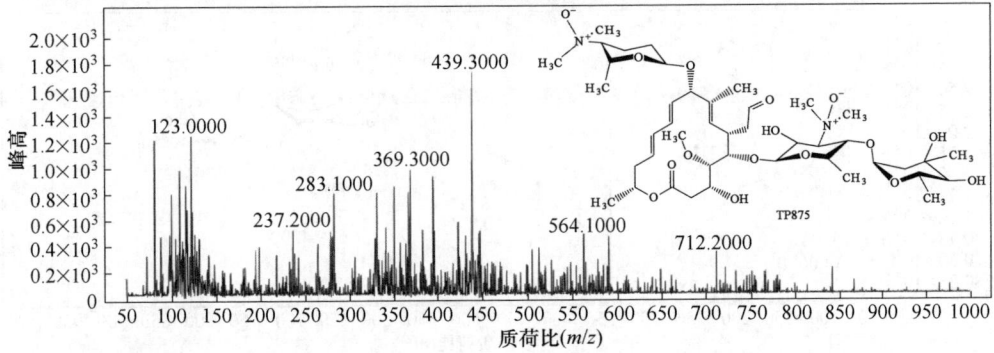

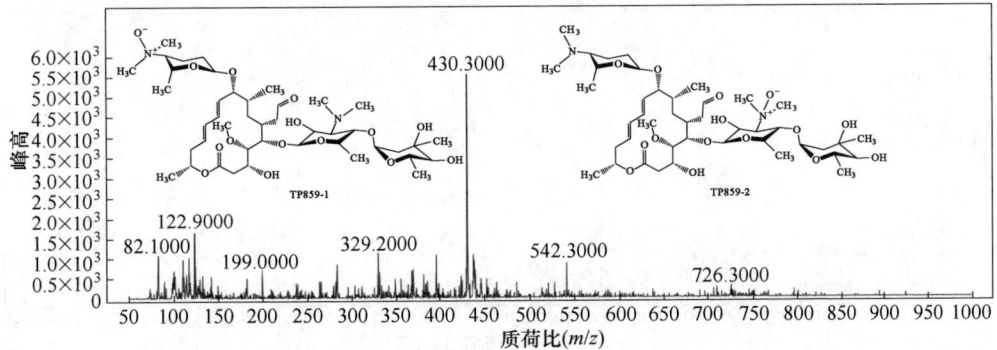

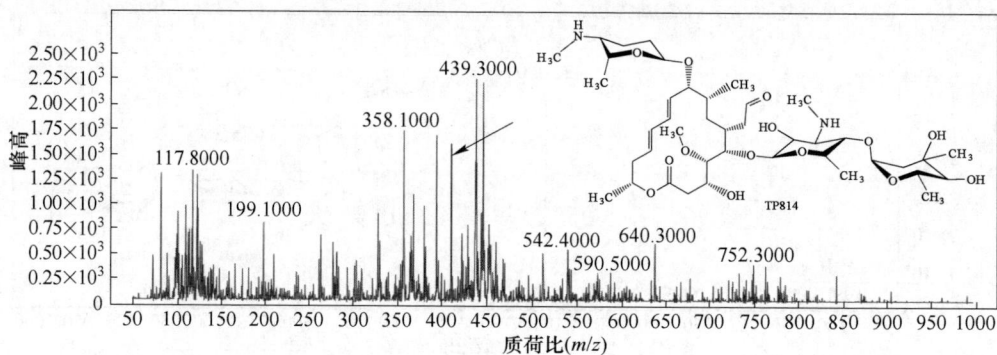

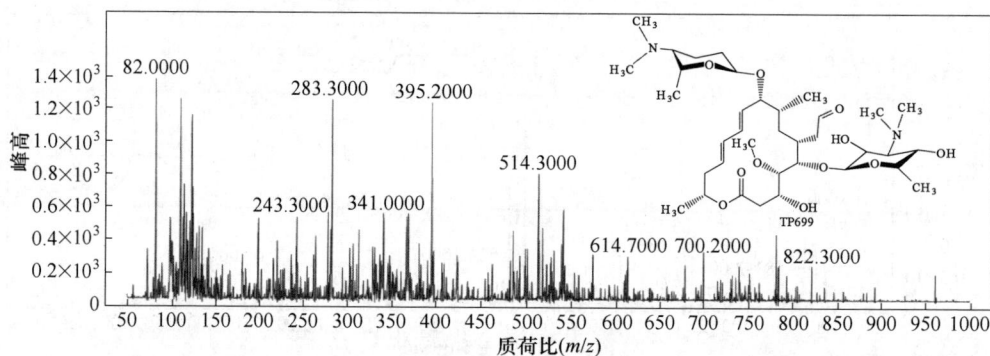

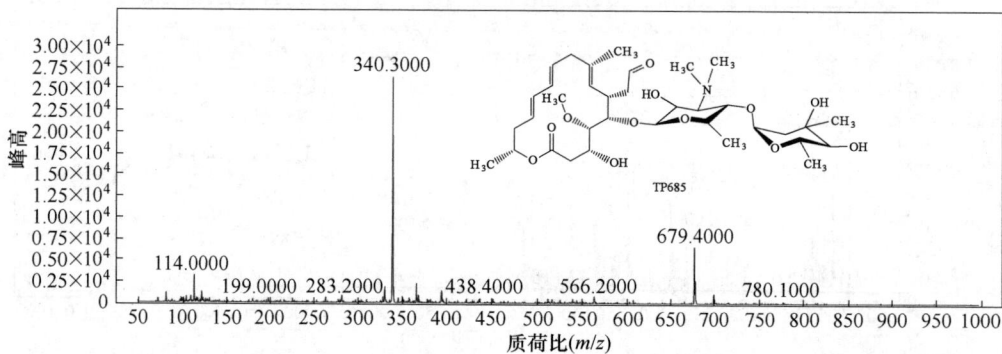

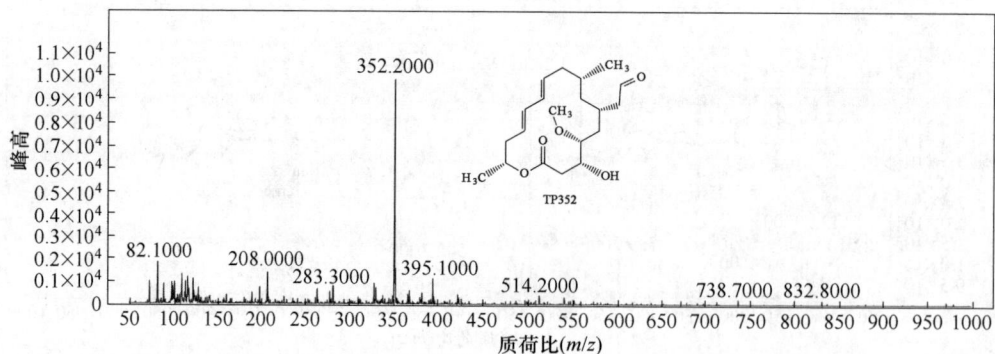

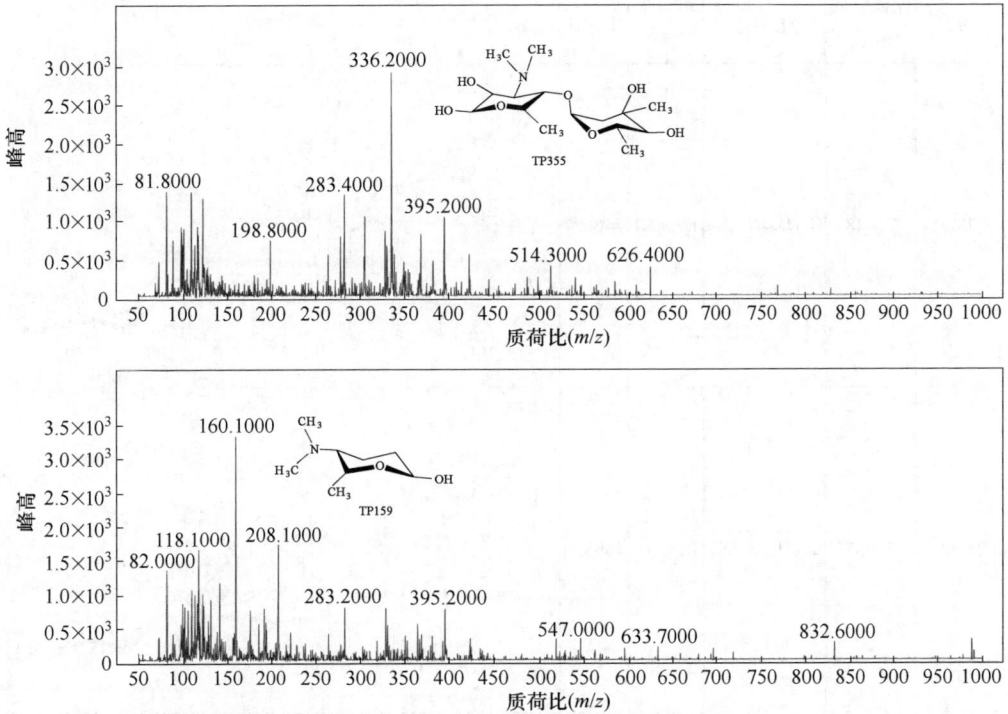

图 6-15 TPs 的质谱图

表 6-6 螺旋霉素降解中间产物的保留时间、化学式、
相对分子质量、质荷比和分子结构

物质	保留时间 /min	化学式	相对分子质量	质荷比	分子结构
SPM	8.446	$C_{43}H_{74}N_2O_{14}$	842.52	422.26	

物质	保留时间/min	化学式	相对分子质量	质荷比	分子结构
TP891	7.448	C$_{43}$H$_{74}$N$_2$O$_{17}$	890.50	446.27	
TP875	7.007	C$_{43}$H$_{74}$N$_2$O$_{16}$	874.52	439.26	
TP859-1	7.652	C$_{43}$H$_{74}$N$_2$O$_{15}$	858.51	430.30	
TP859-2	7.652	C$_{43}$H$_{74}$N$_2$O$_{15}$	858.51	430.30	

续表 6-6

物质	保留时间/min	化学式	相对分子质量	质荷比	分子结构
TP814	8.384	$C_{41}H_{70}N_2O_{14}$	814.48	406.17	
TP699	8.973	$C_{36}H_{63}N_2O_{11}$	699.20	700.39	
TP685	8.093	$C_{35}H_{59}NO_{12}$	685.40	343.22	
TP352	2.255	$C_{20}H_{32}O_5$	352.22	353.20	
TP335	2.524	$C_{15}H_{29}NO_7$	335.19	336.20	

物质	保留时间/min	化学式	相对分子质量	质荷比	分子结构
TP159	1.581	C$_8$H$_{17}$NO$_2$	159.13	160.10	
DMA	—①	C$_2$H$_7$N	45.08	—	

①DMA 是通过 HPLC 定量，此处不提供保留时间和质荷比。

在此基础上推断出 Fe$_3$O$_4$/ZSM-5/Sch/H$_2$O$_2$/UV 体系降解 SPM 可能的三种降解途径，结果如图 6-16 所示。

（1）醛氧化，如途径 1 所示：有机物中的叔胺基团和醛基团容易被活性氧化剂氧化为胺氧化物和羧酸基团[31]。在 SPM 的结构中，连接在 C5 的 forosamine 和连接在 C9 位置的 mycaminose 都含有一个二甲胺（DMA）基团，而在 C6 位置连接了一个醛基团。在 ·OH 的攻击下，SPM 的两个 DMA 基团首先被攻击，DMA 基团转化为氧化胺，因此产生两个中间产物 TP859-1 和 TP859-2。随后，TP859-1 或 TP859-2 中的另一个 DMA 基团会再次受到 ·OH 的攻击，产生 TP875。TP875 中 C6 位置的醛基团随后也被自由基攻击并氧化成羧酸基团，形成 TP891。

（2）碳—氧键（C—O）的断裂，如途径 2 和途径 3 所示：SPM 作为一种大环内酯类抗生素，其结构中含有三种脱氧糖基：forosamine、mycaminose 和 mycarose，这些糖基通过 C—O 键连接。由于 C—O 键有相对较低的键能，它们容易受到反应中产生的自由基，如 ·O$_2^-$、·OH 和 SO$_4^-$· 的攻击和破坏[32]。MS 分析揭示了 m/z 为 160 的信号，这可能指向 forosamine 和 mycaminose 基团，而未检测到 mycarose 的单一信号。因此，推测在 ·OH、·O$_2^-$、SO$_4^-$· 等自由基首先攻击 C5 位置连接的双糖基团（mycaminose 和 mycarose），导致最外侧的 mycarose 丢失，生成了 TP699。随后，C9 位置的 C—O 键发生断裂，产生了 TP159 和 TP685。TP685 在自由基的进一步攻击下，其结构中 C5 位置的 C—O 键也发生断裂，产生两个降解中间体 TP352 和 TP335。值得注意的是，TP159、TP699 和 TP335 含有二甲胺（DMA）官能团，这些 TPs 可以通过 N—C 键裂解生成 DMA。生成的 DMA 以及 TP159、TP699、TP352 和 TP335 等中间体，可以通过自由基的进一步攻击和反应，最终矿化为 CO$_2$ 和 H$_2$O 等小分子有机物。

（3）去甲基化，如途径 4 所示：DMA 结构中的甲基在活性物种（如 ·OH、·O$_2^-$、SO$_4^-$·、e$^-$ 和 h$^+$）的攻击下被去除。SPM 中连接 C9 位置的 forosamine 和连

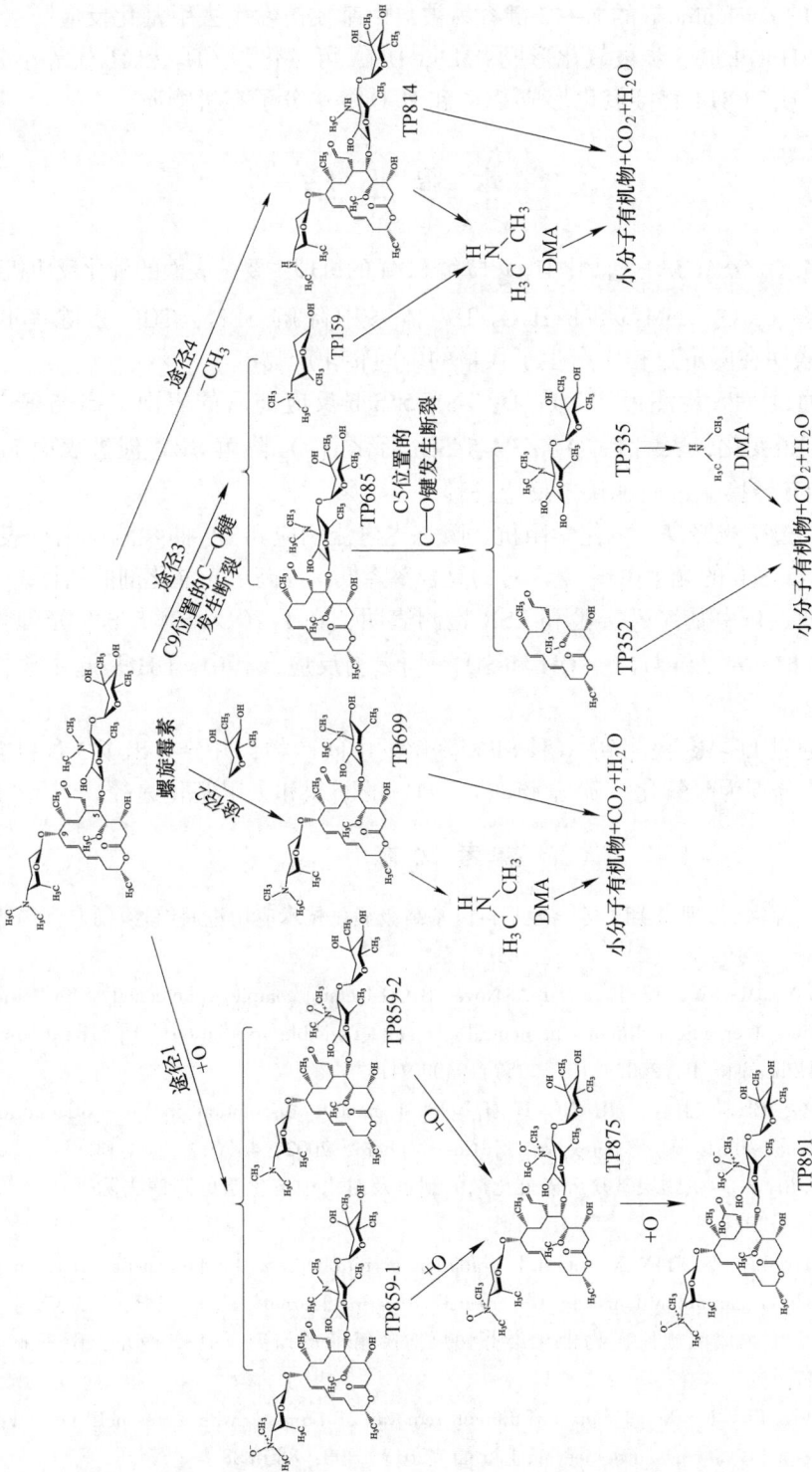

图6-16 Fe₃O₄/ZSM-5/Sch芬顿催化降解SPM途径

接 C5 位置的 mycaminose 的 N—C 键容易被自由基攻击发生去甲基化反应[33]，形成 TP814。TP814 进一步被氧化形成 DMA，DMA 可矿化为 CO$_2$ 和 H$_2$O 等小分子有机物质，或 TP814 直接氧化形成 CO$_2$ 和 H$_2$O 等小分子有机物质。

6.3　本章小结

（1）Fe$_3$O$_4$/ZSM-5/Sch 活化 H$_2$O$_2$ 降解 SPM 的机理主要是表面的催化反应机制。

（2）在 Fe$_3$O$_4$/ZSM-5/Sch/H$_2$O$_2$/UV 体系中降解 SPM，TOC 去除率仅有 23.45%，表明在降解过程中产生了大量的中间转化产物。

（3）通过 XPS 检测可知，Fe$_3$O$_4$/ZSM-5/Sch 反应前后的表面 Fe^{2+} 与 Fe^{3+} 含量分布发生了变化，表明 Fe$_3$O$_4$/ZSM-5/Sch 活化 H$_2$O$_2$ 降解 SPM 促进表面 Fe^{2+}/Fe^{3+} 间的相互转换，进而加快了反应进程。

（4）通过荧光光谱、电化学阻抗、瞬态光电流响应和 CV 曲线测试结果表明，Fe$_3$O$_4$/ZSM-5/Sch 的光生电子-空穴对的复合率降低，提高了光催化剂的活性。

（5）通过自由基淬灭实验和 ESR 检测表明，在 Fe$_3$O$_4$/ZSM-5/Sch 光催化反应过程中，h$^+$、e$^-$、·O$_2^-$、·OH 和 SO$_4^-$· 均参与反应，其中 ·OH 是起主要作用的活性组分。

（6）通过 LC-MS 检测到 10 种 SPM 降解的中间产物，并分析出了 3 种可能的降解路径，分别为醛氧化、碳-氧键（C—O）的断裂和去甲基化途径。

参 考 文 献

［1］潘继生，邓家云，张棋翔，等. 羟基自由基高级氧化技术应用进展综述［J］. 广东工业大学学报，2019，36（2）：70-77，85.

［2］HUANG Y, MA W, LI J, et al. A Novel β-CD-Hemin complex photocatalyst for efficient degradation of organic pollutants at neutral pHs under visible irradiation［J］. The Journal of Physical Chemistry B, 2003, 107（35）：9409-9414.

［3］LU M C, CHEN J N, HUANG H H. Role of goethite dissolution in the oxidation of 2-chlorophenol with hydrogen peroxide［J］. Chemosphere, 2002, 46（1）：131-136.

［4］汪子润. Bi$_2$WO$_6$/生物炭基复合光催化剂的制备及对水中抗生素的降解去除［D］. 兰州：兰州大学，2021.

［5］DUAN H, LIU Y, YIN X, et al. Degradation of nitrobenzene by Fenton-like reaction in a H$_2$O$_2$/schwertmannite system［J］. Chemical Engineering Journal, 2016, 283：873-879.

［6］孟晓青. 生物成因施氏矿物催化类芬顿反应降解菲的研究［D］. 南京：南京农业大学，2017.

［7］SHEN W, LIN F, XU J, et al. Efficient removal of bromate with core-shell Fe @ Fe$_2$O$_3$ nanowires［J］. Chemical Engineering Journal, 2017, 308：880-888.

[8] WANG Z, CHEN G H, WANG X, et al. Performance of L-Cu&Mn-nZVFe@ B nanomaterial on nitrate selective reduction under UV irradiation and persulfate activation in the presence of oxalic acid [J]. Journal of Hazardous Materials, 2021, 41: 123378.

[9] YAN Y, WU X W, ZHANG H P. Catalytic wet peroxide oxidation of phenol over Fe_2O_3/MCM-41 in a fixed bed reactor [J]. Separation and Purification Technology, 2016, 171: 52-61.

[10] WILSON D, LANGELL M A. XPS analysis of oleylamine/oleic acid capped Fe_3O_4 nanoparticles as a function of temperature [J]. Applied Surface Science, 2014, 303: 6-13.

[11] 路珊. ZSM-5 分子筛负载金属 Pt 基催化剂的合成及其选择性加氢性能研究 [D]. 常州: 常州大学, 2022.

[12] LI T, WANG X, CHEN Y, et al. Producing ·OH, SO_4^-· and ·O_2^- in heterogeneous Fenton reaction induced by Fe_3O_4-modified schwertmannite [J]. Chemical Engineering Journal, 2020, 393: 124735.

[13] LI T, CHEN Y, WANG X, et al. Modifying organic carbon in Fe_3O_4-loaded schwertmannite to improve heterogeneous Fenton activity through accelerating Fe(Ⅱ) generation [J]. Applied Catalysis B: Environmental, 2020, 285: 119830.

[14] LI W, WU X, LI S, et al. Magnetic porous Fe_3O_4/carbon octahedra derived from iron-based metal-organic framework as heterogeneous Fenton-like catalyst [J]. Applied Surface Science A Journal Devoted to the Properties of Interfaces in Relation to the Synthesis & Behaviour of Materials, 2018, 436: 252-262.

[15] JIANG L, YUAN X, ZENG G, et al. In-situ synthesis of direct solid-state dual Z-scheme WO_3/g-C_3N_4/Bi_2O_3 photocatalyst for the degradation of refractory pollutant [J]. Applied Catalysis B: Environmental, 2018, 227: 376-385.

[16] YU J, MA T, LIU S. Enhanced photocatalytic activity of mesoporous TiO_2 aggregates by embedding carbon nanotubes as electron-transfer channel [J]. Physical Chemistry Chemical Physics, 2011, 13 (8): 3491-3501.

[17] 綦金榜. 可见光催化协同类芬顿处理染料废水的研究 [D]. 秦皇岛: 燕山大学, 2019.

[18] CHANG C, KAN L, MU W, et al. Tetragonal/orthorhombic-bismuth tungstate homojunction formed through in situ bismuth induced phase transformation as highly efficient photocatalyst for pollutant degradation [J]. Journal of Colloid and Interface Science, 2022, 607: 269-280.

[19] ENZWEILER H, YASSUE-CORDEIRO P H, SCHWAAB M, et al. Evaluation of Pd-TiO_2/ZSM-5 catalysts composition effects on hydrogen production by photocatalytic water splitting [J]. International Journal of Hydrogen Energy, 2018, 43 (13): 6515-6525.

[20] LI L, QI Y, LU J, et al. A stable Ag_3PO_4@ g-C_3N_4 hybrid core@ shell composite with enhanced visible light photocatalytic degradation [J]. Applied Catalysis B: Environmental, 2016, 183: 133-141.

[21] SANKARARAMAN S, YOON K B, YABE T, et al. Control of back electron transfer from charge-transfer ion pairs by zeolite supercages [J]. Journal of the American Chemical Society, 1991, 113 (4): 1419-1421.

[22] 韩亭亭, 毕博, 祁月, 等 . ZIF-9 基氮硫掺杂的多孔碳制备及其表征 [J]. 化工新型材料, 2018, 46 (7): 205-208.

[23] ZHU R, ZHU Y, XIAN H, et al. CNTs/ferrihydrite as a highly efficient heterogeneous Fenton catalyst for the degradation of bisphenol A: The important role of CNTs in accelerating Fe(Ⅲ)/Fe(Ⅱ) cycling [J]. Applied Catalysis B: Environmental, 2020, 270: 118891.

[24] DAI Z, QIN F, ZHAO H P, et al. Crystal defect engineering of Aurivillius Bi_2MoO_6 by Ce doping for increased reactive species production in photocatalysis [J]. ACS Catalysis, 2016, 6 (5): 3180-3192.

[25] DHAKA S, KUMAR R, KHAN M A, et al. Aqueous phase degradation of methyl paraben using UV-activated persulfate method [J]. Chemical Engineering Journal, 2017, 321: 11-19.

[26] LI Y, BAGHI R, FILIP J, et al. Activation of peroxydisulfate by ferrite materials for phenol degradation [J]. Acs Sustainable Chemistry & Engineering, 2019, 7 (9): 8099-8108.

[27] 李健欣, 汤一桢, 徐立杰, 等 . $Fe^{2+}/S_2O_8^{2-}$ 体系对双酚 A 的降解性能及优化 [J]. 环境化学, 2021, 40 (11): 3580-3589.

[28] JIANG S, LING L, CHEN W, et al. High efficient removal of bisphenol A in a peroxymonosulfate/iron unctionalized biochar system: Mechanistic elucidation and quantification of the contributors [J]. Chemical Engineering Journal, 2019, 359: 572-583.

[29] ZHENG H, BAO J, HUANG Y, et al. Efficient degradation of atrazine with porous sulfurized Fe_2O_3 as catalyst for peroxymonosulfate activation [J]. Applied Catalysis B: Environmental, 2019, 259: 118056.

[30] MUKHERJEE M, GHORAI U K, SAMANTA M, et al. Graphene wrapped Copper Phthalocyanine nanotube: Enhanced photocatalytic activity for industrial wastewater treatment [J]. Applied Surface Science, 2017, 418: 156-162.

[31] El-Shaheny R. Utility of a green fluorone-based turn-off fluorescence probe for submicromolar determination and stability testing of two macrolides. Insights into reaction thermodynamics, quenching mechanism, and identification of the oxidative degradation products by ESI^+-MS [J]. Microchemical Journal, 2019, 147: 1192-1202.

[32] 高彤 . 抗生素菌渣生物炭制备及其对废水中螺旋霉素去除性能研究 [D]. 无锡: 江南大学, 2022.

[33] DOU Y C, YAN T T, ZHANG Z P, et al. Heterogeneous activation of peroxydisulfate by sulfur-doped g-C_3N_4 under visible-light irradiation: Implications for the degradation of spiramycin and an assessment of Nnitrosodimethylamine formation potential [J]. Journal of Hazardous Materials, 2021, 406: 124328.

7　Fe₃O₄/ZSM-5/Sch 催化光芬顿反应降解 SPM 的生态毒性研究

SPM 是一种广泛用于人类和动物治疗的药物，在宿主体内被部分吸收后以活性代谢物的形式通过排泄进入污水处理系统。但是，现有的污水处理方法未能完全去除这些微量污染物，导致它们经常在废水、地表水、地下水以及饮用水中被检测到。这些污染物进入环境后，会通过物理、化学和生物过程循环并对人类和动物健康构成严重威胁[1]。使用 AOP 处理的 SPM 并未完全矿化，反而生成了更复杂的中间产物，这些产物可能对生态系统产生不可预见的影响。研究显示，即使在低浓度下，抗生素仍保持生物活性，促进细菌耐药性的积累[2]。因此，通过生物和植物毒性测试来评估处理后废水的生态毒性，对于确定后续处理策略至关重要。

本研究的主要内容包括：测定 SPM 废水的生物需氧量（BOD_5）、化学需氧量（COD）和 BOD_5/COD 比值的变化，评估处理后废水对大肠杆菌的抑制效果，以及使用小麦种子发芽测试来评估抗生素废水对植物的毒性影响。最后，对使用 Fe₃O₄/ZSM-5/Sch/H_2O_2/UV 体系处理 SPM 废水的经济性进行预算评估。

7.1　材料与方法

7.1.1　实验试剂与仪器

7.1.1.1　实验试剂

实验所需原料与试剂详见 4.1.1 节及 5.1.1 节。实验过程中药品试剂均未进行纯化处理，且溶液试剂均采用去离子水配置。新增试剂见表 7-1。

表 7-1　实验试剂

试剂名称	分子式	纯度	生产厂家
氯化铵	NH_4Cl	分析纯	国药集团
氯化钙	$CaCl_2$	分析纯	国药集团
磷酸氢二钾	K_2HPO_4	分析纯	国药集团
磷酸二氢钾	KH_2PO_4	分析纯	国药集团

试剂名称	分子式	纯度	生产厂家
七水合磷酸氢二钠	$Na_2HPO_4 \cdot 7H_2O$	分析纯	国药集团
六水合氯化铁	$FeCl_3 \cdot 6H_2O$	分析纯	国药集团
七水合硫酸镁	$MgSO_4 \cdot 7H_2O$	分析纯	阿拉丁
LH-D-100	—	—	联华科技
LH-E-100	—	—	联华科技

7.1.1.2　实验仪器

实验和材料表征所需仪器详见 4.1.1 节及 5.1.1 节，新增实验仪器设备见表 7-2。

表 7-2　实验仪器设备

名称	型号	厂家
COD 快速测定仪	5B-3C	连华科技有限公司
BOD_5 测定仪	870 型	江苏江分电分析仪器

7.1.2　Fe_3O_4/ZSM-5/Sch 催化光芬顿反应降解 SPM 的生态毒性研究实验

7.1.2.1　生物降解性实验（BOD_5/COD 测定）

A　COD 测定

使用 5B-3C 型化学需氧量（COD）快速测定仪测量水样中的 COD 值。（1）准备好 D-100 和 E-100 试剂，根据之前的条件优化实验，在设定的最佳条件下操作。在不同的时间点，取出一定量的样品进行过滤，每次取 2.5 mL 过滤后的样品放入反应管中。（2）依次向每个反应管中加入 0.7 mL 的 D 试剂、4.8 mL 的 E 试剂。添加完试剂后，充分混合样品，并将其在 165 ℃ 恒温条件下消解 10 min。消解完成后，将样品放在冷却架上进行空气冷却 2 min。（3）向每个反应管中加入 2.5 mL 去离子水混匀，并将其放入水冷槽中冷却 22 min。冷却后，将样品放入快速测定仪中进行测量，记录数值稳定后的 COD 值。

B　BOD_5 测定

使用 870 型直读式 BOD_5 测试仪，采用空气压差法测定样品在（20±0.1）℃下恒温培养 5 d 后的生化需氧量（BOD_5）。（1）基于样品的 COD 值来预估其 BOD_5 值，通常 BOD_5 值约为 COD 值的 0.8 倍，这样可以估计 BOD_5 值的范围，并据此选择合适的量程和总取样量。按照选定的量程对应的体积，取适量的待测样品并倒入培养瓶中。（2）向每个培养瓶中加入 10% 的接种液和磁子，随后将培养瓶放入培养箱主机上进行 2~3 h 恒温曝气。曝气完成后，向每个培养瓶中添加各 1 mL 四种按国家环保标准（HJ 505—2009）配制的无机盐溶液，包括混合磷酸盐溶液、$MgSO_4$ 溶液、$CaCl_2$ 溶液、$FeCl_3$ 溶液。（3）使用 0.1 mol/L 的 NaOH 溶液将每个样品的 pH 值调整至 7.2±0.1。在瓶口与密封杯的接触面涂抹一层薄薄的凡士林以防漏气，并在密封杯中放入 4~5 粒 NaOH 颗粒，用于捕获生物降解过程中产生的 CO_2。将培养瓶放回主机上，开始搅拌溶液，轻轻拧紧水柱盖和培养瓶盖，开始 5 d 的计时培养。培养结束后，读取数值并计算 BOD_5 值。（4）通过 BOD_5 与 COD 的比值（BOD_5/COD）来确定样品的可生化性。BOD_5 值（mg/L）的计算公式如下：

$$BOD_5 = [（样品 BOD_5 读数 × 标尺系数 - 接种液 BOD_5 读数 ×$$
$$标尺系数 × 接种液浓度）] / 样品液浓度 \qquad (7-1)$$

式中，样品 BOD_5 读数为对应样品的汞压力计读数，cm；接种液 BOD_5 读数为对应接种液的汞压力计读数，cm；标尺系数为根据所选量程范围从取水样量表中查得；接种液浓度为体积百分浓度，%；样品液浓度为体积百分浓度，%。

7.1.2.2　*E. coli* 的抑菌率实验

根据前面条件优化实验得出的最佳条件，在实验过程中，在不同时间点取出特定量的样品。

（1）取样后，向样品中加入过量的亚硫酸钠（$Na_2S_2O_3$）以进行处理。

（2）这些样品被注入到 40 mL 已经经过高温灭菌的 LB 培养基中，这些培养基的 pH 值被调整至 7.4±0.2。

（3）向每个培养基中加入 0.05 mL 大肠杆菌（*E. coli*）悬浊液，这些悬浊液的 OD_{600} 为 0.1 单位，即在 600 nm 波长处使用紫外可见分光光度计测得的光密度值为 0.1。同时，以去离子水替代样品进行对照实验。

（4）单独配置了 Fe_3O_4/ZSM-5/Sch、$Na_2S_2O_3$ 和 H_2O_2 溶液，以探究这些化学物质对 *E. coli* 生长的影响。其他实验步骤与 4.1.2.2 节中描述的相同。

7.1.2.3　种子发芽指数实验

选用植物为小麦种子，按照条件优化实验得到的最优条件，在不同时间点取出一定量的样品过滤备用。其余步骤同 4.1.2.3 节。

7.1.3　测定方法

SPM 的测定方法见 5.1.5.1 节。

7.2　结果与讨论

7.2.1　SPM 溶液的生物降解性

在高级氧化过程中，有机物质通常会被分解成较小分子的中间产物，这些中间产物更容易被微生物降解。因此，在这种处理之后，常采用生物法进行污水的后续处理。但是，传统的污水降解评估指标，如初始有机物浓度和总有机碳（TOC）浓度的变化，并不能完全反映出污水是否适合生物处理。可以有效评估废水生物处理潜力的一个重要衡量指标是可生化性（也称为生物可降解性、BOD_5/COD）。这个指标用于评估废水中有机污染物被生物降解的难易程度[3]。COD 值的降低表示污染物被降解，而较高的 BOD_5 值则表明污染物具有较强的可生化性。在实际的废水处理中，如果 BOD_5/COD 比大于 0.3，表明该废水具有生物可降解性，适合采用生物处理方法[4]。可生化性判断的标准见表 7-3。

表 7-3　可生化性判断的标准

BOD_5/COD	可生化性判断
> 0.45	生化性较好
> 0.3	可生化
< 0.3	较难生化
< 0.2	不宜生化

在最优化的反应条件下，对于初始浓度为 10 mg/L 的 SPM 溶液，初始 pH 值未调节，H_2O_2 浓度为 0.5 mmol/L，Fe_3O_4/ZSM-5/Sch 投加量为 0.6 g/L，延长反应时间至 600 min 的 COD、BOD_5 及 BOD_5/COD 的变化趋势如图 7-1 所示。在未经处理的 SPM 溶液中，BOD_5/COD 比值仅为 0.023，表明原水不适合生化处理。然而，随着反应的进行，COD 值显著下降，这是因为生成的 ·OH 将 SPM 氧化分解成小分子的中间产物，且部分中间产物进一步完全矿化成水和二氧化碳[5]。随着大分子有机污染物被降解成结构更简单的小分子中间产物，BOD_5 值逐渐增加，从最初的 0.556 mgO_2/L 增加到 7.78 mgO_2/L。在反应进行到 600 min 后，BOD_5/COD 比值增加到 0.519，表明该体系显著提高了 SPM 溶液的可生化性，使处理后的废水完全满足生化处理的要求。

值得注意的是，在反应进行到 30 min 时，观察到 COD 值比初始时略有增加。这可能是由于新加入的 H_2O_2 与重铬酸钾反应，消耗了部分重铬酸钾，导致体系中 COD 值偏高[6]。但随着反应的进行，H_2O_2 逐渐被消耗，同时 SPM 被氧化，导致 COD 值随之下降。

7.2.2　SPM 转化产物对大肠杆菌的毒性研究

根据图 7-1 的数据，可以看出在 Fe_3O_4/ZSM-5/Sch/H_2O_2/UV 体系中，SPM 并没有被完全矿化，而是在降解过程中产生了多种中间产物。这些中间产物由于其多样性和复杂性可能保留了一定程度的毒性，如果直接排放到环境水体中，可

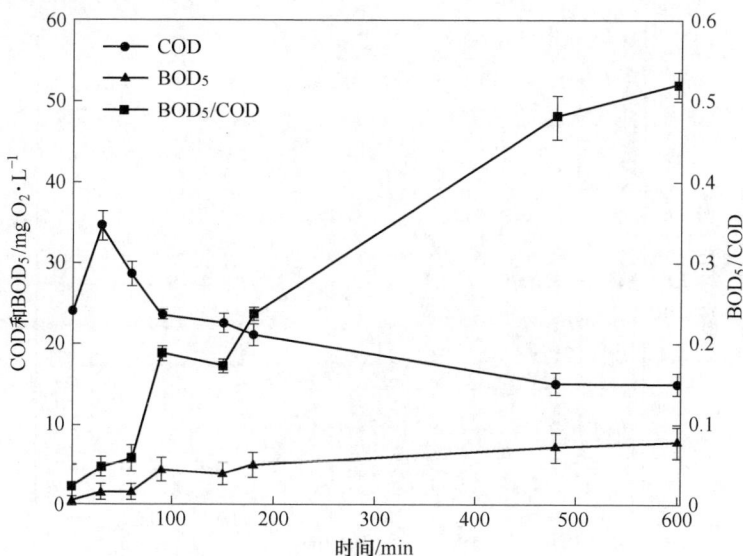

图 7-1   COD、BOD$_5$ 及 BOD$_5$/COD 的变化趋势

能会对水生生物造成毒性影响。自 2010 年以来，排水生物毒性检测逐渐受到重
视。鉴于大肠杆菌的易获得性、快速繁殖、简便的生长条件以及低成本等优
点[7-8]，使用大肠杆菌测试 SPM 及其降解中间产物的抗菌性成为判断降解后溶液
毒性的一种方法。SPM 在不同时间点的降解样品对 *E. coli* 的生长抑制情况如图 7-2
所示。

从图 7-2 中可以看出，未经处理的 SPM 溶液对大肠杆菌 *E. coli* 的生长抑制率
高达 97.19%，表明原水具有较强的毒性。但随着反应的进行，降解后的 SPM 溶
液对 *E. coli* 的生长抑制率显著降低。在反应进行 180 min 后，抑菌率降至 9.98%，
而在延长反应至 600 min 后，抑菌率进一步降至 8.25%。这一降低趋势表明，在
Fe$_3$O$_4$/ZSM-5/Sch/H$_2$O$_2$/UV 体系中产生的具有生物毒性的物质被 ·OH 逐渐降
解，生成无生物毒性的有机物质、H$_2$O 和 CO$_2$。

7.2.3   SPM 转化产物对植物的毒性研究

植物在生态系统中扮演着至关重要的角色。植物毒性实验是评估有机化合物
潜在毒性的有效方法，主要通过观察种子的萌发能力和根生长速度来判断这些化
合物是否对植物造成了暂时或长期的抑制作用。在受污染环境中，种子能否在抗
生素的存在条件下正常发芽和生长是植物生长的关键先决条件，常用的评价指标
包括发芽率、根伸长情况和植株高度的受抑制程度。通过比较实验组和空白对照
组小麦种子的发芽指数（Germination Index，GI），可以对种子的发芽率和根长进

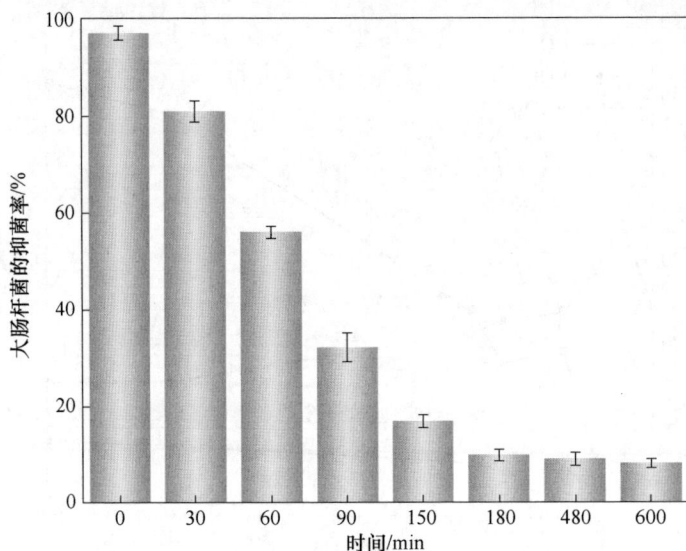

图 7-2   降解 SPM 的中间产物对大肠杆菌的生长抑制

行综合分析，进而评估 SPM 中间转化产物的植物毒性，这些结果展示在图 7-3 和图 7-4 中。理论上，当 GI 低于 100%时，可以判断样品具有植物毒性。然而，在实际实验中，如果 GI 大于 50%，通常被认为是没有明显的植物毒性[9]。

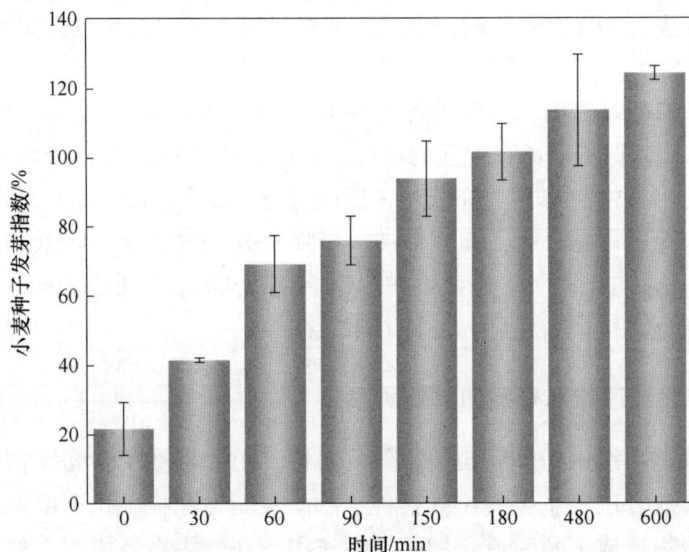

图 7-3   Fe$_3$O$_4$/ZSM-5/Sch/H$_2$O$_2$/UV 体系降解 SPM 过程中小麦种子发芽指数的变化

实验结果表明，在仅使用 H$_2$O$_2$ 处理的组别中，小麦种子的发芽率为 95%，

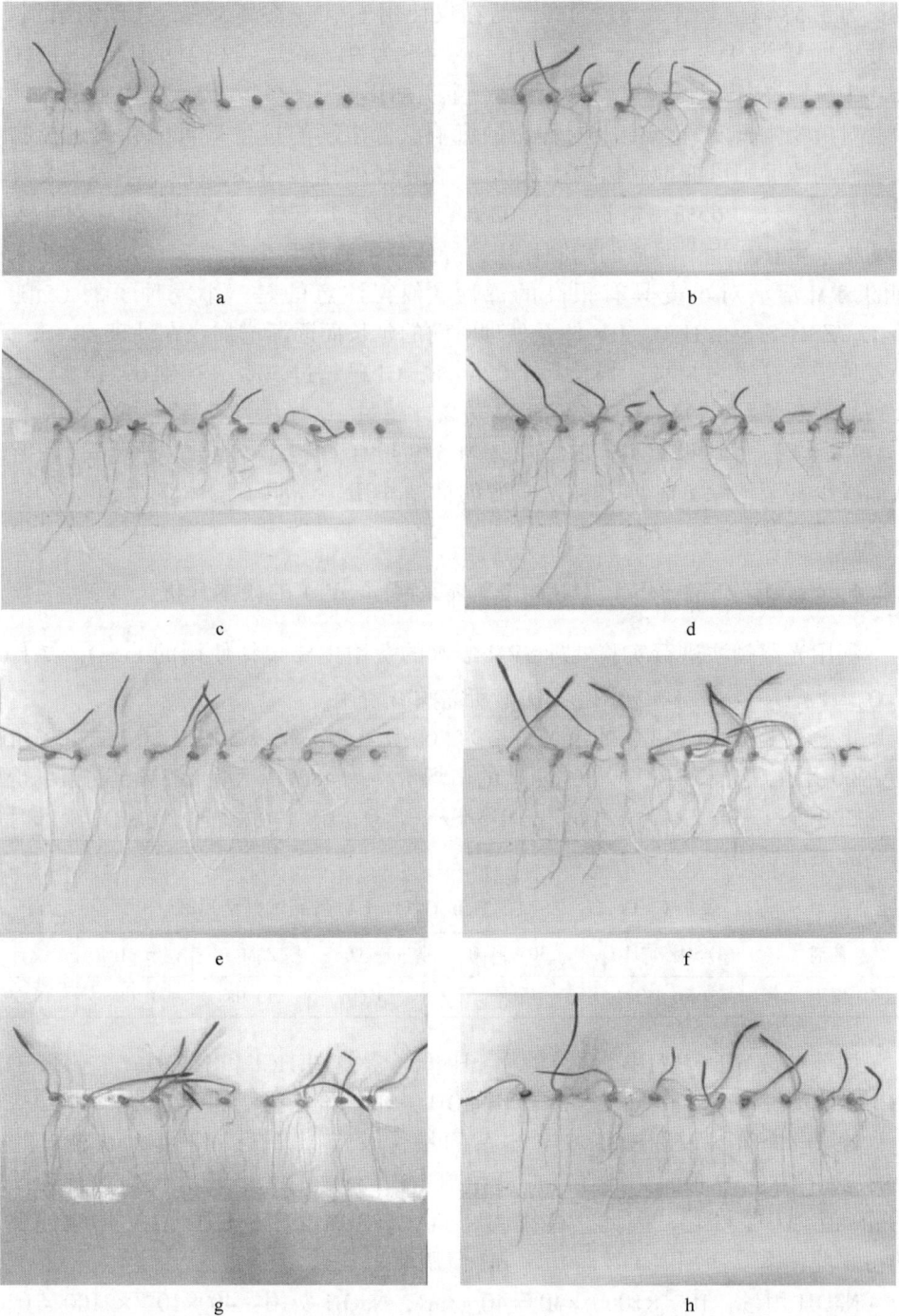

图 7-4 $Fe_3O_4/ZSM-5/Sch/H_2O_2/UV$ 体系降解 SPM 过程中小麦发芽率与根长生长情况

a—0 min；b—30 min；c—60 min；d—90 min；e—150 min；f—180 min；g—480 min；h—600 min

根长为 5.534 cm，GI 为 81.41%；而在仅使用 Fe$_3$O$_4$/ZSM-5/Sch 处理的组别中，发芽率同样为 95%，根长为 6.211 cm，GI 为 91.36%，这说明 H$_2$O$_2$、Fe$_3$O$_4$/ZSM-5/Sch 对小麦种子的发芽并没有产生负面影响。研究表明，抗生素进入环境后会对植物生长发育产生不同程度的影响。低浓度的抗生素可能会促进植物生长，而高浓度则可能抑制植物生长[10]。在未经处理的 SPM 溶液中培养小麦种子时，发芽率仅为 65%，根长为 2.102 cm，GI 为 21.57%，这说明 SPM 对小麦种子的根系生长产生了明显的抑制作用，导致种子萌发和生长缓慢，从而表明未处理的 SPM 溶液对小麦具有很高的毒性。值得注意的是，小麦种子的 GI 随着 Fe$_3$O$_4$/ZSM-5/Sch/H$_2$O$_2$/UV 体系处理时间的延长而逐渐增加。在处理 60 min 后，小麦种子发芽率为 85%，根长为 5.226 cm，GI 已超过 50%，达到 69.14%。随着处理时间延长到 180 min，GI 值明显升高，超过 100%，发芽率为 90%，根长为 7.279 cm。这些结果表明：Fe$_3$O$_4$/ZSM-5/Sch/H$_2$O$_2$/UV 体系能有效降解 SPM，从而减少甚至消除其对小麦种子萌发的抑制作用，证明了该体系对 SPM 的植物毒性具有显著的消减效应。

7.2.4 Fe$_3$O$_4$/ZSM-5/Sch/H$_2$O$_2$/UV 体系降解 SPM 的成本分析

利用光芬顿法进行实验处理 SPM 废水的费用主要包括使用的 FeSO$_4$ · 7H$_2$O、H$_2$O$_2$、Fe$_3$O$_4$ 及 ZSM-5 和调节 pH 值所需酸碱费用。

工业级 FeSO$_4$ · 7H$_2$O 的市场价格为 200 元/t，工业级 30% H$_2$O$_2$ 的市场价格为 1200 元/t，纳米 Fe$_3$O$_4$（20 nm）的市场价格为 48000 元/t，ZSM-5 的市场价格为 33500 元/t。表 7-4 为 Fe$_3$O$_4$/ZSM-5/Sch/H$_2$O$_2$/UV 体系处理 1 t SPM 废水时所需药品试剂费用表。

表 7-4 Fe$_3$O$_4$/ZSM-5/Sch/H$_2$O$_2$/UV 药品试剂费用表   （元/t）

药剂	FeSO$_4$ · 7H$_2$O	30% H$_2$O$_2$	Fe$_3$O$_4$	ZSM-5	调节 pH 值	总计
费用	0.17	0.06	3.60	15.08	0.08	18.99

调节溶液 pH 值费用：调节溶液 pH 值通常使用 HCl 和 NaOH。工业级 31% HCl 的市场价格为 600 元/t，工业级 NaOH 的市场价格为 2100 元/t[11]。

Fe$_3$O$_4$/ZSM-5/Sch/H$_2$O$_2$/UV 体系的最优反应条件为 pH 值为 6.52，此为 SPM 原溶液的 pH 值，因此在反应开始前不需要调 pH 值，但在反应过程中体系的 pH 值会发生变化。因此，在排放经 Fe$_3$O$_4$/ZSM-5/Sch/H$_2$O$_2$/UV 体系处理后的污水前，需要使用 NaOH 将污水 pH 值调节为 7。

NaOH 用量：$10^{-3} \times 1000 \times 40 = 40$ g/m^3，NaOH 费用：$40 \times 10^{-6} \times 2100 = 0.08$ 元/m^3，调节溶液 pH 值总费用为 0.08 元/m^3。

因此，Fe$_3$O$_4$/ZSM-5/Sch/H$_2$O$_2$/UV 体系处理 1 t SPM 废水的总费用为

18.99 元。

在前面的研究中可知，Fe_3O_4/ZSM-5/Sch 具有较高的催化活性、良好的重复利用性及稳定性。当 Fe_3O_4/ZSM-5/Sch 重复使用 6 次后，SPM 的降解率基本保持在 86.50% 以上，Fe_3O_4/ZSM-5/Sch 在实际应用中也可进行多次重复利用。依据实验室中所做实验循环次数，可在实际应用中处理 6 t SPM 废水，产生的总费用为 19.69 元。其中，Fe_3O_4/ZSM-5/Sch 不需更换，催化剂合成费用为 18.85 元，H_2O_2 总费用为 0.36 元，调节溶液 pH 值总费用为 0.48 元。

运行多次后总费用不高，说明 Fe_3O_4/ZSM-5/Sch/H_2O_2/UV 体系在工业应用中具有可行性。

7.3　本章小结

（1）Fe_3O_4/ZSM-5/Sch 光芬顿反应降解 SPM 废水，废水的 BOD_5/COD 值由最初的 0.023 提升到 0.519，可生化性大大提高。

（2）在 Fe_3O_4/ZSM-5/Sch/H_2O_2/UV 体系中 SPM 的中间转化产物对 *E. coli* 的生长抑制作用逐渐降低，SPM 降解的最终产物趋向于无毒，且转化产物的毒性低于初始的 SPM。Fe_3O_4/ZSM-5/Sch/H_2O_2/UV 体系降解 SPM 对小麦种子的萌发抑制作用随着反应时间的延长而逐渐消除。总之，通过 Fe_3O_4/ZSM-5/Sch/H_2O_2/UV 体系可以有效地降解 SPM，并减少其对环境和生物的毒性影响。

（3）Fe_3O_4/ZSM-5/Sch 是一种有效降解螺旋霉素、经济成本低的异相芬顿催化剂。

参 考 文 献

［1］KHURANA P, PULICHARLA R, BRAR S K. Antibiotic-metal complexes in wastewaters: Fate and treatment trajectory ［J］. Environment International, 2021, 157: 106863.

［2］GULLBERG E, CAO S, BERG O G, et al. Selection of resistant bacteria at very low antibiotic concentrations ［J］. PLOS Pathogens, 2011, 7(7): e1002158.

［3］DING W, GAO Y X, YANG M, et al. Treatment of 2-phenylamino-3-methyl-6-di-n-butylaminofluoran production effluent by combination of biological treatments and Fenton's oxidation ［J］. Journal of Environmental Sciences, 2007, 19 (10): 1178-1182.

［4］MOUSSET E, OTURAN N, HULLEBUSCH E V, et al. Treatment of synthetic soil washing solutions containing phenanthrene and cyclodextrin by electro-oxidation. Influence of anode materials on toxicity removal and biodegradability enhancement ［J］. Applied Catalysis B Environmental, 2014, 160-161: 666-675.

［5］李卓桁. 紫外光驱动高级氧化技术的石化废水处理实验研究 ［D］. 成都: 西南交通大学, 2018.

[6] GHALY M Y, FARAH J Y, FATHY A M. Enhancement of decolorization rate and COD removal from dyes containing wastewater by the addition of hydrogen peroxide under solar photocatalytic oxidation [J]. Desalination, 2007, 217 (1/2/3): 74-84.

[7] SUN P, YAO H, MINAKATA D, et al. Acid-catalyzed transformation ofionophore veterinary antibiotics: Reaction mechanism and productimplications [J]. Environmental Science & Technology, 2013, 47 (13): 6781-6789.

[8] 许芬, 张如锋, 沈芷璇, 等. UV/H_2O_2 降解美罗培南的影响因素及毒性研究 [J]. 环境科学学报, 2019, 39 (12): 4031-4038.

[9] 惠璠, 高乐, 郭雅妮, 等. 城市常见绿化废弃物高效堆肥的影响因素 [J]. 陕西农业科学, 2020, 66 (3): 66-69.

[10] 王晓洁, 赵蔚, 张志超, 等. 兽用抗生素在土壤中的环境行为、生态毒性及危害调控 [J]. 中国科学: 技术科学, 2021, 51 (6): 615-636.

[11] 王平. 芬顿法应用于染料工业园区废水深度处理的技术研究与评价 [D]. 北京: 北京化工大学, 2015.

8 Fe₃O₄/ZSM-5/Sch(3)催化光芬顿反应降解甲基橙

甲基橙（methyl orange, MO）是一种典型的含 N＝N 基团的偶氮染料，广泛应用于纺织、印刷、皮革、化妆品和制药等行业，是目前使用最多的合成染料。甲基橙废水具有生物难降解性，色度深、COD 指标高以及透光性弱等特点[1]，并且会抑制水生植物的生长，从而严重破坏水体的自净功能。此外，MO 结构中存在偶氮双键，可分解为致癌的苯胺类物质[2]，对人类健康和生态环境产生严重危害。因此，如何有效地去除废水中的 MO 已成为环境修复领域的重要问题。

由第 5 章研究结果可知，利用化学浸渍法合成的 Fe₃O₄/ZSM-5/Sch 作为催化剂，采用异相光芬顿去除 SPM 具有较好的降解效果，但不能确定该类催化剂对其他类型有机污染物是否也具有良好的催化活性。因此，本章选取甲基橙为目标污染物，主要研究不同种催化剂体系、初始溶液 pH 值、H₂O₂ 浓度、Fe₃O₄/ZSM-5/Sch(3) 投加量对降解甲基橙的影响，通过循环利用实验研究了 Fe₃O₄/ZSM-5/Sch(3) 的重复使用性及稳定性情况。

8.1 材料与方法

8.1.1 实验试剂与仪器

8.1.1.1 实验试剂

实验所需原料与试剂详见 5.1.1 节。实验过程中药品试剂均未进行纯化处理，且溶液试剂均采用去离子水配置。新增试剂见表 8-1。

表 8-1 实验试剂

试剂名称	分子式	纯度	生产厂家
甲基橙	$C_{14}H_{14}N_3NaO_3S$	分析纯	国药集团

8.1.1.2 实验仪器

实验和材料表征所需仪器详见 5.1.1 节。

8.1.2 Fe$_3$O$_4$/ZSM-5/Sch(3) 催化剂的制备

（1）称取 0.8 g 纳米 Fe$_3$O$_4$ 放入装有 494 mL 酸化水（pH 值为 2.0）的锥形瓶中，超声分散 10 min 后得到悬浮液。

（2）称取 11.12 g 的 FeSO$_4$·7H$_2$O 加入上述悬浮液中，待完全溶解后，加入 3 g 硅铝比为 110 的 H 型 ZSM-5 分子筛，再次进行超声分散 3~5 min。

（3）其余步骤同 5.1.2.3 节，所制备的样品被标记为 Fe$_3$O$_4$/ZSM-5/Sch（3）。

8.1.3 Fe$_3$O$_4$/ZSM-5/Sch(3) 催化光芬顿反应降解 MO 的条件影响实验

8.1.3.1 不同催化剂体系对 MO 降解的影响

Fe$_3$O$_4$、Sch、ZSM-5 和 Fe$_3$O$_4$/ZSM-5/Sch（3）依次分别称取 0.2 g 放入 50 mL、10 mg/L 的 MO 溶液中，反应溶液的初始 pH 值用 0.1 mol/L HClO 和 NaOH 溶液调节为 3；超声 2~3 min 后，置于多通道光催化反应仪中开始光照，并加入一定量的 H$_2$O$_2$（30%，体积分数）使其浓度为 3 mmol/L；温度设置为 28 ℃，紫外光电流强度设置为 100%，分别在 0 min、10 min、20 min、30 min、40 min、50 min 取样过滤测试，并加入一定量甲醇进行淬灭，取出的样品用 0.45 μm 滤头去除催化剂，滤液在紫外波长 464 nm 处测定其吸光度值。每组实验设置 3 个平行重复。

8.1.3.2 初始 pH 值对 SPM 降解的影响

首先配制 10 mg/L 的 MO 溶液，分别将 MO 溶液的 pH 值调至 3、5、7、9、11，再分别称取 0.2 g 的 Fe$_3$O$_4$/ZSM-5/Sch（3）复合催化剂添加到上述溶液 50 mL 体系中；超声 2~3 min 后，置于多通道光催化反应仪中开始光照，并加入一定量的 H$_2$O$_2$（30%，体积分数）开始反应，温度设置为 28 ℃，紫外光电流强度设置为 100%，分别在 0 min、10 min、20 min、30 min、40 min、50 min 取样过滤测试，并加入一定量甲醇进行淬灭，取出的样品用 0.45 μm 滤头去除催化剂，滤液在紫外波长 464 nm 处测定其吸光度值。每组实验设置 3 个平行重复。

8.1.3.3 H$_2$O$_2$ 浓度对 SPM 降解的影响

调节反应体系的 pH 值为 3，使反应体系中 H$_2$O$_2$ 浓度为 0 mmol/L、0.5 mmol/L、1 mmol/L、3 mmol/L、4 mmol/L。其余步骤同 8.1.3.2 节。

8.1.3.4 Fe$_3$O$_4$/ZSM-5/Sch(3) 复合催化剂投加量对 SPM 降解的影响

调节反应体系的 pH 值为 3，使得 Fe$_3$O$_4$/ZSM-5/Sch（3）复合催化剂的浓度为 0 g/L、0.5 g/L、1 g/L、2 g/L、4 g/L、6 g/L。其余步骤同 8.1.3.2 节。

8.1.3.5 Fe$_3$O$_4$/ZSM-5/Sch(3) 的重复利用实验

配制 10 mg/L 的 MO 溶液，称取 4 g/L 的 Fe$_3$O$_4$/ZSM-5/Sch（3），调节溶液

pH 值为 3；超声 2~3 min 后，加入 3 mmol/L H$_2$O$_2$（30%，体积分数），将反应体系置于多通道光催化反应仪中开始光照，加入 H$_2$O$_2$ 进行反应，温度设置为 28 ℃，紫外光电流强度为 100%，反应 50 min 后取样，并加入一定量甲醇进行淬灭，用 0.45 μm 滤头过滤以去除催化剂，在波长 464 nm 处测定吸光度值。剩余溶液通过静止分层，将上层液体移出后，并计算应加入的 MO 溶液和 H$_2$O$_2$ 的量进行反应，重复上述操作 6 次。每组实验设置 3 个平行重复。

8.1.4 测定方法

8.1.4.1 MO 测定方法

配制标准系列浓度为 0 mg/L、1.0 mg/L、3.0 mg/L、5.0 mg/L、7.0 mg/L、10 mg/L 的标准溶液，利用 1 cm 石英比色皿，用去离子水做参比溶液，测定波长为 464 nm，依次取一定体积分别测定吸光度。结果表明：在 0~10 mg/L 浓度范围内吸光度与 MO 的浓度成正比，根据标准曲线方程计算出 MO 的浓度值。

MO 的降解率计算公式为：

$$\eta_{MO} = \left[(C_0 - C_t)/C_0 \right] \times 100\% \tag{8-1}$$

式中，η_{MO} 为 MO 的降解率；C_t 为反应 t min 后 MO 的质量浓度，mg/L；C_0 为 SPMO 初始质量浓度，mg/L；t 为反应时间，min。

8.1.4.2 Fe^{2+} 与总铁的测定方法

Fe^{2+} 与总铁的测定方法见 2.2.4 节。

8.2 结果与讨论

8.2.1 不同催化剂体系光芬顿催化降解 MO 的活性测试

不同催化剂体系去除 MO 的效果如图 8-1 所示。由图可知，不同催化剂体系对 MO 的去除效果依次为：Fe$_3$O$_4$/ZSM-5/Sch(3)>Sch>Fe$_3$O$_4$>ZSM-5。尽管 ZSM-5 体系对 MO 的去除率最低，但反应 30 min 时 MO 的去除率仍为 35.48%，这可能是因为 ZSM-5 对 MO 具有较强的吸附作用所致。Fe$_3$O$_4$ 体系效果较差，一方面 Fe$_3$O$_4$ 纳米颗粒容易发生团聚；另一方面 Fe$_3$O$_4$ 中的 Fe(Ⅱ) 被限制在其反尖晶体结构内，无法暴露在催化剂表面[3]，不能有效活化分解 H$_2$O$_2$ 产生 ·OH。在 Sch 体系中，反应 5~30 min 时，MO 去除较慢，而反应 30~50 min，MO 去除较快，因此 Sch 在去除 MO 过程中也同去除 SPM 一样存在诱导期与加快期。Fe$_3$O$_4$/ZSM-5/Sch(3) 复合催化剂在去除 MO 的反应过程中表现出较高的催化性能，30 min 内 MO 的去除率达到 99.63% 以上，这又一次表明负载了 Fe$_3$O$_4$ 和 ZSM-5 后，Sch 的催化性能显著提高。这是因为 ZSM-5 本身具有较大比表面积，可增大复合催化剂的比表面积，其独特的介孔结构可促进 MO 分子在孔道中的扩散并增强了复合催化剂对 MO 的吸附[4]，被吸附的 MO 距离催化剂表面产生的·OH 更近，更容易被·OH 进攻，从而加快 MO 的去除速率[5]。同时负载的 Fe_3O_4 不仅本身可提供 Fe^{3+} 及 Fe^{2+}，而且还具有反尖晶石结构，可进一步使 Sch 中的 Fe^{3+} 快速还原为 Fe^{2+}，进而更加高效分解 H_2O_2 生成·OH[3,6]，反应方程式如下：

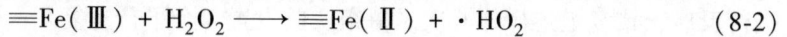

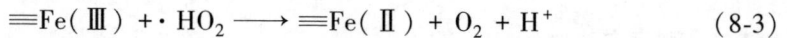

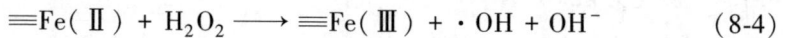

$$\equiv Fe(\text{III}) + H_2O_2 \longrightarrow \equiv Fe(\text{II}) + \cdot HO_2 \tag{8-2}$$

$$\equiv Fe(\text{III}) + \cdot HO_2 \longrightarrow \equiv Fe(\text{II}) + O_2 + H^+ \tag{8-3}$$

$$\equiv Fe(\text{II}) + H_2O_2 \longrightarrow \equiv Fe(\text{III}) + \cdot OH + OH^- \tag{8-4}$$

$$\cdot OH + MO \longrightarrow 中间产物 \longrightarrow CO_2 + H_2O \tag{8-5}$$

式中，"$\equiv$"代表催化剂表面。

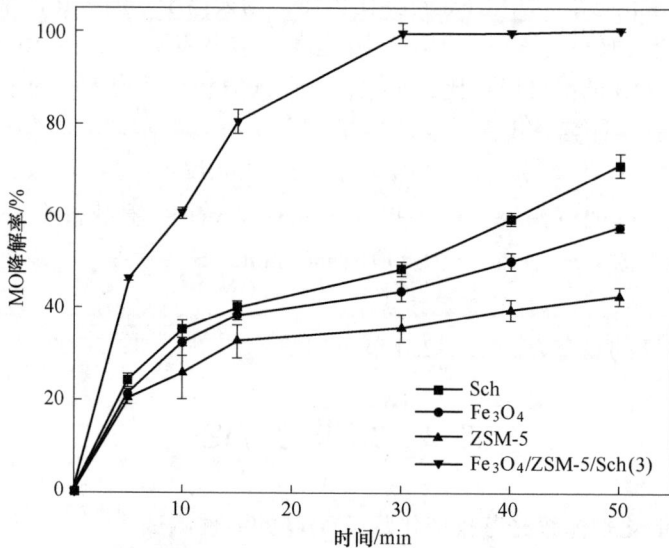

图 8-1　不同催化剂体系光芬顿催化降解 MO 的降解率

8.2.2　初始 pH 值对 Fe_3O_4/ZSM-5/Sch(3)降解 MO 的影响

初始 pH 值对 MO 去除效果的影响如图 8-2 所示。当初始 pH 值范围为 3～11 时，MO 的去除率随着 pH 值的增大而逐渐降低。这主要有两方面的原因：一是因为 MO 在不同 pH 值条件下会呈现出不同的结构。在酸性条件下 MO 分子中的偶氮结构转变成了醌式结构，由于醌式结构中没有了稳定的 N＝N 双键，降低了甲基橙分子结构的稳定性，使得催化降解反应更容易进行；而碱性条件下 MO 为偶氮式结构，结构较为稳定[7]，因此催化降解反应不易发生。二是因为 pH 值会直接影响到·OH 的生成速率。Fe_3O_4/ZSM-5/Sch(3)在酸性条件下会发生部分溶解,溶液中游离的铁离子与 H_2O_2 接触,有利于产生更多的·OH 去进攻 $MO^{[8]}$;然而,随着 pH 值的增大,OH^- 会与部分游离的铁离子结合生成沉淀,从而使·OH 的产量降低,导致 MO 去除率降低。另外,在酸性条件下,催化剂表面易发生质子化,可促进催化剂表面·OH 的产生[9],也可加快 MO 去除速率。综上所述,应选择 pH 值为 3 作为溶液的初始 pH 值。

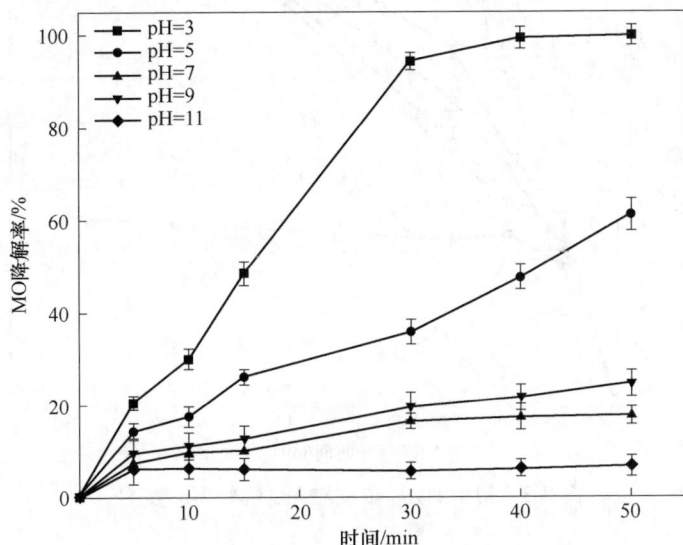

图 8-2 初始 pH 值对 MO 降解率的影响

8.2.3 H_2O_2 浓度对 Fe_3O_4/ZSM-5/Sch(3) 降解 MO 的影响

反应体系中·OH 的产生数量与 H_2O_2 浓度有直接的关系,H_2O_2 的浓度变化对 MO 去除影响结果如图 8-3 所示。当体系中未添加 H_2O_2 时,只有 41.76% 的 MO 被去除,这是复合催化剂对 MO 的吸附所致,表明 MO 可被大量吸附在 Fe_3O_4/ZSM-5/Sch(3)催化剂表面。随着 H_2O_2 浓度的增加,MO 的去除率呈先升高后降低的趋势。当 H_2O_2 浓度为 3 mmol/L 时,MO 的去除效果最好,反应 30 min 后去除率为 99.75%。这是因为 H_2O_2 浓度的增加不仅可增强光对 H_2O_2 的激发,反应见式(8-6),还可增大 H_2O_2 与 Fe(Ⅱ)发生碰撞概率,提高了·OH 产生的数量,进而有效氧化去除 $MO^{[10]}$。然而,当 H_2O_2 浓度过高时,一方面过量的 H_2O_2 会与溶液中的 MO 分子竞争消耗·OH,产生了氧化活性较低的·HO_2,·HO_2 进而继续消耗·OH[11],反应见式(8-7)和式(8-8);另一方面过量的 H_2O_2 还会与 MO 在 Fe_3O_4/ZSM-5/Sch(3)表面竞争吸附,导致 MO 去除率的下降。

$$H_2O_2 + h\nu \longrightarrow 2\cdot OH \tag{8-6}$$

$$\cdot OH + H_2O_2 \longrightarrow H_2O + \cdot HO_2 \tag{8-7}$$

$$\cdot HO_2 + \cdot OH \longrightarrow O_2 + H_2O \tag{8-8}$$

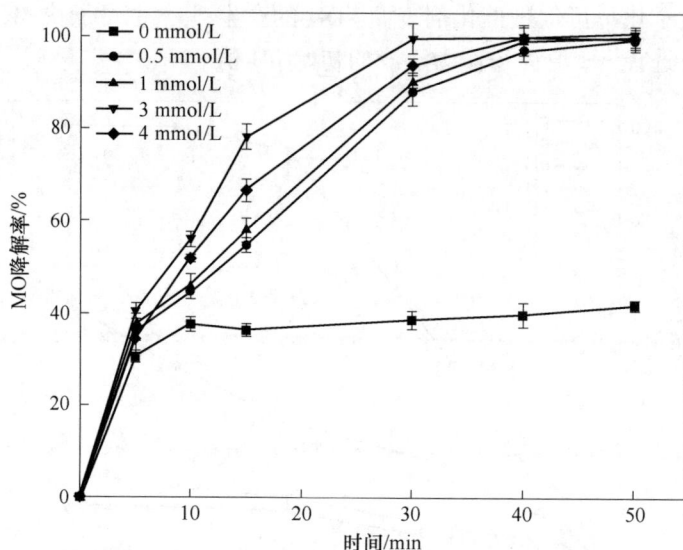

图 8-3   初始 H_2O_2 浓度对 MO 降解率的影响

8.2.4 $Fe_3O_4/ZSM-5/Sch(3)$ 投加量对降解 MO 的影响

催化剂投加量是影响光芬顿体系氧化能力的一个重要因素，$Fe_3O_4/ZSM-5/Sch(3)$ 投加量在 0~6 g/L 范围内对 MO 去除率的影响如图 8-4 所示。当体系中未投加催化剂时，仅在 UV 和 H_2O_2 的自身作用下进行反应，反应 30 min 后 MO 去除率仅为 12.28%，这说明主波长为 365 nm 的 UV 难以有效活化 H_2O_2 产生 $\cdot OH$，导致 MO 去除率低。随着 $Fe_3O_4/ZSM-5/Sch(3)$ 投加量的增加，MO 的去除率先升高后降低。当 $Fe_3O_4/ZSM-5/Sch(3)$ 投加量为 4 g/L 时，MO 的去除率最高，反应 15 min 可达 89.57%，这主要是因为随着催化剂投加量的增加，催化剂对 H_2O_2 和 MO 的吸附增加，更利于 $\cdot OH$ 生成及 MO 去除；此外，催化剂中反应活性位点 Fe 的数量也随之增加，可有效活化 H_2O_2 产生 $\cdot OH$ 去除 MO。然而，当催化剂投量过大时，一方面反应溶液呈现混浊状态，形成"屏蔽效应"，阻碍紫外光线的透过，不能较好地产生 $\cdot OH$；另一方面反应体系会在短时间内生成过多的 $\cdot OH$，进而发生自消耗[9]，反应见式 (8-9)。考虑到效果及经济方面的双重因素，$Fe_3O_4/ZSM-5/Sch(3)$ 的投加量选择 4 g/L。

$$\cdot OH + \cdot OH \longrightarrow H_2O_2 \tag{8-9}$$

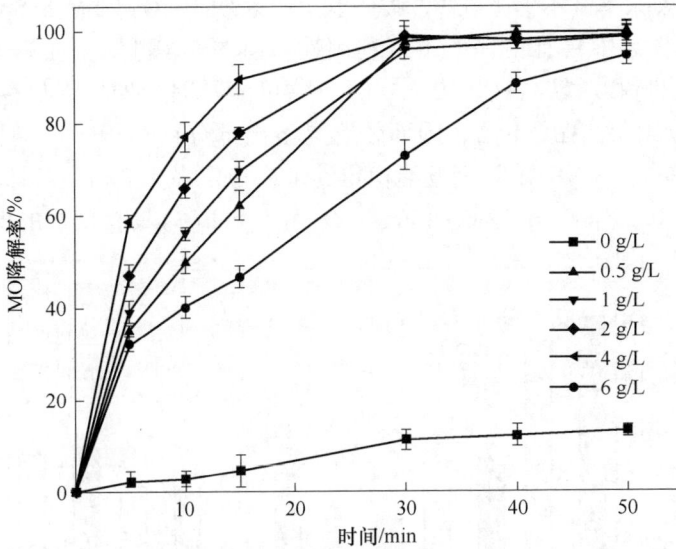

图 8-4 初始 $Fe_3O_4/ZSM-5/Sch(3)$ 复合催化剂浓度对 SPM 降解率的影响

8.2.5 催化剂的重复利用性研究

为进一步验证 $Fe_3O_4/ZSM-5/Sch(3)$ 复合催化剂的稳定性，将反应后的催化剂进行回收，进行光芬顿体系下去除 MO 的重复性实验，重复 6 次的 MO 去除效果以及溶出铁情况如图 8-5 所示。由图 8-5 可知 $Fe_3O_4/ZSM-5/Sch(3)$ 重复使用 6

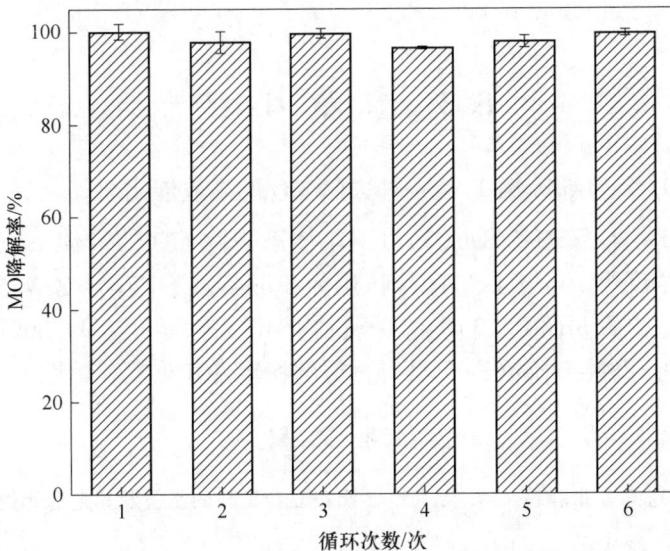

图 8-5 $Fe_3O_4/ZSM-5/Sch(3)$ 循环利用次数对 MO 去除的影响

次后，MO 的去除率基本保持在 97.03% 以上，表明 Fe$_3$O$_4$/ZSM-5/Sch(3)在光芬顿去除 MO 的体系中具有良好的重复利用性。由图 8-6 可知，在第 1 次使用时，总 Fe 离子溶出量相对较高（1.62 mg/L），这可能是因为催化剂仍存在一些松散表面，这些表面的结晶度不高，因而较容易溶出部分铁离子[10]。但继续循环使用 5 次后，TFe 与 Fe^{3+} 溶出量则逐渐稳定，最终稳定在 1.02 mg/L 左右，而 Fe^{2+} 浓度始终低于 0.01 mg/L，这说明 Fe$_3$O$_4$/ZSM-5/Sch(3)具有良好的稳定性。

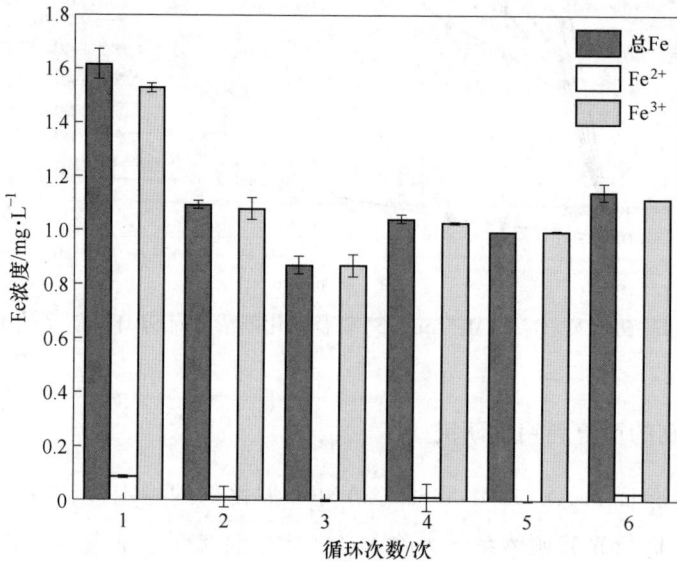

图 8-6   Fe$_3$O$_4$/ZSM-5/Sch(3)循环利用过程中铁离子溶出的情况

8.3   本 章 小 结

（1）Fe$_3$O$_4$/ZSM-5/Sch(3)是一种去除 MO 的高效催化剂。

（2）UV/Fe$_3$O$_4$/ZSM-5/Sch(3)/H$_2$O$_2$ 体系去除 MO 的最佳反应条件是：当 MO 初始质量浓度为 10 mg/L、H$_2$O$_2$ 浓度为 3 mmol/L、Fe$_3$O$_4$/ZSM-5/Sch(3) 投加量为 4 g/L、初始 pH 值为 3 时，50 min 内 MO 去除率可达 99.86%。

（3）Fe$_3$O$_4$/ZSM-5/Sch(3)仍具有良好的稳定性和重复利用性。

参 考 文 献

[1] 朱文德，陈志东，张静超，等. Ag-Cu$_2$O-沸石复合材料的制备及其光催化处理甲基橙废水的研究 [J]. 现代化工，2021，41（2）：209-213.

[2] Al-MAMUN M D, NAFIUL KARIM M D, NITUN N A, et al. Photocatalytic performance

assessment of GO and Ag co-synthesized TiO_2 nanocomposite for the removal of methyl orange dye under solar irradiation [J]. Environmental Technology & Innovation, 2021, 22: 101537.

[3] LI T, WANG X, CHEN Y, et al. Producing ·OH, SO_4^-· and ·O_2^- in heterogeneous Fenton reaction induced by Fe_3O_4-modified schwertmannite [J]. Chemical Engineering Journal, 2020, 393: 124735.

[4] 张建民, 强朦朦, 李红玑, 等. 多级孔 $ZrO_2/TiO_2/ZSM$-5 分子筛的合成及吸附-光催化协同性能 [J]. 水处理技术, 2022, 48 (8): 35-38, 43.

[5] YAN Y Q, ZHANG X Y, WEI J H, et al. Understanding the Iron-cobalt synergies in ZSM-5: Enhanced peroxymonosulfate activation and organic pollutant degradation [J]. ACS OMEGA, 2022, 7 (21): 17811-17821.

[6] LI T, LIANG J R, ZHOU L X. Fabricating Fe_3O_4 schwertmannite as a Z-scheme photocatalyst with excellent photocatalysis-Fenton reaction and recyclability [J]. Journal of Environmental Sciences, 2020, 98 (12): 186-195.

[7] 张丽, 李恩泽, 李振兴, 等. $Fe^{3+}/TiO_2/ZSM$ 多相光 Fenton 降解甲基橙的研究 [J]. 无机盐工业, 2018, 50 (4): 75-78.

[8] 梁建军, 陈书黎, 周颖. α-Fe_2O_3 晶面调控及其非均相光芬顿催化降解甲基橙特性 [J/OL]. 重庆大学学报, 2023, 46 (1): 57-67.

[9] 汪快兵, 方迪, 徐峙晖, 等. 生物合成施氏矿物作为类芬顿反应催化剂降解甲基橙的研究 [J]. 环境科学, 2015, 36 (3): 995-999.

[10] 舒弋芮, 张攀, 王玮, 等. 钛白副产硫酸亚铁光芬顿氧化降解甲基橙的研究 [J]. 无机盐工业, 2021, 53 (3): 68-72.

[11] 陈嘉瑾, 梁娟. Fe-ZSM-5 催化剂的制备及其在芬顿体系中的应用研究 [J]. 现代化工, 2019, 39 (2): 154-158.

9 扩散型改性施威特曼石
活化 H_2O_2 去除水体中的菲

PHE 是多环芳烃中的典型代表物，由三个苯环稠和而成，具有高疏水性、难降解性和三致毒性[1]。PHE 广泛存在于大气、土壤和水体等环境中，容易远距离迁移并在生物体内富集，对生态环境和人体健康都具有很大的危害[2]。虽然在 1976 年 PHE 就被美国环保署列为 16 种优先控制的污染物之一，在 2016 年我国也将其作为重点监测的污染物[3]，但近年来，我国部分地区水环境中的 PHE 含量仍严重超过废水中 PHE 排放限值[4]。因此，如何有效地去除废水中的 PHE 是亟待解决的问题。

目前，常见的 PHE 处理方法包括生物修复法、物理吸附法以及 AOPs 等[5]。其中，AOPs 是一种高效、彻底的处理技术，其机理为通过不同途径产生·OH，从而引发一系列的自由基链式反应攻击有机污染物，最终将其降解成小分子物质甚至完全矿化成 CO_2 和 H_2O[6]。Sch 是一种天然生成的亚稳态次生羟基硫酸铁矿物，可良好地活化 H_2O_2，因此可被用作 AOPs 中异相芬顿技术的催化剂[7]。然而 Sch 自身容易团聚，且主要含有的铁物种为 Fe^{3+} 而不是 Fe^{2+}，导致其在活化 H_2O_2 产生·OH 的过程中存在一定的延滞期[8]，因此需要进一步提高 Sch 中 Fe^{3+}/Fe^{2+} 的转化效率，从而增强其催化活性。ZSM-5 型分子筛是一种具有 MFI 结构的高硅介孔分子筛，具有特殊的孔道结构、高比表面积和良好的分散吸附作用，近年来以 ZSM-5 型分子筛作为载体的复合催化剂逐渐被研究者开发应用[9]。

本章利用 ZSM-5 型分子筛对 Sch 进行改性，采用浸渍法将 Sch 负载于 ZSM-5 型分子筛合成 Sch/ZSM-5 复合催化剂，探究了 Sch/ZSM-5 活化 H_2O_2 去除水体中菲的活性，同时研究了 pH 值、Sch/ZSM-5 质量浓度、H_2O_2 质量浓度对 PHE 去除率的影响，测试了 Sch/ZSM-5 的可重复利用性和稳定性。

9.1 材料与方法

9.1.1 实验试剂与仪器

9.1.1.1 实验试剂

实验所需原料与试剂详见 5.1.1 节。实验过程中药品试剂均未进行纯化处理，且溶液试剂均采用去离子水配置。新增试剂见表9-1。

表9-1　实验试剂

试剂名称	分子式	纯度	生产厂家
菲	$C_{14}H_{10}$	分析纯	北京百灵威科技有限公司
二氯甲烷	CH_2Cl_2	分析纯	国药集团
盐酸	HCl	分析纯	国药集团

9.1.1.2　实验仪器

实验和材料表征所需仪器详见2.1.1节。

9.1.2　Sch/ZSM-5催化剂的制备

向1 L三角瓶中加入11.12 g FeSO$_4$·7H$_2$O、3 g ZSM-5，再加入494 mL去离子水，将三角瓶置于磁力搅拌器上均匀搅拌，同时将6 mL的30% H$_2$O$_2$以约10 s/滴的速度加入瓶中，保持混合液总体积为500 mL。将上述混合液置于28 ℃、180 r/min振荡箱中培养24 h，用0.45 μm滤膜收集沉淀，用pH值为2.0的酸水和去离子水先后洗涤3次，冷冻干燥，保存于干燥容器中备用。催化剂标记为Sch/ZSM-5。

9.1.3　Sch/ZSM-5催化剂的表征

9.1.3.1　扫描电子显微镜分析

日本日立公司S-4800扫描电子显微镜（SEM）测试条件：加速电压7 kV，矿物表面镀Au处理，采用扫描电子显微镜外加的EDS能谱系统测定材料元素组成及含量。

9.1.3.2　比表面积分析

使用美国麦克公司的ASAP 2460分析仪测量材料的比表面积和孔径分布，分析前材料在150 ℃真空脱气处理6 h，再通过使用Brunauer-Emmett-Teller（BET）方程和Barrett-Joyner-Halenda方程分别计算N$_2$吸附等温线与解吸等温线最终得到催化材料的比表面积。

9.1.3.3　X射线衍射分析

SmartLab X射线衍射仪测试条件为：X射线源为Cu靶Kα射线（λ=0.15418 nm），管电压为40 kV，激发电流为40 mA，扫描速度为5(°)/min，步长为0.02°，测试范围为2θ=10°~80°。

9.1.3.4　傅里叶红外光谱分析

傅里叶红外光谱测试条件：扫描次数32次，分辨率0.09 cm^{-1}，波长400~

4000 cm^{-1}，KBr 压片法。

9.1.3.5　电化学工作站

CHI 660E 电化学工作站的辅助电极、参比电极和工作电极分别为铂辅助电极、饱和甘汞参比电极和玻片电极。电化学阻抗谱（EIS）测量采用开路电位（1~10^4 Hz），振幅 10 mV，循环伏安（CV）测量的扫描范围为 0.3~1.0 V，电解液为 0.1 mol/L Na$_2$SO$_4$ 溶液。测试过程中，连续采用 N$_2$ 吹扫去除溶解氧。

9.1.4　Sch/ZSM-5 活化 H_2O_2 降解菲的条件影响实验

9.1.4.1　不同催化剂体系对 PHE 降解的影响

配制 1.0 mg/L PHE 溶液，用 1 mol/L HCl 和 1 mol/L NaOH 调节溶液的 pH 值；称取 1.0 g/L 的 Sch、ZSM-5 和 Sch/ZSM-5 催化剂分别于 35 mL 试管中，加入 10 mL PHE 溶液，再加入 150 mg/L H$_2$O$_2$ 触发反应。将上述反应体系置于 28 ℃、180 r/min 振荡箱中培养，每间隔一定时间取样，加入二氯甲烷涡旋萃取，取下层有机相经旋蒸后加入 3 mL 无水乙醇和 7 mL 去离子水定容，上机测定。实验设置 3 组平行重复。

9.1.4.2　初始 pH 值对 PHE 降解的影响

配制 1.0 mg/L PHE 溶液，用 1 mol/L HCl 和 1 mol/L NaOH 调节溶液的 pH 值分别为 3、5、7、9 和 11；称取 1 g/L 的 Sch/ZSM-5 催化剂分别于 35 mL 试管中，加入 10 mL PHE 溶液，再加入 150 mg/L H$_2$O$_2$ 触发反应。将上述反应体系置于 28 ℃、180 r/min 振荡箱中培养，每间隔一定时间取样，加入二氯甲烷涡旋萃取，取下层有机相经旋蒸后加入 3 mL 无水乙醇和 7 mL 去离子水定容，上机测定。实验设置 3 组平行重复。

9.1.4.3　Sch/ZSM-5 复合催化剂投加量对 PHE 降解的影响

调节反应体系的 pH 值为 3，使得 Sch/ZSM-5 复合催化剂的浓度为 0.1 g/L、0.5 g/L、1 g/L、2 g/L。其余步骤同 9.1.4.2 节。

9.1.4.4　H$_2$O$_2$ 浓度为 PHE 降解的影响

调节反应体系的 pH 值为 3，使反应体系中 H$_2$O$_2$ 浓度为 0 mg/L、5 mg/L、25 mg/L、150 mg/L、300 mg/L 和 500 mg/L。其余步骤同 9.1.4.2 节。

9.1.4.5　Sch/ZSM-5 的重复利用实验

配制 1 mg/L 的 PHE 溶液，称取 1 g/L 的 Sch/ZSM-5 置于 35 mL 试管中，调节溶液 pH 值为 3，超声 2~3 min 后，加入 150 mg/L H$_2$O$_2$（30%，体积分数）。将上述反应体系置于 28 ℃、180 r/min 振荡箱中培养，每间隔一定时间取样，加入二氯甲烷涡旋萃取，取下层有机相经旋蒸后加入 3 mL 无水乙醇和 7 mL 去离子水定容，上机测定。

等待催化剂自然沉淀后，去掉上层清液，重新移入一定体积的 PHE 反应液，使体系中 Sch/ZSM-5 催化剂浓度仍保持为初始浓度，依次重复上述步骤循环反应 6 次，每次实验结束后测定 PHE 的浓度，并在每次实验过程中取样测定体系中溶出铁的情况。实验设置 3 组平行重复。

9.1.5 测定方法

9.1.5.1 PHE 测定方法

PHE 测定[10]：采用紫外分光光度法，在 250 nm 波长处测定。根据如下公式计算 PHE 的去除率。

$$\eta_{PHE} = \frac{C_0 - C_t}{C_0} \times 100\% \tag{9-1}$$

式中，η_{PHE} 为 PHE 的去除率，%；C_0 为 PHE 的初始质量浓度，mg/L；C_t 为 t 时刻 PHE 的质量浓度，mg/L。

9.1.5.2 Fe^{2+} 与总铁的测定方法

Fe^{2+} 与总铁的测定方法见 2.1.4 节。

9.2 结果与讨论

9.2.1 催化剂表征

9.2.1.1 扫描电子显微镜分析

利用 SEM 对催化剂的形貌结构进行分析，Sch、ZSM-5 及 Sch/ZSM-5 的 SEM 图如图 9-1 所示。由图 9-1a 可以看出，Sch 呈带有毛刺的细小球状，粒径为 400～600 nm，团聚现象明显。由图 9-1b 可以看出，ZSM-5 分子筛呈现出由表面粗糙的球状颗粒和不规则块状晶粒掺杂的形貌，粒径大小为 500～1000 nm；整体晶粒较为细碎但分布均匀，孔隙较多；这表明 ZSM-5 分子筛具有较大的比表面积，有利于污染物的吸附去除[11]。由图 9-1c 和 d 可以看出，复合材料 Sch/ZSM-5 的表面由粒径不一、粗糙程度不同的球状晶粒组成。在 Sch/ZSM-5 表面上较为粗糙的晶粒为 ZSM-5，而表面较为圆滑的晶粒则为 Sch。Sch/ZSM-5 表面不规则块状晶粒大量减少，Sch 的团聚现象也不再出现，这说明 Sch/ZSM-5 在一定程度上改善了 ZSM-5 分子筛形貌的无规则性，也使得 Sch 的活性组分成功负载在了 ZSM-5 上，且分散较为均匀。

9.2.1.2 比表面积和孔结构分析

BET-氮气吸附法测得 Sch、ZSM-5 和 Sch/ZSM-5 的比表面积和孔结构见表 9-2。由表 9-2 可以看出，Sch 负载于 ZSM-5 后，Sch/ZSM-5 的比表面积、总孔容相比 Sch 有所增加，而平均孔径有所降低。这说明 ZSM-5 对 Sch 的比表面积增加有十分明显的促进作用，由于 ZSM-5 的引入，使 Sch 的分散更为均匀，复合材料出现更多的小孔，导致孔径降低[12]。

图 9-1 Sch(a)、SM-5(b) 和 Sch/ZSM-5(c，d) 的 SEM 图
a—Sch （×5000 倍）；b—ZSM-5 （×5000 倍）；
c—Sch/ZSM-5 （×5000 倍）；d—Sch/ZSM-5 （×10000 倍）

表 9-2 催化剂的比表面积和孔结构

催化剂	$S_{BET}/m^2 \cdot g^{-1}$	总孔容 $/cm^3 \cdot g^{-1}$	平均孔径/nm
Sch	20.04	0.04	8.06
ZSM-5	253.41	0.16	2.54
Sch/ZSM-5	214.30	0.16	3.08

9.2.1.3 能谱分析

Sch/ZSM-5 的 EDS 元素含量分析结果见表 9-3。由表 9-3 可以看出，复合材料存在大量的 O、Si、Fe 元素，以及少量的 S、Al 元素。其中 Si、Al、O 元素是 ZSM-5 的主要元素，来源于 ZSM-5，而 Fe、S、O 元素则来源于 Sch。这进一步表明 Sch 与 ZSM-5 已经成功复合。

表 9-3　Sch/ZSM-5 的元素含量

元素	原子数	质量分数/%	归一化质量/%	原子分数/%
O	8	30.95	48.56	67.93
Si	14	16.60	26.04	20.75
Fe	26	14.17	22.23	8.91
S	16	1.11	1.73	1.21
Al	13	0.92	1.44	1.20
合计		63.74	100.00	100.00

9.2.1.4　射线衍射分析

Sch、ZSM-5 和 Sch/ZSM-5 的 XRD 谱图如图 9-2 所示。由图 9-2 可以看出，ZSM-5 分子筛的主要特征衍射峰出现的位置为 $2\theta = 23.081°$、$23.281°$、$23.781°$、$29.775°$、$45.361°$，与标准卡片（JCPDS 编号 37-0359）的各衍射峰相对应[13]。Sch 的主要特征衍射峰与标准卡片（JCPDS 编号 47-1775）中主要衍射峰一致，峰位置为 $2\theta = 26.267°$、$35.164°$、$63.685°$，分别对应 Sch 的（310）、（212）、（204）晶面[14]。Sch/ZSM-5 的 XRD 谱图保留了 ZSM-5 分子筛的良好峰形，且在 $35.164°$、$63.685°$处出现了属于 Sch 的特征衍射峰，这说明复合材料充分保持了 Sch 和 ZSM-5 的相结构，结合 EDS 元素分析结果证明两者已经成功复合。值得注意的是：Sch/

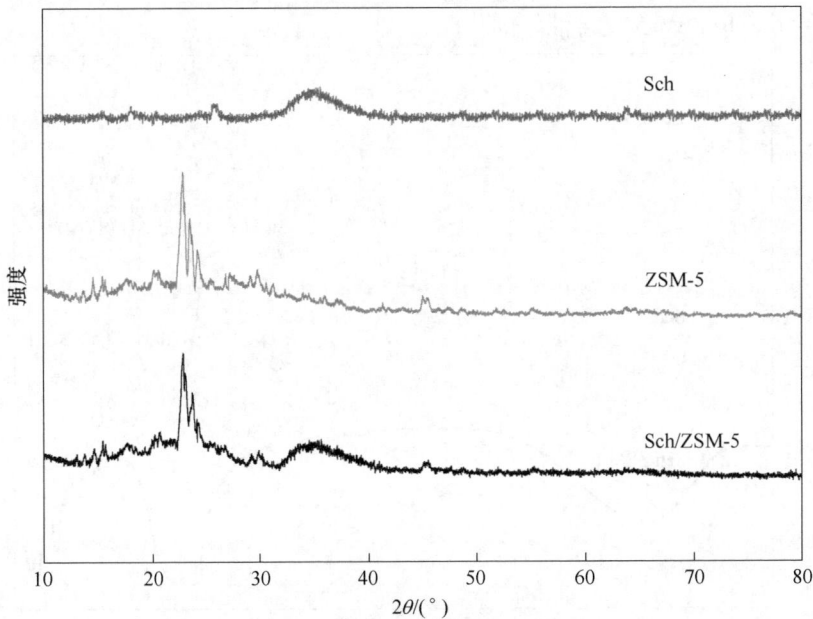

图 9-2　Sch、ZSM-5 和 Sch/ZSM-5 的 XRD 谱图

ZSM-5 在 $2\theta=23°$ 和 $2\theta=30°$ 左右的衍射峰强度有轻微减弱，这是因为引入 Sch 后，Sch 中的 Fe 对 X 射线具有更高的吸收系数，ZSM-5 所吸收的 X 射线减少，因此对应的衍射峰强度降低，这表明 Sch 的活性物质与 ZSM-5 之间发生了一定程度的相互作用，导致 ZSM-5 的结晶度降低。此外，Sch/ZSM-5 的谱图中 Sch 的出峰位较少，且衍射峰的强度较低，表明 Sch 粒径细小均一，且在 ZSM-5 分子筛的表面分散均匀，这与 SEM 所示结果一致。

9.2.1.5　红外光谱分析

Sch、ZSM-5 和 Sch/ZSM-5 的红外光谱分析（FTIR）谱图如图 9-3 所示。由图 9-3 可以看出，ZSM-5 的 FTIR 谱图在 $400\sim1200$ cm^{-1} 范围内出现了沸石结构的典型吸收峰。$1100\sim1225$ cm^{-1} 范围出现的强宽吸收峰为 Si—O—Si 或 Al—O—Al 的反对称伸缩振动峰；800 cm^{-1} 附近的峰属于四面体 Si—O 或 Al—O 的对称伸缩振动峰，555 cm^{-1} 左右的峰归属于 ZSM-5 内部五元氧环的双外环振动峰，而 $440\sim460$ cm^{-1} 区间的峰为 Si—O 或 Al—O 的弯曲振动峰[15]。Sch 的谱图在约 3305 cm^{-1} 处的宽波段特征峰及 1631 cm^{-1} 处的吸收峰分别为 O—H 键的伸缩和弯曲振动峰；在约 1122 cm^{-1}、981 cm^{-1} 处分别属于 SO_4^{2-} 的 γ_3 和 γ_1 伸缩振动峰，约 701 cm^{-1} 处为 Fe—O 伸缩振动峰，而 606 cm^{-1} 处的峰是由矿物隧道结构内的 SO_4^{2-} 产生[16]。Sch/ZSM-5 的谱图曲线中可以看到 ZSM-5 的一系列特征峰保留明显，且在 1121 cm^{-1} 和 701 cm^{-1} 处出现了 Sch 中 SO_4^{2-} 的 γ_3 伸缩振动峰和 Fe—O 伸缩振动峰，进一步证明成功制备了 Sch/ZSM-5 复合催化剂。

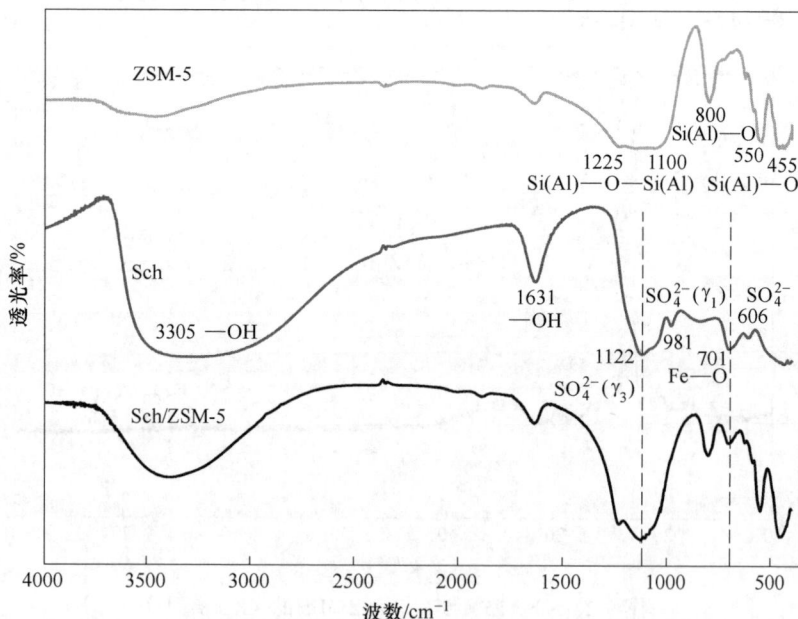

图 9-3　Sch、ZSM-5 和 Sch/ZSM-5 的 FTIR 谱图

9.2.1.6　循环伏安分析

Sch、ZSM-5 和 Sch/ZSM-5 的循环伏安分析（CV）曲线如图 9-4 所示。由图9-4 可以看出，Sch 的 CV 曲线中氧化峰（E^{ox}）和还原峰（E^{red}）分别位于 1.12 V 和 0.46 V 处，峰电流强度较弱，说明 Sch 中$\equiv$Fe(Ⅲ) 和$\equiv$Fe(Ⅱ) 之间存在较差的氧化还原反应。Sch/ZSM-5 的 CV 曲线中氧化还原峰强度明显强于纯 Sch 和纯 ZSM-5，特别是还原峰电流强度更高，表明 Sch/ZSM-5 更容易发生$\equiv$Fe(Ⅲ) 和$\equiv$Fe(Ⅱ) 之间的氧化还原。另外，Sch/ZSM-5 的半波电位（$E_{1/2}=(E^{red}+E^{ox})/2$）为 0.67 V，低于 Sch（0.79 V），说明在 Sch/ZSM-5 上$\equiv$Fe(Ⅲ) 更容易转换为$\equiv$Fe(Ⅱ)[17]。以上结果证实将 Sch 与 ZSM-5 复合可有效降低$\equiv$Fe(Ⅲ)/Fe(Ⅱ) 的氧化还原电位。

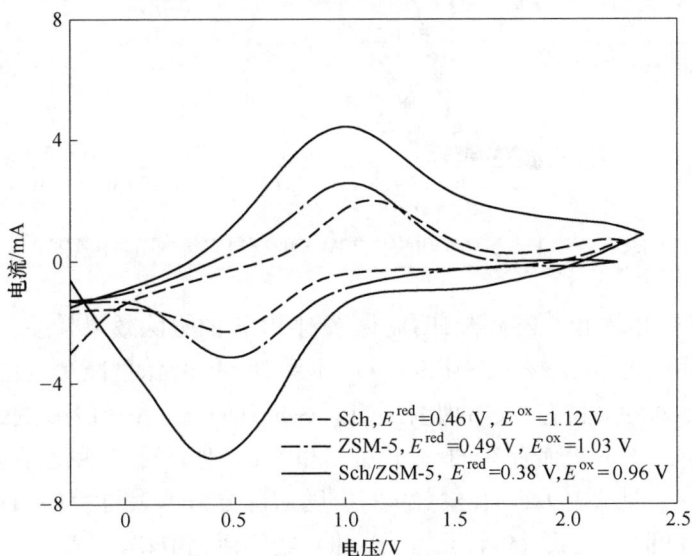

图 9-4　Sch、ZSM-5 和 Sch/ZSM-5 的 CV 曲线

9.2.1.7　电化学阻抗分析

Sch、ZSM-5 和 Sch/ZSM-5 的交流阻抗 Nyquist 谱图如图 9-5 所示。阻抗图由高频区的半圆和低频区的直线两部分组成，高频区的半圆弧直径代表着电子界面转移电阻的大小[18]。不同催化剂阻抗曲线半圆弧直径的大小依次为 ZSM-5>Sch>Sch/ZSM-5，这表明 Sch/ZSM-5 的电子界面转移电阻最小，具备最快的电子转移速率。这是因为 Sch 在 ZSM-5 上均匀分布，复合催化剂所具有的独特孔结构和高的比表面积能够为参与反应的物质提供便利的迁移通道，从而加快催化剂表面的电子传递。

9.2.2　不同催化剂体系去除 PHE 的效果对比

Sch、ZSM-5 和 Sch/ZSM-5 三种催化剂活化 H_2O_2 去除 PHE 的效果如图 9-6 所

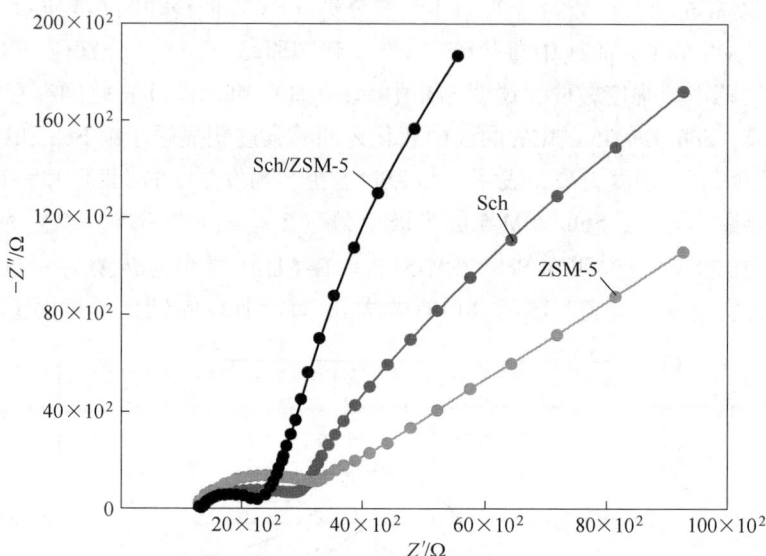

图 9-5 Sch、ZSM-5 和 Sch/ZSM-5 的交流阻抗 Nyquist 谱图

示。由图 9-6 可以看出，ZSM-5/H_2O_2 体系对 PHE 的去除效果较差，反应 8 h 后 PHE 的去除率仅为 16.72%。ZSM-5/H_2O_2 体系中，PHE 浓度减少的主要原因可能是因为 ZSM-5 对污染物有一定的吸附作用。Sch/H_2O_2 体系中 PHE 的去除率在 5 h 后达到 95.45%。Sch 表面存在的 ≡Fe(Ⅱ) 和 ≡Fe(Ⅲ) 可以活化分解 H_2O_2 产生 ·OH 和 HO$_2$·，见式 (9-2) 和式 (9-3)，随后部分 HO$_2$· 与 ≡Fe(Ⅲ) 反应使其被还原为 ≡Fe(Ⅱ) (见式 (9-4))，≡Fe(Ⅱ) 继续活化 H_2O_2 产生 ·OH，以此实现 ≡Fe(Ⅱ)/≡Fe(Ⅱ) 的氧化还原循环并产生 ·OH，产生的 ·OH 攻击吸附在 Sch 表面的 PHE (见式 (9-5))[19]。而 Sch/ZSM-5/H_2O_2 体系反应 3 h 后 PHE 的去除率已达 96.90%。经 ZSM-5 改性后 Sch 被均匀负载在 ZSM-5 分子筛上，扩散程度提高，团聚现象减少，比表面积增大，表面供 PHE 吸附的反应活性位点增加，表面传质过程的速率提高，有利于提高 PHE 的去除率[20]；与此同时，Sch/ZSM-5 催化剂具有更高的电子转移速率，≡Fe(Ⅲ) 和 ≡Fe(Ⅱ) 之间的氧化还原反应更易发生，进而产生 ·OH 的速率加快，从而有效提高了 PHE 的去除效率。以上结果表明，与其他两种催化剂相比，Sch/ZSM-5 在活化 H_2O_2 去除 PHE 的过程中具有较大优越性。

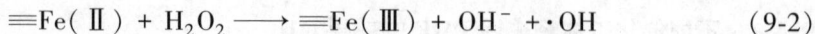

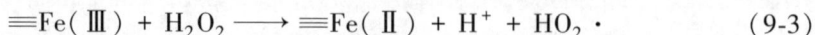

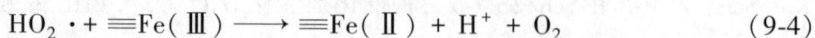

$$\equiv Fe(Ⅱ) + H_2O_2 \longrightarrow \equiv Fe(Ⅲ) + OH^- + \cdot OH \qquad (9\text{-}2)$$

$$\equiv Fe(Ⅲ) + H_2O_2 \longrightarrow \equiv Fe(Ⅱ) + H^+ + HO_2 \cdot \qquad (9\text{-}3)$$

$$HO_2 \cdot + \equiv Fe(Ⅲ) \longrightarrow \equiv Fe(Ⅱ) + H^+ + O_2 \qquad (9\text{-}4)$$

$$\cdot OH + PHE \longrightarrow 中间产物 \longrightarrow CO_2 + H_2O \qquad (9-5)$$

式中，"≡"代表 Sch 的表面结构。

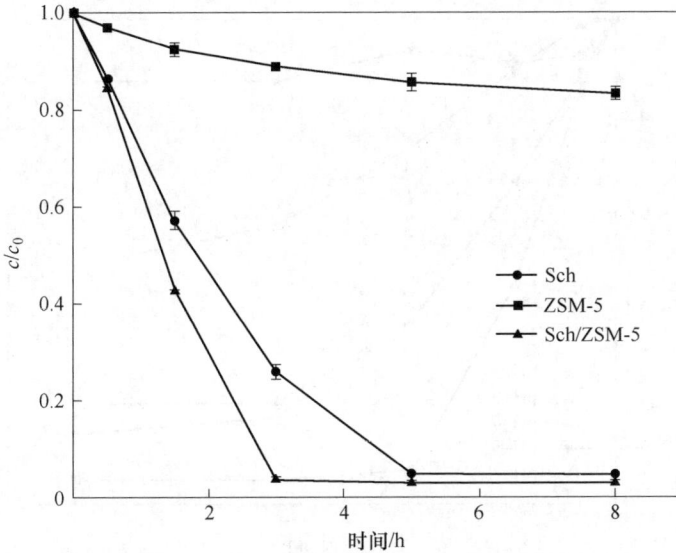

图 9-6　不同催化剂体系中 PHE 的去除效果

9.2.3　初始 pH 值对 Sch/ZSM-5 活化 H$_2$O$_2$ 去除 PHE 的影响

不同初始 pH 值条件下 Sch/ZSM-5 活化 H$_2$O$_2$ 去除 PHE 的效果如图 9-7 所示。由图 9-7 可以看出，当 pH 值为碱性条件时，PHE 的去除率较低，而随着 pH 值的降低 PHE 的去除率逐渐升高，特别是当 pH 值为 3.0 的酸性条件下，PHE 的去除率最高，在反应 3 h 后达到 94.91%。研究表明体系中的活性自由基·OH 在 pH 值为 3.0 时具有较高的氧化电位（2.8 eV），可高效氧化有机污染物，但随着 pH 值增大，·OH 的氧化电位会逐渐变低，这导致 PHE 在中性及碱性条件下有相对较低的去除率[21]。此外，酸性条件下，催化剂中少量 Sch 会溶解成离子态的铁（Fe^{2+}/Fe^{3+}），与 H$_2$O$_2$ 形成均相 Fenton 体系，产生·OH（见式（9-6）~式（9-8））[22]。为提高整个体系的反应速率做出贡献，在碱性条件下，不仅催化剂表面及溶解在溶液中的铁离子易与溶液中 OH$^-$ 结合形成 Fe(OH)$_3$ 沉淀阻塞反应活性位点，而且易引发体系中 H$_2$O$_2$ 分解产生 H$_2$O 和 O$_2$（见式（9-9））[23]，减少·OH 的产生，从而降低 PHE 的去除效率。故选择 pH 值为 3.0 作为本体系最佳反应 pH 值。

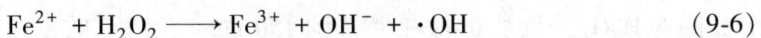

$$Fe^{2+} + H_2O_2 \longrightarrow Fe^{3+} + OH^- + \cdot OH \qquad (9-6)$$

$$Fe^{3+} + H_2O_2 \longrightarrow Fe^{2+} + H^+ + HO_2 \cdot \tag{9-7}$$

$$Fe^{3+} + HO_2 \cdot \longrightarrow Fe^{2+} + O_2 + H^+ \tag{9-8}$$

$$H_2O_2 \longrightarrow HO_2 \cdot + H_2O + O_2 \tag{9-9}$$

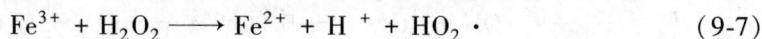

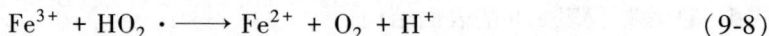

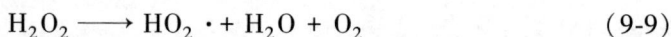

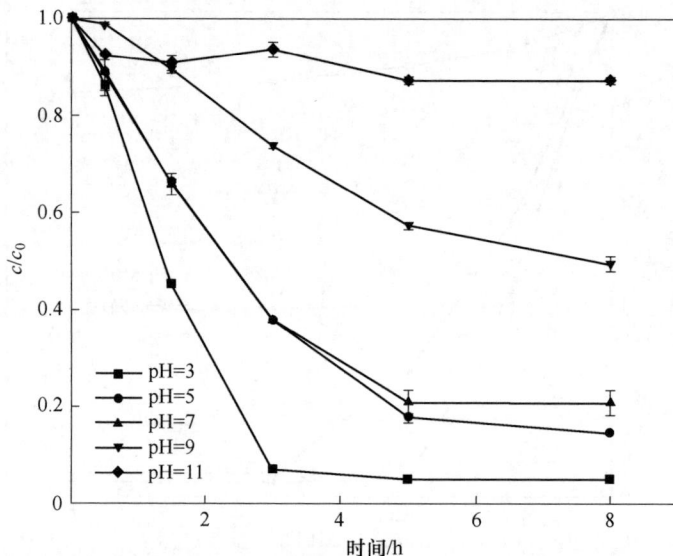

图 9-7　初始 pH 值对 PHE 去除的影响

9.2.4　Sch/ZSM-5 质量浓度对去除 PHE 的影响

　　不同催化剂质量浓度对 PHE 去除的效果如图 9-8 所示。由图 9-8 可知，随着 Sch/ZSM-5 的质量浓度从 0.1 g/L 增加至 1.0 g/L，PHE 的去除率显著提高，在反应 3 h 后去除率已达到 94.80%，然而继续增加 Sch/ZSM-5 的质量浓度至 2.0 g/L，PHE 的去除效率却提高不明显 ($p<0.05$)。当催化剂质量浓度较低时，为反应提供的活性位点数较少，而随着催化剂质量浓度的增加，催化剂表面供污染物吸附的活性点位增多[24]；另外，适量增加催化剂质量浓度会增加体系中初始铁的供给量，从而催化体系中 H_2O_2 产生更多·OH，促进 PHE 的氧化去除[25]。然而，当体系中的 H_2O_2 量一定时，继续增加催化剂的投加量，并不能产生更多的·OH，因此 PHE 的去除率不会再增加。本着节约成本的原则，本实验选择 1.0 g/L 为最优催化剂投加量。

9.2.5　H_2O_2 浓度对 Sch/ZSM-5 活化 H_2O_2 去除 PHE 的影响

　　不同 H_2O_2 质量浓度对 PHE 去除的效果如图 9-9 所示。根据图 9-9 的结果可知，随着 H_2O_2 浓度从 0 mg/L 增加到 150 mg/L，PHE 的去除速率明显提高。反

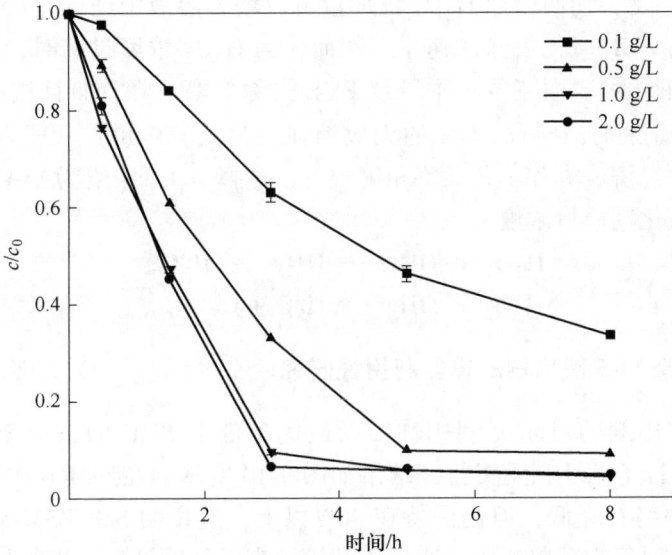

图 9-8 Sch/ZSM-5 催化剂质量浓度对 PHE 去除的影响

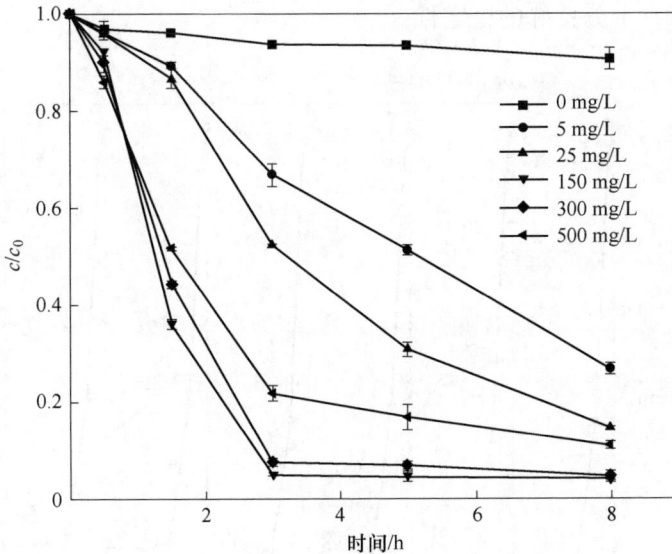

图 9-9 H$_2$O$_2$ 质量浓度对 PHE 去除的影响

应 3 h 后 PHE 的去除率已达到 96.13%。然而，继续增加 H$_2$O$_2$ 浓度至 300 mg/L 和 500 mg/L，PHE 的去除率反而有所降低。当 H$_2$O$_2$ 的用量为 0 mg/L 时，体系

中 PHE 浓度的降低是由于催化剂对其的吸附作用。当 H_2O_2 浓度较低时，体系中产生的 $\cdot OH$ 不足，因而增加 H_2O_2 投加量可以增加溶液中经催化产生 $\cdot OH$ 的数量，进而提高 PHE 氧化去除的速率。然而，当 H_2O_2 浓度过高时，过量的 H_2O_2 会与 PHE 在催化剂表面竞争吸附导致 PHE 去除效率下降，而且过量的 H_2O_2 会作为 $\cdot OH$ 的清除剂，导致 $\cdot OH$ 的无效消耗（见式（9-10）和式（9-11））[26]。因此，从兼顾经济成本和工艺效率角度出发，选择 H_2O_2 浓度为 150 mg/L 为本实验体系最优氧化剂质量浓度。

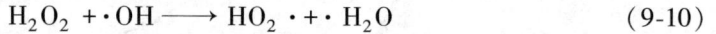

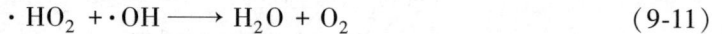

$$H_2O_2 + \cdot OH \longrightarrow HO_2 \cdot + \cdot H_2O \qquad (9\text{-}10)$$

$$\cdot HO_2 + \cdot OH \longrightarrow H_2O + O_2 \qquad (9\text{-}11)$$

9.2.6　Sch/ZSM-5 催化剂的重复利用性研究

为评估催化剂的可重复利用性，以最优条件下 PHE 的去除率为指标，对 Sch/ZSM-5 进行了循环利用实验，结果如图 9-10 所示。在连续 6 次重复实验后，PHE 的去除率略有降低，但仍保持在 90% 以上，这说明 Sch/ZSM-5 具有良好的重复利用性。对每次重复实验结束后上清液铁离子的质量浓度进行检测，结果如图 9-11 所示。随着循环次数的增加，总 Fe、Fe^{2+}、Fe^{3+} 的溶出量逐渐降低并分别趋于稳定在 0.36 mg/L、0.21 mg/L 和 0.15 mg/L，这说明 Sch/ZSM-5 的铁离子损失较小，具有十分良好的稳定性。

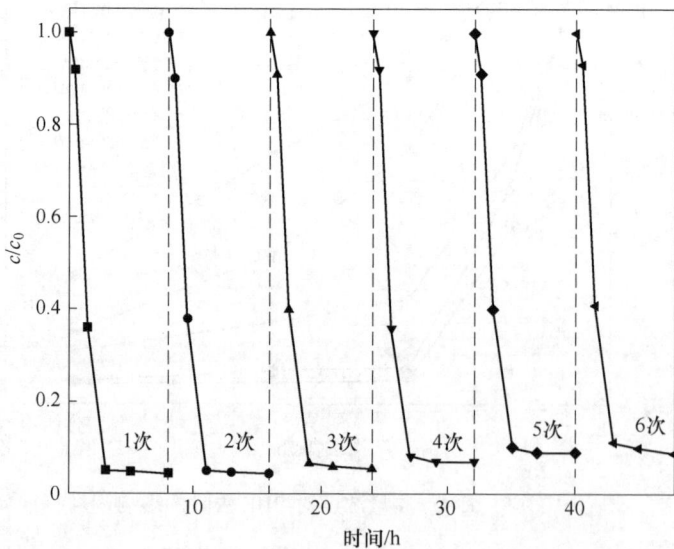

图 9-10　ZSM-5/Sch 循环利用次数对 PHE 去除的影响

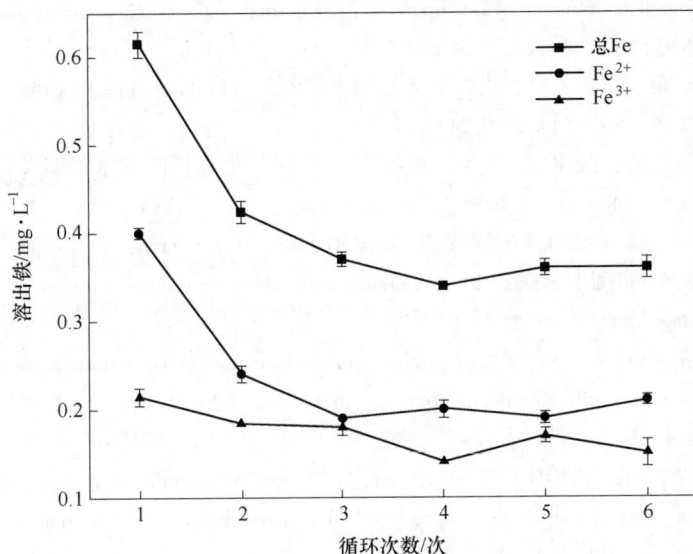

图 9-11 ZSM-5/Sch 循环利用过程中铁离子溶出的情况

9.3 本 章 小 结

(1) ZSM-5 的引入使 Sch 的扩散程度提高，增强了表面电子转移速率及铁离子的氧化还原性能，同时比表面积增大，增加了吸附活性位点，从而显著提高了催化性能。

(2) Sch/ZSM-5 活化 H_2O_2 去除 PHE 的最佳反应条件：当 PHE 初始浓度为 1.0 mg/L、pH 值为 3.0、催化剂浓度为 1.0 g/L、H_2O_2 浓度为 150 mg/L 时，反应 3 h，PHE 去除率达 96.13%。

(3) 催化剂循环利用实验进行 6 次后，PHE 的去除率仍能保持在 90% 以上，且铁的溶出量保持在较低水平，证明 Sch/ZSM-5 具有良好的重复利用性和稳定性。

参 考 文 献

[1] 郭琳，席宏波，杨琦，等. 菲的挥发特性及挥发模型研究 [J]. 环境科学与技术，2013，36 (S2)：15-21.

[2] FÁBIO P S, GERMANO H, GIOVANNI F C. Investigating the solvent effects on binding affinity of PAHs-ExBox⁴⁺ complexes：An alchemical approach [J]. The Journal of Physical Chemistry B, 2023, 127 (1)：249-260.

[3] JONES K C, STRATFORD J A, WATERHOUSE K S, et al. Organic contaminants in welsh

soils：Polynuclear aromatic hydrocarbons [J]. Environmental Science and Technology, 1989, 23 (5)：540-550.

[4] 范博, 王晓南, 黄云, 等. 我国七大流域水体多环芳烃的分布特征及风险评价 [J]. 环境科学, 2019, 40 (5)：2101-2114.

[5] 李章良, 饶艳英, 黄建辉, 等. 超声-紫外光协同催化体系降解水中菲 [J]. 化工环保, 2017, 37 (4)：409-414.

[6] YANG S R, LIANG Z H, WEN Y N, et al. Gallic acid accelerates the oxidation ability of the peracetic acid/Fe(Ⅲ) system for bisphenol A removal：Fate of various radicals [J]. ACS ES & T Engineering, 2023.

[7] QIAO X X, YU K, XU J Y, et al. Engineered nanoscale schwertmannites as Fenton-like catalysts for highly efficient degradation of nitrophenols [J]. Applied Surface Science, 2021, 548：149248.

[8] LI T, LIANG J R, ZHOU L X. Fabricating Fe_3O_4-schwertmannite as a Z-scheme photocatalyst with excellent photocatalysis-Fenton reaction and recyclability [J]. Journal of Environmental Sciences, 2020, 98 (12)：186-195.

[9] 骆中璨, 彭波, 夏龙贵, 等. 分子筛 ZSM-5 改性性能研究进展 [J]. 江西化工, 2022, 38 (5)：19-24.

[10] 文晟, 赵进才, 盛国英, 等. 菲在 TiO_2 催化下的光降解研究 [J]. 感光科学与光化学, 2002 (6)：405-410.

[11] 高小青, 李润, 孙丽娟. ZSM-5 分子筛对含铬废水中 Cr(Ⅲ) 的吸附行为研究 [J]. 环境污染与防治, 2017, 39 (9)：962-966.

[12] 孙中华, 吴中, 刘经伟, 等. Al 改性 Cu/SiO_2 催化剂催化二甘醇脱氢制对二氧环己酮的研究 [J]. 现代化工, 2022, 42 (9)：175-180.

[13] 江玲, 李煜杭, 王鑫洋, 等. Ce/ZSM-5 气相催化氧化甲苯制备苯甲醛 [J]. 精细化工中间体, 2021, 51 (3)：52-58.

[14] LOAN M, RICHMOND W, PARKINSON G. On the crystal growth of nanoscale schwertmannite [J]. Journal of Crystal Growth, 2005, 275 (1/2)：e1875-e1881.

[15] 郭文珪, 辛勤, 张慧, 等. ZSM-5 型沸石的红外光谱结构分析 [J]. 催化学报, 1981 (1)：36-41.

[16] BIGHAM J M, SCHWERTMANN U, CARLSON L, et al. A poorly crystallized oxyhydroxysulfate of iron formed by bacterial oxidation of Fe(Ⅱ) in acid mine waters [J]. Geochimica et Cosmochimica Acta, 1990, 54 (10)：2743-2758.

[17] ZHU R, ZHU Y, XIAN H, et al. CNTs/ferrihydrite as a highly efficient heterogeneous Fenton catalyst for the degradation of bisphenol A：The important role of CNTs in accelerating Fe(Ⅲ)/Fe(Ⅱ) cycling [J]. Applied Catalysis B：Environmental, 2020, 270：118891.

[18] LIU Y, FU N, ZHANG G, et al. Design of hierarchical Ni-Co @ Ni-Co layered double hydroxide core-shell structured nanotube array for high-performance flexible all-solid-state battery-type supercapacitors [J]. Advanced Functional Materials, 2017, 27 (8)：1605307.

［19］ YAN S, ZHENG G Y, MENG X Q, et al. Assessment of catalytic activities of selected iron hydroxysulphates biosynthesized using Acidithiobacillus ferrooxidans for the degradation of phenol in heterogeneous Fenton-like reactions ［J］. Separation and Purification Technology, 2017, 185: 83-93.

［20］ 伍艳辉, 傅晓廷, 占志恒. TiO_2/ZSM-5 复合光催化剂降解多环芳烃（PAHs）废水 ［J］. 环境科学与技术, 2015, 38 (2): 151-157.

［21］ BURBANO A A, DIONYSIOU D D, SUIDAN M T, et al. Oxidation kinetics and effect of pH on the degradation of MTBE with Fenton reagent ［J］. Water Research, 2005, 39 (1): 107-118.

［22］ 吕来, 胡春. 多相芬顿催化水处理技术与原理 ［J］. 化学进展, 2017, 29 (9): 981-999.

［23］ 汪快兵, 方迪, 徐峙晖, 等. 生物合成施氏矿物作为类芬顿反应催化剂降解甲基橙的研究 ［J］. 环境科学, 2015, 36 (3): 995-999.

［24］ 赵志红, 张燕娟, 黄祖强, 等. Cu-Fe@C 复合材料的制备及其光芬顿催化降解硝基苯研究 ［J］. 现代化工, 2022, 42 (3): 123-127, 132.

［25］ ZHONG P, YU Q Q, ZHAO J W, et al. Degradation of bisphenol A by Fe-Al layered double hydroxides: A new synergy of homo-and heterogeneous Fenton systems ［J］. Journal of Colloid and Interface Science, 2019, 552: 122-133.

［26］ 武奇, 范建伟. Fe_3O_4-RGO 纳米复合催化剂类芬顿处理垃圾渗滤液 ［J］. 环境工程, 2022, 40 (5): 25-30.

后　　记

　　本书深入探讨了 Sch（施威特曼石）及其复合催化剂在环境净化，尤其是在去除左氧氟沙星、螺旋霉素、甲基橙、菲等污染物方面的应用。通过 9 章的详尽阐述，本书不仅展示了这些催化剂的制备和表征性质，还深入探讨了它们的催化活性、催化机理。

　　第 1 章为读者提供了污染物的背景知识以及 Sch 在这一领域中的应用概述，奠定了理解后续内容的基础。随后的章节，特别是第 2 章和第 3 章，详细介绍了 Sch 在去除左氧氟沙星方面的应用，涵盖了优化条件、重复利用性和稳定性，以及去除机理的详尽分析。本书的一个亮点是对复合催化剂 $Fe_3O_4/ZSM-5/Sch$ 的深入研究，尤其是在第 5~7 章中。这部分内容不仅涉及催化剂的制备和催化性能，还包括了生态毒性研究和经济预算分析。第 8 章和第 9 章进一步拓展了本书的研究范围，探讨了基于施威特曼石的异相芬顿催化剂在降解其他类型污染物方面的应用，显示了这些材料的广泛应用潜力。

　　在研究和撰写过程中，我始终坚持科学严谨的态度，并致力于为读者提供实用、前沿的知识。未来，我期待相关技术的不断进步和创新，以促进基于施威特曼石的异相芬顿催化剂材料的广泛应用，从而实现更高效的推广。

徐君君

2024 年 5 月于渤海大学